普通高等教育 软件工程 "十二五" 规划教材

12th Five-Year Plan Textbooks
of Software Engineering

软件工程
实用教程

朴勇 ◎ 编著

U0191659

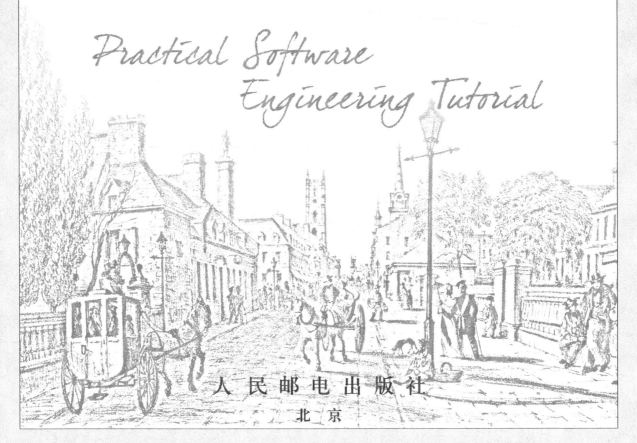

Practical Software Engineering Tutorial

人民邮电出版社
北京

图书在版编目（CIP）数据

软件工程实用教程 / 朴勇编著. -- 北京 ：人民邮
电出版社，2015.8（2022.12重印）
　普通高等教育软件工程"十二五"规划教材
　ISBN 978-7-115-39317-3

　Ⅰ. ①软… Ⅱ. ①朴… Ⅲ. ①软件工程－高等学校－
教材 Ⅳ. ①TP311.5

中国版本图书馆CIP数据核字(2015)第123811号

内 容 提 要

　　本书主要围绕软件的系统工程化开发过程，介绍相关的理论、方法、技术和工具。本书以面向对象的分析和设计为主线，遵循 UML 2 标准，以基本理论为出发点，介绍对软件开发的组织管理及业务流程分析；重点针对软件开发的生命周期，讨论需求分析、类的概要设计、代码生成之道、类的详细设计、设计优化、实现、交互设计、质量保证等重要环节；介绍软件开发环境，包括项目计划及跟踪。

　　本书内容丰富、循序渐进，注重软件工程理论与实践的结合，可作为高等院校计算机相关专业本科生和研究生的教材，也可作为从事软件开发的理论研究人员及工程技术人员的参考用书。

◆ 编　著　朴　勇
　　责任编辑　许金霞
　　责任印制　沈　蓉　彭志环
◆ 人民邮电出版社出版发行　　北京市丰台区成寿寺路 11 号
　　邮编　100164　电子邮件　315@ptpress.com.cn
　　网址　http://www.ptpress.com.cn
　　北京天宇星印刷厂印刷
◆ 开本：787×1092　1/16
　　印张：16.5　　　　　　　　2015 年 8 月第 1 版
　　字数：432 千字　　　　　　2022 年 12 月北京第 5 次印刷

定价：38.00 元
读者服务热线：(010)81055256　印装质量热线：(010)81055316
反盗版热线：(010)81055315

前　言

软件工程是软件学院开设的一门专业基础课程，主要介绍软件工程的基本原理、开发方法和开发工具，是软件开发的理论课程，同时也具有很强的实践性；另外，该课程涉及计算机、经济学、管理学、工程学、市场学等多个领域的知识，具有知识广泛的特点。

作者在多年教学实践中，深切体会到该课程讲授过程中的诸多问题，如理论知识的枯燥乏味，不容易将抽象的理论与实践联系起来；没有大项目案例的依托，体会不出软件工程的作用；软件开发经验介绍和感受的机会少等。如何突出重点，如何应用案例进行教学，如何使学生掌握必备的软件工程基础及应用这些都对软件工程课程的讲解提出了挑战。

本书突出实用的特点，一方面涵盖软件工程主要知识点，另一方面以案例为线索，以面向对象方法为主线，将分散的知识点连贯起来，便于读者理解和消化，为读者提供一条循序渐进的学习路线，可以为软件工程课程的教学提供较好的辅助。

本书具体内容包括：第1章概述了软件工程相关的概念、技术与方法；第2章围绕软件开发过程，对软件开发的组织管理及业务流程分析进行了说明；第3~10章主要围绕软件工程开发的生命周期，讨论了需求分析、类的概要设计、代码生成之道、类的详细设计、设计优化、交互设计、质量保证等内容；第11章介绍软件开发环境，包括项目计划及跟踪；第12章重点介绍版本控制系统。本书知识结构紧凑、面向软件学院教学实际、突出案例教学，在开发方法的介绍上通过具体案例贯穿，并尽量以程序代码的形式对相关的理论进行说明和阐释，从而达到理论联系实际的目的。

本书的写作得到了所在教学团队的大力支持和配合，在此向周勇、梁文新、陈鑫以及许真珍等老师表示感谢。另外，本书在写作过程中参考和引用了大量国内外同行的文献，在此对他们一并表示感谢。

限于作者的水平及精力，书中难免有不妥之处，敬请各位读者批评指正。

作　者
2015 年 2 月

目　录

第1章
软件工程概述

软件的开发与管理过程其实是一个优化问题，人们总是希望能在有限的资源条件下做到收益的最大化，如有限的预算、不断压缩的交付时限、软件工程师的数量及能力、各种风险的预期等，最终的目标是为了在保证产品质量的情况下尽量降低软件开发的成本，软件工程的引入就是力求达到这一目的。

软件工程是研究和应用如何以系统性的、规范化的、可定量的过程化方法去开发和维护软件，以及如何把经过时间考验而证明正确的管理技术和当前能够获得的最好的开发技术方法结合起来的学科。

本章主要介绍软件危机的产生以及软件工程的由来、软件工程包括的主要内容以及软件开发的主要方法及技术。

1.1 软件危机与软件工程

1.1.1 软件危机

软件工程的提出始于软件危机的出现。1968 年，北大西洋公约组织（NATO）在当时的联邦德国召开的国际学术会议上提出了软件危机一词，并同时提出软件工程的概念以解决软件危机。软件危机是指在软件开发及维护的过程中所遇到的一系列严重问题，这些问题的出现可能导致软件产品的寿命缩短，甚至夭折。

软件危机在 20 世纪 70 年代表现得尤其严重，具体表现有：超预算、超期限、质量差、用户不满意、开发过程无法有效介入和管理、代码难以维护等。人们逐渐认识到软件开发是一项高难度、高风险的活动，因为它失败的可能性较大。软件危机的产生与软件本身的特点有很大的关系，其中最主要的就是软件的复杂性。

● 软件是逻辑的，而不是有形的物理文件，与硬件具有完全不同的特征。而且，软件的主要成本产生于设计与研制的过程，而不是在制造的环节。软件的制造过程可以理解为"复制"。

● 软件在使用过程中不会磨损，但会退化。因此，软件的维护，不能像维修硬件那样，进行简单的更换，软件维护就是修复不断发现缺陷。这个过程比较复杂，有时需经历新的开发过程，而且缺陷被发现得越晚，为之付出的代价也越高。

● 软件开发早期是一种艺术，但目前越来越趋于标准化，软件产业正向大规模制造和基于构件的方向前进。

- 软件同时也是一种逻辑实体，具有抽象性。软件可以被使用，但无法看到其本身的形态。软件产品是人类智慧的作品。
- 软件是复杂的，并且会越来越复杂。人类思想的复杂性导致了软件的复杂性，而且随着信息领域的发展，软件的规模会越来越大，也越具有复杂性。

另一方面，人们对软件往往有着过高的期望，认为软件无所不能，对软件的认识也比较模糊。比如，早期人们对软件的误解之一就是软件即程序，软件开发就是编写程序，编写程序就是软件开发的全部工作等。实际上，软件是由 3 部分组成的，即程序、数据和文档。程序是指能够运行的提供所希望的功能和性能的指令集。数据是指支持程序运行的数据。文档是指描述程序研制的过程、方法及使用的记录。随着对软件了解的深入，人们也认识到软件开发一般性的规律——变化是软件开发不变的主题，变化带来了诸多挑战。

- 软件开发各环节对于缺陷具有放大作用，一个小的问题如不及时识别和处理，经过几级放大后，会在后期带来"可观"的成本上的损失。
- 只有在早期发现问题，才会尽量减少损失，缺陷的遗漏具有"失之毫厘，谬以千里"的副作用，但一个难以解决的问题是用户的需求不可能一次性地确定下来；甚至有时用户对软件的需求也是模糊的，他们本身也需要一个不断学习的过程。

总之，软件危机的产生主要是由软件的复杂性、过高的期望及无处不在的变化导致的。人们逐渐认识到应对软件危机的必要性和寻找解决软件危机的途径，主要包括如下内容：

- 要对软件有正确的认识。
- 推广使用开发软件成功的技术和方法，研究探索更有效的技术和方法。
- 开发和使用更好的软件工具。
- 对于时间、人员、资源等，需要引入更加合理的管理措施。

1.1.2　软件工程知识体系

软件工程是从技术和管理两个方面更好地开发和维护计算机软件的一门学科。IEEE 对软件工程的定义是：将系统化、规范化、可量化的工程原则和方法应用于软件的开发、运行和维护及对其中方法的理论研究，其主要目标是高效开发高质量的软件，降低开发成本。

1999 年 5 月，ISO 和 IEC 的第一联合技术委员会启动了标准化项目——软件工程知识体系指南（Guide to the Software Engineering Body of Knowledge，SWEBOK）。SWEBOK 指南的目的是为软件工程学科的范围提供一致的确认。软件工程知识体系中包含了 10 个主要的知识域，如图 1.1 所示。

软件需求（Software Requirements）是对业务领域中需要的特征的理解，包括软件需求基础、需求过程、需求获取、需求分析、需求规格说明、需求确认和实践考虑。

软件设计（Software Design）是定义系统或组件的体系结构、组成、接口和其他特征的过程及其输出结果，包括软件设计基础、软件设计关键问题、软件结构与体系结构、设计质量的分析与评价、软件设计表示、软件设计的策略与方法。

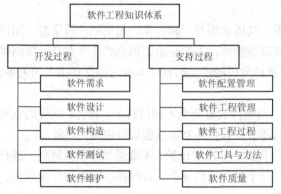

图 1.1　软件工程知识体系

软件构造（Software Construction）指通过编码、验证、单元测试、集成测试和排错的组合，具体创建一个可以工作的、有意义的软件，包括软件构造基础、管理构造、实践考虑。

软件测试（Software Testing）是在有限的测试用例集合上，根据期望的行为对程序的行为进行的动态验证过程，包括软件测试基础和测试级别、测试技术、测试需求、与测试相关的度量、测试过程。

软件维护（Software Maintenance），即软件维护基础、软件维护的关键问题、维护过程、维护技术。软件一旦投入运行，就可能出现异常，运行环境可能发生改变，用户会提出新的需求。软件生命周期中的软件维护阶段从软件交付时开始，但是实际的维护活动出现得还要早。

软件配置管理（Software Configuration Management）是为了系统地控制配置的变更和维护在整个系统生命周期中的完整性和可追踪性，而标志软件在时间上不同点的配置的技术。软件配置管理包括软件配置过程管理、软件配置标志、软件配置控制、软件配置状态统计、软件配置审核、软件发行管理和交付。

软件工程管理（Software Engineering Management），包括启动和范围定义、软件项目计划、软件项目实施、评审与评价、关闭、软件工程度量。虽然度量是所有知识域的一个重要方面，但是这里涉及的是对程序的度量。

软件工程过程（Software Engineering Process）涉及软件工程过程本身的定义、实现、评定、度量、管理、变更和改进。软件工程过程包括过程实施与改变、过程定义、过程评定、过程和产品度量。

软件工程工具与方法（Software Engineering Tool and Method），包括软件工程工具、软件工程方法。

软件质量（Software Quality）包括软件质量基础、软件质量过程、实践考虑。是在处理跨越软件生命周期过程的软件质量的考虑。软件质量在软件工程中无处不在，其他知识领域也涉及质量问题。

作为开发与维护的指导，软件工程的基本原理包括：用分阶段的生命周期计划严格管理；坚持进行阶段评审；实行严格的产品控制；采用现代程序设计技术；结果应能清楚地审查；开发小组的人员应该少而精；承认不断改进软件工程实践的必要性。

1.2　系统工程与统一建模语言

1.2.1　系统工程

系统工程是为了更好地达到系统目标，对系统的构成要素、组织结构、信息流动和控制机构等进行分析与设计的技术。针对不同的领域，系统工程有着不同的实现方法，如商业过程工程（Business Process Engineering）、产品工程（Product Engineering）等。系统工程的目的是使人们能够确保在正确的时间使用正确的方法在做正确的事情。

系统工程是用定量和定性相结合的系统思想和方法处理大型复杂系统的问题。系统由一系列相关元素的合理组织能够完成既定的任务或目标，如构成计算机系统的元素可以是硬件、软件、人员等，软件子系统又可以是程序、数据、文档等。所以，系统很自然的一种构成方式就是层次方式。系统分析的常用方法也是层次分析方法，它将问题分解为不同的组成因素，并按照因素间的相互关联影响以及隶属关系将因素按不同层次聚集组合，形成一个多层次的分析结构模型。产品工程的层次结构如图 1.2 所示。

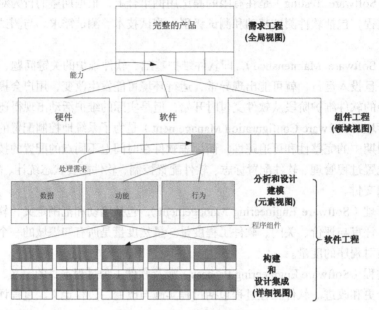

图 1.2　产品工程的层次结构[①]

模型的最高层表示领域目标，即层次分析要达到的总目标；中间层包括规范层和指标层，表示采取某一方案来实现预定总目标所涉及的中间环节；最底层表示要采用的解决问题的各种措施、策略、方案等。

模型能更好地体现出人们对系统的理解和驾驭能力。由于系统工程本身的层次特点，系统模型本质上也是层次化的。对应系统工程的不同层次，相应的模型会被创建和使用，如需求工程中的模型要能体现出对系统宏观上的理解，下层模型要能明确具体子系统的需求。随着对系统的理解，工程化的规范会被引入产生更细致的模型。

统一建模语言（UML）提供了一整套对系统建模的基础设施，包括模型的表示及建模的方法等，可以适用不同的系统层次。本书后续的章节中，我们会在软件工程领域中介绍相关的模型，包括传统的模型与面向对象模型。

1.2.2　统一建模语言

统一建模语言（Unified Model Language，UML）是继 20 世纪 80 年代末、90 年代初面向对象分析与设计方法（OOA&D）出现后面向对象领域又一研究与讨论的热点。UML 方法统一了 Booch、Rumbaugh（OMT）及 Jacobson 方法，并在此基础上进行了标准化，如今已经成为对象管理组织（Object Management Group）的标准之一。

统一建模语言顾名思义是一种语言，或者说是一种工具，而不是一种方法。UML 致力于分析设计的描述，其表述形式以图形的表现方式为主，但其描述形式本质上仍归为非正式（Informal）方式，这区别于其他一些形式化的正式描述方法。事实上，UML 是对 OOA&D 方法的分析设计结果的展现。

---

① 摘自《软件工程——实践者之路》

历史上 3 位在软件工程领域有着杰出贡献的人对 UML 的发展起着主要的推动作用，他们是 Grady Booch、James Rumbaugh 和 Ivar Jcobson，这 3 个人被誉为"三朋友"（The three amigos）。Grady Booch 是面向对象方法的最早倡导者之一，提出了面向对象软件工程的概念，他在早期与 Rational 软件公司研发 Ada 系统时做了大量工作，并由此提出了适合系统设计与构造的 Booch 方法。James Rumbaugh 一开始在 General Electric 公司曾经有一个研发团队，他们使用一种对象建模技术（OMT），这种方法中的表示符号独立于语言和模型并贯穿软件开发的各个阶段，实现了阶段间的平滑过渡，适合于以数据为中心的信息系统。Ivar Jacobson 早期在 Objectory 公司任职，在很多实际项目中积累了丰富的经验，提出了用例（Use case）的概念，进而提出了 OOSE 方法。OOSE 以用例为中心，进行系统需求的获取、分析以及高层设计等开发活动，适合支持商业工程的需求分析。

在 20 世纪 90 年代中期，以上 3 位分别代表着不同的学派，各自的理论也比较完善，但各有优缺点。其实，当时还有很多其他学派，如 Shlaer、Mellor、Coad 及 Yourdon 等，他们采用不同的符号进行类与对象的表示及关联，甚至出现了相似符号在不同模型中表示意义不尽相同的现象，分别自成体系，造成了混淆，不利于大规模的软件开发活动。面对几十种不同的建模语言，这些不同的面向对象的表示方法及相关的方法论形成了一种群雄争霸的时代，历史被称为是"方法的战争（Method Wars）"。

终于在 1995 年，Booch 与 Rumbaugh 合作，他们将其方法合并为统一方法，并公开发表了 0.8 版本，随后他们又联合 Jacobson，加入了他的用例思想。1996 年，3 人共同为他们的新方法 UML 努力，并命名为 UML 0.9。

但"方法的战争"并没有就此结束。1997 年 1 月，不同的组织和机构都向 OMG 提交了各自有关模型交换的草案，主要针对元模型与一些可选的表示。3 人所在的 Rational 公司也将此时的 UML 1.0 版本向 OMG 进行了提交，随后经过一段时间的工作和修改，取长补短，最终 OMG 选择了 UML 1.1 版本作为 OMG 的标准。从此，UML 又经过不断的修订，UML 1.3 在 1999 年成为当时的官方版本，也是在 UML 历史中最有意义的里程碑式的一个版本。2005 年 7 月，OMG 发布了 UML 2.0 版本，对 UML 1.x 版本进行了更新和扩充。目前，UML 也成为国际标准化组织（ISO）的标准之一。这些都决定了 UML 在软件开发建模领域中唯我独尊的地位。

一、统一建模语言功能

统一建模语言将软件开发中的语言表示与过程进行了分离，具有如下重要的功能：可视化（Visualization）、规格说明（Specification）、构造（Constructing）和文档化（Documenting）。下面分别对其进行说明。

1. 可视化

可视化能促进对问题的理解和解决，方便熟悉 UML 的设计师彼此交流和沟通。以此为基础，可以较容易地发现设计草图中可能的逻辑错误，保证软件能保质保量交付。

2. 规格说明

对一个系统的规格说明，应当通过一种通用的、精确的、没有歧义的通信机制进行。UML 适合这种说明工作。它使得在编码前，一些重要的决定得以表示和决定，使得开发人员达成共识，能对后续软件的开发过程进行指导，能够提高软件的开发质量，降低开发成本。

3. 构造

按照 UML 的语法规则，使用软件工具对模型进行解释和说明，将模型映射到某种计算机语言的实现，可大大加快系统建模和实现的速度。

在实现的过程中，根据设计合理调配资源识别可复用的组件，高效实现复用程度，降低开发成本。

4. 文档化

使用 UML 设计可以同时生成系统设计文档。这些专业化的设计文档资料可以帮助开发人员节省开发时间，快速熟悉及理解系统，起到人与系统之间的桥梁作用，达到事半功倍的效果。

二、统一建模语言的模型

UML 是提供给用户高层建模的方法，是针对用户需求的高层抽象，具体表现为描述组件的构成及联系，给人一种高屋建瓴的效果。代码也能够描述一种模型，但是具体的、底层的，如果其他人想要了解设计思想，必须要读懂代码，甚至可能要先去学习一门新的语言。另一种表示方法是使用自然语言的描述，但自然语言具有歧义及含糊不清的弱点。

UML 具有简单的表示法（Notation），而且其定义是规范和严谨的。其次，UML 的表示法要求必须简短，以便容易学习，而且其含义必须有明确的定义（在 UML 中，这种定义是通过元模型描述的）。

UML 2.0 的构成及与 UML 1.x 的比较：UML 1.x 明确了沟通设计、传达设计要点，以至捕获需求，映射到软件的解决方案。系统建模（不仅仅是软件建模）也能受益 UML。UML 2.0 经过体系的重建，克服 UML1.x 的过于复杂、脆弱和难以扩展等缺点，引进了一些新的图模型，以便扩展语言，使其能够支持最新的最佳实践。具体包括以下模型。

（1）用例图：用于表示系统与使用者（或其他外部系统）之间的交互，也有助于将需求映射到系统。

（2）活动图：用于表示系统中顺序和平行的活动。

（3）类图：用于表示类、接口及其间的关系。

（4）对象图：用于表示类图中定义的类的对象实例，其配置对系统很重要。

（5）顺序图：用于表示重要的对象之间的互动顺序。

（6）通信图：用于表示对象交互的方法和需要支持交互的连接。

（7）时序图：用于表示重点对象之间的交互时间安排。

（8）交互概况图：用于将顺序图、通信图和时序图收集到一起，以捕捉系统中发生的重要交互情况。

（9）组成结构图：用于表示类或组件的内部，可以在特定的上下文中描述类间的关系。

（10）组件图：用于表示系统内的重要组件和彼此间交互所用的接口。

（11）包图：用于表示类与组件群组的分级组织。

（12）状态机图：用于表示整个生命周期中对象的状态和可以改变状态的事件。

（13）部署图：用于表示系统最终怎样被部署到真实的世界中。

三、视图

描述系统的所有元素的集合及元素之间的关系，构成了模型。图是通往模型的窗口，特定的图会显示模型的某些部分，但不必显示模型的全部，图构成了 UML 的视图，每个视图捕获系统的一个方面。

有很多方法可以把 UML 的图分解为捕捉系统特定方面的透视图或视图，其中 Kruchten 的 4+1 视图定义如下：

1. 逻辑视图

逻辑视图（Logical View）描述系统组成部件的抽象表示，用来对系统由什么组成和各组成部件之间如何结合进行建模，包括类图、包图等。

2. 进程视图

进程视图（Process View）描述系统内的进程结构，尤其在具体化系统内必须发生的内容时更为有益，包括顺序图、通信图、状态图等。

3. 开发视图

开发视图（Development View）是描述系统的部件如何组成模块和组件，可用来对系统体系结构内部的构成层次进行管理，包括组件图。

4. 物理视图

物理视图（Physics View）描述前 3 种视图描述的系统设计如何落实到真实世界的实体中。这种视图中的模型显示设计的抽象部分如何映射到最终部署的系统中，包括部署图。

5. 用例视图

用例视图（Use Case View）描述根据外部世界为系统建模时系统的功能性。这种视图描述系统应该做什么。所有，其他视图都依靠用例来引导和粘合。这也是这种模型称为 "4+1" 视图的原因，包括用例图、活动图等。

1.3　软件工程开发方法

软件工程在软件开发过程中引入了一整套相关的技术及规范，其主要包含方法、工具及过程 3 个要素。方法是完成软件开发各项任务的技术，主要回答 "如何做"；工具是为方法的运用提供自动或半自动的软件支撑环境，回答 "用什么做"；过程则是为了获得高质量的软件要完成的一系列任务的框架，规定完成各项任务的步骤，回答 "如何控制、协调、保证质量"。随着软件工程的发展及技术的不断进步，软件工程开发方法从人们分析问题角度和方式的不同，可以笼统地分为传统方法和面向对象方法。

1.3.1　传统方法

传统的开发方法又叫做结构化的方法，其是一种静态的思想，将软件开发过程划分成若干个阶段，并规定每个阶段必须完成的任务，各阶段之间具有某种顺序性。传统方法体现出对于复杂问题 "分而治之" 的策略，但其主要问题是缺少灵活性，规范中缺少应对各种未预料变化的能力，而这些变化却是在实际开发中无法避免的。因此，当软件规模比较大，尤其是开发的早期需求比较模糊或者经常变化时，这种方法往往会导致软件开发不成功。即使开发成功，维护起来通常也比较困难，会增加系统的总成本。

1.3.2　面向对象方法

面向对象方法是一种动态的思想，其出发点和基本原则是尽可能模拟人类习惯的思维方式，将现实世界中的实体抽象为对象（Object），对象中同时封装了实体的静态属性和动态方法。面向对象分析设计的方式使得业务领域中实体及实体之间的关系与对象及其关系保持一致，做到了概念层与逻辑层的相互协调，更要强调的是各种逻辑关系在结构上的稳定性[①]，通过稳定的结构来提

---

① 这种稳定性可以通过 UML 的类图进行表达。

高应对各种变化的能力。因此，它的开发过程可以是一个主动多次迭代的演化过程，保证了开发阶段间的平滑（无缝）过渡，降低了模型的复杂性，提高了可理解性及应对各种变化的能力，从而简化了软件的开发和维护工作。

技术上，对象融合了数据及在数据之上的操作，所有的对象按照类（Class）进行划分，类与类之间可以构成"继承"的层次关系，对象之间互相联系是通过消息机制实现的，确保了对信息的封装性，使得对象之间更为独立。

同时，面向对象的分析过程既包含了由特殊到一般的归纳思维过程，也有由一般到特殊的演绎思维过程，而且对象是更为独立的实体，可以更好地进行"重用"。

1.3.3 理解两种开发方法

以上对传统方法和面向对象方法进行了介绍，下面通过一个具体的例子进行说明并辅助理解。后续章节还会对这个例子中涉及的具体方法和模型做更详细的叙述。

考虑日常生活中一个熟悉的应用场景"餐馆就餐"。传统的思维方式是一种过程化的方式，即将整个就餐过程划分成许多子过程，每个子过程对应不同的处理流程，数据在这些子过程中流动和处理，因此这种方法又叫做面向数据流的方法。图 1.3 形象地描述了运用两种不同的思维方式产生的不同分析方法。图中的下半部描述的是传统的过程化方法的分析图[1]。整个就餐过程划分为点菜、备料、烧菜、上菜 4 个子过程：首先顾客借助菜单在点菜过程中表达就餐意愿并记录在点菜清单中，后厨根据点菜清单进行菜品的备料和烧菜，上菜后需要对点菜清单做适当的标记。通过这样的分析过程，整个业务流程被描述和理解，并会在进一步设计中按照系统工程的层次方法对这些子过程进行更加具体化及技术化的展开。

面向对象的思维方式是以人类对现实世界的理解为出发点，对领域中的实体进行抽象，因此简化了分析的难度并增加了可理解性，同时保证了分析模型结构的稳定性，提高了应对变化的能力。图 1.3 中的上半部分是面向对象的分析方式，通过业务领域的理解抽象出 3 个主要的对象，即顾客、服务员和厨师。图 1.3 中标明了各个对象具有的服务能力，如服务员对象主要是对顾客提供点菜和上菜的服务。值得一提的是，厨师和顾客对象中都具有一个"品尝"的服务，但这个服务在两个对象中的作用是不同的。厨师的品尝服务前面有一个减号标识，表明这是一个私有服务——仅在本对象内使用（烧菜需要的动作）。顾客对象中的品尝则是一个公有服务。

对象之间的关系是保证整个分析图结构稳定的重要元素之一。图 1.3 中，顾客与服务员、服务员与厨师之间的箭头表明了对象之间具有的联系，这种联系在这个特定的业务领域（餐馆就餐）中是很自然的，与我们日常的就餐场景一致，而图 1.3 中顾客与厨师之间并没有任何联系，所以其具有较强的稳定性及可理解性。

如果用户此时对需求提出了新的修改建议：假设需要当前这个就餐系统能够"礼貌待客"。需求变化的响应对软件开发者来说一直是一个比较头疼的问题，应对需求变化的能力体现出的是设计师的素质和设计质量。针对用户具体的需求变化，传统的方法中必须首先要隔离出需要修订的位置——服务员与顾客之间的点菜和上菜两个过程需要做修改。不幸的是，上述隔离过程需要设计师理解整个业务流程，对于一些较大型的系统，往往这是很困难的一件事情。

面向对象过程在应对这一变化时是比较简单和直接的，由于其分析结果就是对现实世界的忠实反映，所以可以知道与礼貌待客直接相关的对象就是服务员，其他的对象根本不需要修改，因

---

① 此图的名字叫做数据流图（Data Flow Diagram，DFD）。

此也不需要去深入理解它们。由于对象的封装性，我们就可以直接把修改限定在一个特定的范围，模块化的优势也就体现出来。具体的，在本例中可以在服务员对象中添加一个私有的"问候"服务，并在其点菜和上菜服务中使用此服务即可，其他地方以及其他对象，尤其是对象之间的关系结构不用做任何变化，"隔离变化、应对变化、以不变应万变"正是面向对象方法优势的体现。

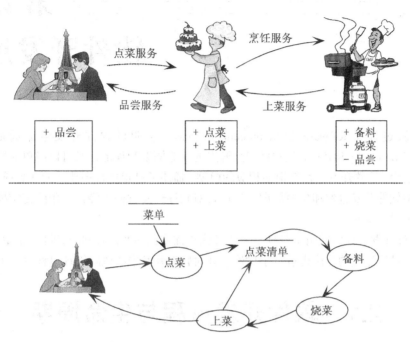

图 1.3　传统方法与面向对象方法的分析比较

　　以上简单介绍了传统方法和面向对象方法的特点及其比较。面向对象方法无论是在理念上，还是在实际开发过程中，都比传统过程化的方法具有优势，这也是为什么面向对象方法在工业界中越来越成为主流的开发方法。即使这样，也不能说我们可以完全摒弃传统的方法。作为面向对象方法的补充，传统方法中的一些经典的分析和设计的方法和过程目前仍然有着广泛的应用。

习　　题

1. 软件工程主要包括那些内容？
2. 面向对象方法优于传统方法的根本在哪里？可否借助图 1.3 或其他实例给出自己的理解？
3. UML 包含哪些重要的模型，如何构成 4+1 视图？

第2章
软件开发过程

　　软件开发过程（Software Development Process）又叫做软件开发生命周期（Software Development Life Cycle, SDLC）是软件产品开发的任务框架和规范，又可以简单地称为软件生命周期及软件过程。软件开发过程有很多相应的模型，描述了过程进行中涉及的任务或活动的方法。本章首先介绍软件开发过程和生命周期，然后针对软件开发过程中经常采用的传统模型和敏捷模型分别进行了详细说明。

　　另外，软件开发过程中的组织管理以及业务流程描述也涉及过程建模，因此，本章对使用UML的活动图进行过程建模的方法也进行了讨论，并对软件开发中的风险管理过程进行了概括。

2.1　软件开发过程与生命周期

　　软件开发过程与生命周期模型相比，通常，生命周期模型更一般化（general），而软件开发过程模型则更具体化（specific）。比如，多种具体的软件开发过程都属于螺旋生命周期模型。国际标准 ISO/IEC 12207 是软件生命周期过程的国际标准，旨在提供一套软件开发与维护过程中涉及的各种任务定义的标准，如软件生命周期的选择、实现与监控等。

　　可重复的、可预测的过程能够提升软件生产的效率和质量。过程改进是对过程本身进行不断的提高，引入有效的开发经验，是质量保证的重要环节之一。软件过程小组在过程改进中具有重要作用，提供给软件开发人员统一的标准的开发原则，确保每个成员都在做正确的事情，步调一致，充分协调各开发人员、开发小组，通过过程控制的方法，保证软件产品的质量。

　　因此，软件生命周期是软件开发的宏观上的框架，软件过程则涉及软件开发的流程等管理细节，在框架稳定的前提下允许对软件过程进行裁剪。软件生命周期与软件过程如图 2.1 所示。

　　软件工程中的过程管理主要采用"分而治之"的思想，即将整个软件的生命周期划分成软件定义、软件开发和运行维护 3 个主要的时期，每个时期再细分为具体的阶段，分别对应明确的任务。这样做的目的是使规模大、结构复杂和管理复杂的软件开发变得容易控制和管理。通常，软件生命周期包括可行性分析与开发计划、需求分析、软件设计（概要设计和详细设计）、编码、软件测试、软件维护等阶段。

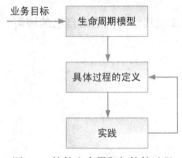

图 2.1　软件生命周期与软件过程

1. 可行性分析与开发计划

（1）可行性研究的目的

用最小的代价在尽可能短的时间内确定该软件项目是否能够开发，是否值得开发，最后给决策者提供做与不做的依据。其实质是要进行一次简化、压缩了的需求分析和设计过程，是要在较高层次上以抽象的方式进行的一次需求分析和设计过程。

（2）可行性分析的任务

首先需要进行概要的分析研究，初步确定项目的规模和目标，确定项目的约束和限制；然后进行简要的需求分析，抽象出该项目的逻辑结构，建立逻辑模型；最后从逻辑模型出发，经过压缩的设计，探索出若干种可供选择的主要解决办法，对每种解决方法都要从技术可行性、经济可行性和社会可行性 3 个方面研究它的可行性。

（3）技术可行性、经济可行性和社会可行性

技术可行性对要求的功能、性能以及限制条件进行分析，以确定在现有的资源条件下，技术风险有多大，项目能否实现。（资源包括软件、硬件、现有技术水平、已有的工作基础）。经济可行性即成本效益分析，估算将要开发的系统的开发成本，然后与可能取得的效益进行比较和权衡。社会可行性涉及的范围比较广，包括合同、责任、侵权、用户组织的管理模式及规范等。可行性分析结束时，须提交一份可行性报告，报告中应描述所提出的解决方案和方案的可行性，并拟定一个粗略的开发进度。

（4）软件开发计划

软件开发计划是软件工程中的一种管理文档，主要对开发项目的费用、时间、进度、人员组织、硬件设备的配置、软件开发环境和运行环境的配置等进行说明和规划。开发计划是项目管理人员对项目进行管理的依据，据此对项目的费用、进度和资源进行控制和管理。开发计划文档一般包括项目概述、实施计划、人员组织及分工、交付期限等内容。

2. 需求分析

需求分析阶段是在确定软件开发可行的情况下，对目标软件未来需要完成的功能进行的详细分析。需求分析是软件开发后续阶段的基础，直接关系到整个系统开发的成功与否。由于用户的需求随着项目的进展和理解处在不断的变化中，所以应采用合适的方法对需求变化进行管理，以保证整个项目的顺利进行，这个过程即需求变更管理。

此外，应充分理解和掌握用户对目标软件的期望，除功能需求外，还要对系统设计有影响的非功能性需求加以识别和分析。需求分析阶段的输出是一份"需求规格（Specification）说明书"的文档。

3. 软件设计

软件设计是在需求分析的基础上寻求系统求解的框架，如系统的架构设计、数据设计等。软件设计可分为概要设计和详细设计，此阶段的输出分别为"概要设计说明书"和"详细设计说明书"。设计方案是软件实现的蓝图，应综合考虑软件的性能、扩展、安全等因素，合理规划系统模块的结构，充分考虑未来变化的可能性并预留空间，尽可能保证系统设计结构在整体上的稳定性。

4. 程序编码

此阶段将软件设计的结果翻译成某种计算机语言可实现的程序代码。在程序编码中必须制定统一的如何编码的标准规范，尽量提高程序的可读性、易维护性，提高程序的运行效率。

5. 软件测试

程序编码后需要对代码进行严密的测试，以发现软件在整个设计过程中存在的问题，并加以

纠正。测试可分为单元测试、集成测试及系统测试 3 个阶段进行。测试方法主要有黑盒方法和白盒方法。

测试过程需要建立详细的测试计划、编写测试用例、记录并分析测试结果，以保证测试过程实施的有效性，避免测试的随意性。

6. 软件维护

软件维护是软件生命周期中持续时间最长的阶段，是为软件能够持续适应用户的要求延续软件使用寿命的活动。软件维护包括改正性维护、适应性维护、完善性维护、预防性维护等类型。

2.2 传统生命周期模型

一种最简单实用的软件开发过程的组织方式就是顺序地将生命周期阶段组织起来，严格按照需求、分析、设计、编码和测试的阶段进行，这就是传统的生命周期模型，其中具有代表性的模型有瀑布模型、快速原型模型、增量模型等。虽然这些传统模型仍然存在很多问题，但它们目前是最基本的、最有效的、可供选择的软件开发生命周期模型。

2.2.1 瀑布模型

瀑布模型（Waterfall）的构成如图 2.2 所示，该模型由于类似瀑布而得名。

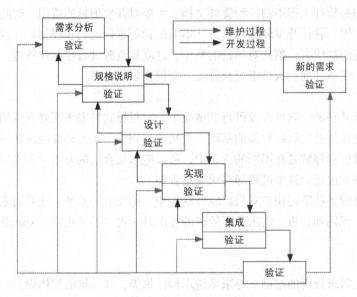

图 2.2 瀑布模型的构成

1. 模型的特点

（1）文档驱动，只有当一个阶段的文档编制好，并通过评审后，才可以进入到下一个阶段。这是通过强制性的文档规格说明来保证每个阶段能够很好地完成任务。文档驱动是静态的开发形式。

（2）推迟实现，不急于编写程序，只有当对系统有了充分的认识和理解并完成了需求规格说明和设计规格说明后，才展开编码工作。

（3）质量保证，坚持各阶段结束前的评审活动，及早发现并解决出现的缺陷，避免延迟处理造成更高的代价。

2. 主要问题

（1）用户只有在开发早期及开发结束后，才有机会接触系统，这导致模型的能力天生具有缺陷，尤其是需求模糊或不明确的系统，导致开发过程中开发人员过多臆想的部分参杂，再经过各开发链条的放大效应，使系统返工的风险大为增加。

（2）被动的救火式的应对问题，不希望有变化。而且当变化来的越迟，付出的代价也越大。由于文档驱动式的开发方式，模型缺少灵活性，使得自上而下的修改变得很不容易。

（3）软件开发唯一不变的就是变化，瀑布模型（包括其一些变种）无法灵活应对变化的产生，导致这些模型在应用上的局限性。

虽然瀑布模型存在很多问题，但其仍然是最基本的和最有效的一种可供选择的软件开发生命周期模型。瀑布模型是一种计划驱动的模型，在对系统整体上的把控和协调上，瀑布模型具有一定的优势，因此，瀑布模型比较适合规模较大的系统开发或者分布式的开发模式。

2.2.2　快速原型模型

快速原型模型（Rapid Prototype）的结构类似于图 2.3，但需将图中的"需求分析"改为"原型开发"。快速原型的主要作用是在用户和开发者之间起到"桥梁"的作用。开发者和用户之间经常面临的一个状况是：用户熟悉的是业务但不懂得开发技术，而开发者正好相反，其更熟悉具体的开发方法、工具等技术内容，而不明白相关的业务流程，这是需求分析较难开展的原因之一，也是无法固化用户需求的客观因素。

图 2.3　快速原型模型实例

1. 模型的特点

快速原型模型要求对系统进行简单、快速的分析，快速构造一个软件原型，用户和开发者在试用或演示原型过程中加强沟通和反馈，通过反复评价和改进原型，减少双方的误解，降低缺陷引入的几率，从而降低由于需求不明确带来的开发风险和提高软件质量，获取到用户真正的需求。因此，快速原型模型比较适合一个全新的系统开发，用户借助原型能够了解到开发的方向是否正确，比较常见的做法是快速地构建用户界面，让界面首先体现出系统将来需要提供的功能布局，但界面元素下的真正实现可能并没有完成，因此主要起演示作用，但借助这样的原型系统，能够使用户建立起对未来系统的认识和了解。

另外，快速原型中可以尝试运用未来系统中需要的新技术，提前测试一些性能上的要求是否能够达到预期，如系统的运行或响应速度等，因此同样也降低了这方面的开发风险。

图 2.3 中给出的是本书作者曾经参与过的一个项目的前期准备，目的是快速给用户提供一个"看得见摸得着"的演示系统，主要目的是寻求用户有价值的反馈和进一步开发的建议。这个过程强调的是功能的展示，而不是包含的内容或数据，比如，在该原型系统中的地图数据并非实际要求的真实地图。

2. 主要问题

快速原型的主要问题是所选用的开发技术和工具不一定是实际项目的需要。另外，快速建立起的模型可能由于不符合各种开发规范，再加上不断的修改，质量一般都比较差，所以，通常在实际开发过程中会完全抛弃之前建立起来的原型系统。这也是快速原型被诟病的地方，如果采用某些措施和方法能够将开发出的快速原型在后续的开发中利用起来，对工期较紧张的项目还是非常有帮助的。

2.2.3　增量模型

增量模型（Incremental Model）又称演化模型，顾名思义，是一步一步将软件建造起来的。在增量模型中，软件被作为一系列的增量构件来设计、实现、集成和测试，每一个构件是由多种相互作用的模块所形成的提供特定功能的代码片段构成的。

增量模型（图 2.4）在各个阶段并不交付一个可运行的完整产品，而是交付满足客户需求的一个可运行产品的子集。整个产品被分解成若干个构件，开发人员逐个构件地交付产品，这样做的好处是软件开发可以较好地适应变化，客户可以不断地看到所开发的软件，从而降低开发风险。但是，增量模型也存在以下不足：

（1）由于各个构件逐渐并入已有的软件体系结构中，所以加入构件必须不破坏已构造好的系统部分，这需要软件具备开放式的体系结构。

（2）在开发过程中，需求的变化是不可避免的。增量模型的灵活性可以使其适应这种变化的能力大大优于瀑布模型和快速原型模型，但也很容易退化为"边做边改"模型，从而使软件过程的控制失去整体性。

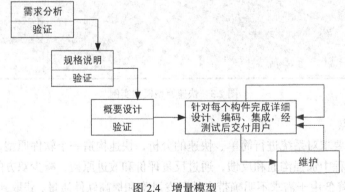

图 2.4　增量模型

使用增量模型时，第一个增量往往只实现基本需求的核心产品。核心产品交付用户使用后，经过评价形成下一个增量的开发计划，它包括对核心产品的修改和一些新功能的发布。这个过程在每个增量发布后不断重复，直到产生最终的完善产品。

2.2.4 螺旋模型

1988 年，Barry Boehm 正式发表了软件系统开发的"螺旋模型（Spiral Model）"，它将瀑布模型和快速原型模型结合起来，强调了其他模型所忽视的风险分析，特别适合于大型复杂的系统。螺旋模型沿着螺线进行若干次迭代，图 2.5 中的 4 个象限代表了以下包含的活动：

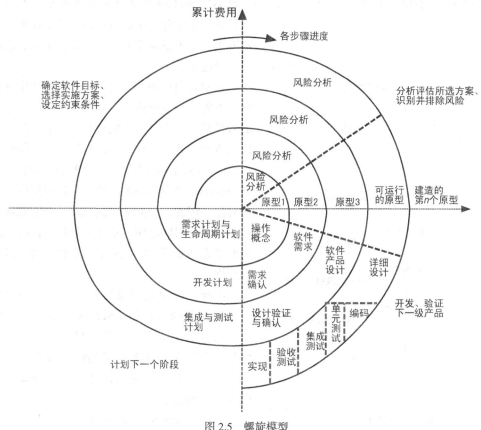

图 2.5 螺旋模型

（1）制订计划：确定软件目标，选定实施方案，设定约束条件。

（2）风险分析：分析评估所选方案，识别并排除风险。

（3）实施工程：实施软件开发和验证。

（4）客户评估：评价开发工作，提出修正建议，制订下一步计划。

螺旋模型由风险驱动，强调可选方案和约束条件，从而支持软件的重用，有助于将软件质量作为特殊目标融入产品开发中。但是，螺旋模型也有一定的限制条件，具体如下：

（1）螺旋模型强调风险分析，但要求许多客户接受和相信这种分析，并做出相关反应是不容易的。因此，这种模型往往适应于内部的大规模软件开发。

（2）如果执行风险分析将大大影响项目的利润，那么进行风险分析就毫无意义。因此，螺旋模型只适合于大规模软件项目。

（3）软件开发人员应该擅长寻找可能的风险，准确地分析风险，否则将会带来更大的风险。

该模型的每个螺旋迭代首先是确定该阶段的目标，完成这些目标的选择方案及其约束条件，然后从风险角度分析方案的开发策略，努力排除各种潜在的风险，这个过程有时需要通过建造原型来完成。如果不能排除某些风险，该方案就立即终止，否则启动下一个开发步骤。最后，评价该阶段的结果，并设计下一个阶段的迭代。

2.2.5 喷泉模型

喷泉模型（Fountain Model）也称面向对象的生存期模型。与传统的结构化生存期比较，喷泉模型（图2.6）具有更多的增量和迭代性质，生存期的各个阶段可以相互重叠和多次反复，而且在项目的整个生存期中还可以嵌入子生存期。就像水喷上去又可以落下来，可以落在中间，也可以落在最底部。

面向对象可理解为直接面对问题域中客观存在的事物（如领域概念、术语和关系等）来进行的软件开发，它符合人们在日常生活中习惯的思维和表达方式。面向对象的分析过程直接针对问题域中存在的各项事物设立模型中的对象，问题域中有哪些值得考虑的事物，分析模型中就有哪些对象。因此，对问题域的观察、分析和认识是很直接的，对问题域的描述也是很直接的，所采用的概念和术语与问题域中的事物保持了最大的一致性。

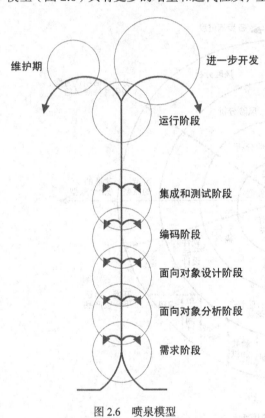

图2.6　喷泉模型

同样，在面向对象的分析阶段采用的也是与面向对象的分析相一致的表示方法，这使得从分析到设计不存在转换，只有局部的补充和优化，并增加与实现有关的独立部分，因此不存在传统方法中分析与设计之间的鸿沟，能够做到衔接紧密。

面向对象的实现及测试同样也保持了这样的连续性。面向对象开发阶段间的无缝特性和表示方法的一致性是优于传统软件工程方法的重要因素。

2.3　敏捷软件模型

敏捷软件开发又称敏捷开发，是一种从1990年开始逐渐引起广泛关注的新型软件开发方法，是一种应对需求快速变化的软件开发能力。它们的具体名称、理念、过程、术语都不尽相同，相对于"非敏捷"，其更强调程序员团队与业务专家之间的紧密协作、面对面的沟通（比书面文档更有效）、频繁交付新的软件版本、紧凑而自我组织型的团队、能够很好地适应需求变化的代码编写和团队组织方法，也更注重软件开发中人的作用。

敏捷方法给企业带来了巨大的收益。据统计，采用敏捷开发的团队一般会提高 3~10 倍的效率，软件的质量也有了更加可靠的保证。同时，敏捷开发的应用也给团队内的每个成员提供了良好的发展机会。他们的技术和合作水平都能得到相应的提高。敏捷的成功来源于其方法本身的适用性和团队对它的深入理解和合理运用。

敏捷开发由几种轻量级的软件开发方法组成。它们包括极限编程（XP）、Scrum、精益开发（Lean Development）、动态系统开发方法（DSDM）、特征驱动开发（Feature Driver Development）、水晶开发（Cristal Clear）等。这些方法都具有以下共同特征，它们也是敏捷开发的原则和方法。

（1）迭代式开发。即整个开发过程被分为几个迭代周期，每个迭代周期是一个定长或不定长的时间块，每个迭代周期持续的时间一般较短，通常为一到六周。

（2）增量交付。产品是在每个迭代周期结束时被逐步交付使用，而不是在整个开发过程结束时一次性交付使用。每次交付的都是可以被部署到用户应用环境中被用户使用的、能给用户带来即时效益和价值的产品。

（3）开发团队和用户反馈推动产品开发。敏捷开发方法主张用户能够全程参与到整个开发过程中。这使需求变化和用户反馈能被动态管理并及时集成到产品中。同时，团队对用户的需求也能及时提供反馈意见。

（4）持续集成。新的功能或需求变化总是尽可能频繁地被整合到产品中。一些项目是在每个迭代周期结束时集成，有些项目则每天都在做集成（Daily Build）。

（5）开发团队自我管理。拥有一个积极的、自我管理的、具备自由交流风格的开发团队，是每个敏捷项目必不可少的条件。人是敏捷开发的核心，敏捷开发总是以人为中心建立开发的过程和机制，而不是把过程和机制强加给人。

2.3.1　增量与迭代

增量与迭代是敏捷开发的两个重要概念。在增量模型中，我们介绍了增量开发的方式，即分批分期的交付用户产品。无论是哪种类型的软件，只要需求确定了，就可以设计出理想的方案。但是，影响项目成功的因素太多了，如项目的工期、资金预算、人力资源等，总是感到在种种因素的作用下，开发力不从心，其原因就是完美方案的实现往往是要付出巨大代价的，而且软件开发具有很大的风险：市场情况、用户需求等外部因素都会发生改变，不及时发布软件和得到反馈，方案就无法得到验证，因此需要增量开发来应对软件产品之外的不确定因素。

与上次交付的产品比，每次增量交付的产品都有新的功能，那么如何合理规划版本呢？一般常用的方法是按照功能的重要程度，但这样会很容易陷入到具体的细节中去，使得系统的整体进度失去控制。

敏捷方法给我们的建议是先实现必要性的功能，体现出软件的价值，然后在后续版本中对功能进行细化，使得软件产品的所有功能都能达到相同的用户体验水平，如图 2.7 所示。

做需求调研时，经常会遇到一些无奈的客户，他们通常共同存在以下问题：

（1）对需求陈述不清，或者只是大概交代目标系统的轮廓，无法描述细节。

（2）经常改变想法，需求无法稳定。

迭代的思想就是当我们对用户的需求还没有信心时，不指望我们要构建的软件正是客户所想要的，但可以先构建后修改，通过多次反复，找到真正客户需要的软件。这是一个逐步求精的过程，一旦初始的方案是正确的，剩下的就是对方案不断地提升和优化的过程，如图 2.8 所示。随着软件开发工作的深入进行，用户的需求会不断地清晰起来，用户故事中的一些新的功能（可能是必要的功能、可选功能等）会不断被发现。同时，用户也不断成熟，提出了更多的、新的需求，也可能我们会受到市场的启发、得到了新的反馈等，我们需要不断地丰富、细化用户故事，增加和改善新的功能。经过多次迭代，我们完成了所有的功能，从多个层次（必要性、灵活性、安全性、舒适性/趣味性）满足用户需求，支持用户故事，从而逐渐缩小功能的不确定性，对功能的描述也越来越明确，这样的迭代过程和含义如图 2.9 所示。

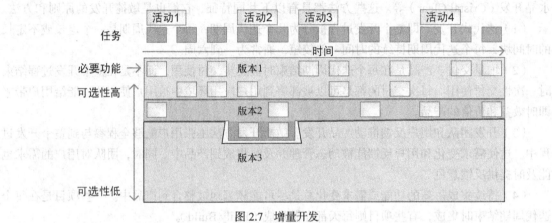

图 2.7　增量开发

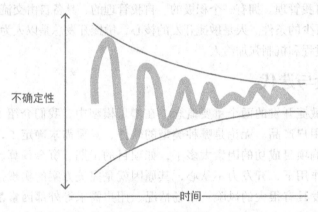

图 2.8　迭代的稳定性

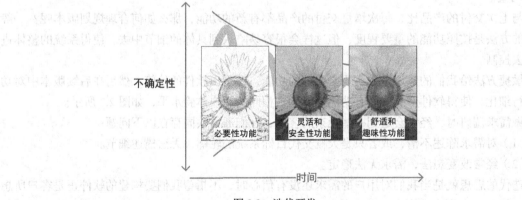

图 2.9　迭代开发

2.3.2 敏捷开发的优势

为什么瀑布模式多数情况下总会失败？为什么需要敏捷开发模式？这个问题在日新月异、飞速发展的今天似乎很容易解释。尽管瀑布模式能够在一个迭代周期内表现优异，但是，在如何管理需求变化面前，瀑布模式却显得无能为力。而事实上，大多数的软件项目都具有以下特点：

（1）初始阶段，最终用户通常不能准确地知道他们需要什么样的软件。即便知道，也很少有人能准确、清楚地表达出来。

（2）对于某些项目，一开始，可以很好地定义其所有的功能，但是可能有很多细节只能随着项目的不断深入，才能被挖掘出来。即便是我们了解了所有的细节，大多数人还是不能很好地处理这些细节，特别是在项目开发初期。

（3）外部环境，如客户的业务模式、技术进步，甚至是系统的终端用户，都有可能在开发过程中不断改变，而预想或试图阻止这些改变通常都是徒劳的。

（4）在互联网时代，许多 Web 应用程序的开发都是基于对远景客户的预期，而非当前用户的实际需求。在这种情况下，变化从一开始就有，而且在系统开始应用后几乎每天都会发生。

敏捷方法处理需求和技术变化主要通过迭代过程来管理。在每一次迭代周期结束时，都应交付用户一个可用的、可部署的系统，使用并体验该系统所获得的有价值的反馈意见，按顺序在随后的迭代周期中和其他需求变化一起在产品中实现和集成。每次迭代周期应尽可能短，以便能及时频繁地处理需求变化和用户反馈。采用敏捷开发方式将会给企业和用户带来诸多好处：

（1）精确。它将带给用户真正需要的软件系统。瀑布模型通常会在产品起点与最终结果之间计划出一条直线，然后沿着直线不断往前走。然而，当项目到达终点时，用户通常会发现那已经不是他们想去的地方。而敏捷方法则采用小步的方式向前走，每走完一步，都需要及时调整并为下一步确定当前的方向，直到真正的终点。

（2）质量。敏捷方法对每一次迭代周期的质量都有严格要求。一些敏捷方法，如 XP 等，甚至使用测试驱动开发（Test-driven Development），即在正式开发功能代码前，先开发该功能的测试代码。这些都对敏捷项目的整个开发周期提供了可靠的质量保证。

（3）速度。敏捷开发提倡避免较大的前期规划，认为那是一种很大的浪费。因为很多预先计划的东西都会发生改变，大规模的前期规划通常是徒劳的。敏捷团队只专注于开发项目中当前最需要的、最具价值的部分，这样能很快地投入开发。另外，较短的迭代周期使团队成员能迅速进入开发状态。

（4）丰厚的投资回报率（ROI）。在敏捷开发过程中，最具价值的功能总是被优先开发，这样能给客户带来最大的投资回报率。

（5）高效的自我管理团队。这既是采用敏捷开发的必然结果，也是推动敏捷开发不断前进的动力。敏捷开发要求团队成员必须积极主动，自我管理。在这样的团队中工作，每个团队成员的技术能力、交流、社交、表达和领导能力也都能得以提高。

当然，敏捷开发也不是万能的。通过以上分析，我们可以知道敏捷开发更适合规模中小、需求变化频繁的系统开发，并且强调团队的作用，所以更适合集中式的开发模式。

2.3.3 极限编程

极限编程（XP）的主要目的是降低需求变化的成本。它引入一系列优秀的软件开发方法，并将它们发挥到极致。比如，为了能及时得到用户的反馈，XP 要求客户代表每天都必须与开发团队在一起。同时，XP 要求所有的编程都采用结对编程（Pair-Programming）的方式。这种方式是传统的同行评审（Peer Review）的一种极端表现，或者可以说是它的替代方式。

XP 定义了一套简单的开发流程，包括编写用户故事、架构规范、实施规划、迭代计划、代码开发、单元测试、验收测试等。像所有其他敏捷方法一样，XP 预期并积极接受变化。XP 具有以下价值观或原则：

（1）互动交流。团队成员不是通过文档来交流，文档不是必须的。团队成员之间通过日常沟通、简单设计、测试、系统隐喻以及代码本身来沟通产品需求和系统设计。

（2）反馈。反馈是一种信息的交流，能使系统更加完善。反馈也和交流密切相关，客户的实际使用、功能测试、单元测试等，都能为开发团队提供反馈信息。同时，开发团队也可以通过估计和设计用户案例的方式将信息反馈给客户。

（3）简单。XP 提倡简单的设计、简单的解决方案。XP 总是从一个简单的系统入手，并且只创建今天（而不是明天）需要的功能模块。因为它认为，创建明天需要的功能模块可能会由于需求的变化而成为浪费。

（4）勇气。XP 在这一点所要达到的目的是鼓励一些应对较高风险的良好做法。例如，它要求程序员尽可能频繁地重构代码，必须删除过时的代码，不解决技术难题就不罢休，等等。

（5）团队。XP 提倡团队合作，相互尊重。XP 以建立并激励团队为一项重要任务。同时，它把互相尊重和实际的开发习惯相结合。比如，为了尊重其他团队成员的劳动成果，每个人将未通过单元测试的代码集成到系统中。因此，每个人的代码质量必须过关。

极限编程推荐的核心做法如下：

- 小规模，频繁的版本发布，短迭代周期。
- 测试驱动开发（Test-Driven Development）。
- 结对编程（Pair Programming）。
- 持续集成（Continuous Integration）。
- 每日站立会议（Daily Stand-up Meeting）。
- 共同拥有代码（Collative Code Ownership）。
- 系统隐喻（System Metaphor）。

2.3.4　Scrum

Scrum 是一个敏捷开发框架。由一个开发过程、几种角色以及一套规范的实施方法组成。它可以被运用于软件开发、项目维护，也可以被用来作为一种管理敏捷项目的框架。

在 Scrum 中，产品需求被定义为产品需求积压（Product Backlogs）。产品需求积压可以是用户故事、独立的功能描述、技术要求等。所有的产品需求积压都是从一个简单的想法开始，并逐步被细化，直到可以被开发的程度。

Scrum 将开发过程分为多个冲刺（Sprint）周期，每个 Sprint 代表一个 2~4 周的开发周期，有固定的时间长度。首先，产品需求被分成不同的产品需求积压条目。然后，在 Sprint 计划会议（Sprint Planning Meeting）上，最重要或者是最具价值的产品需求积压被优先安排到下一个 Sprint 周期中。同时，在 Sprint 计划会上，将会预先估计所有已经分配到 Sprint 周期中的产品需求积压的工作量，并对每个条目进行设计和任务分配。在 Sprint 开发过程中，每天开发团队都会进行一次简短的 Scrum 会议（Daily Scrum Meeting）。会议上，每个团队成员需要汇报各自的进展情况，同时提出目前遇到的各种障碍。每个 Sprint 周期结束后，都会有一个可以被使用的系统交付给客户，并进行 Sprint 评审会议（Sprint

Review Meeting）。在评审会上，开发团队将会向客户或最终用户演示新的系统功能。同时，客户会提出意见以及一些需求变化。这些可以以新的产品需求积压的形式保留下来，并在随后的 Sprint 周期中得以实现。随后有一个 Sprint 回顾会，总结上次 Sprint 周期中有哪些不足需要改进，以及有哪些值得肯定的方面。最后，整个过程从头开始，开始一个新的 Sprint 计划会议。

Scrum 主要定义了 4 种角色。

（1）产品拥有者（Product Owner）：负责产品的远景规划，平衡所有利益相关者（Stakeholder）的利益，确定不同的产品需求积压的优先级等。它是开发团队和客户或最终用户之间的联络点。

（2）利益相关者（Stakeholder）：该角色与产品之间有直接或间接的利益关系，通常是客户或最终用户代表。他们负责收集编写产品需求，审查项目成果等。

（3）专家（Master）：Scrum 专家负责指导开发团队进行 Scrum 开发与实践。它也是开发团队与产品拥有者之间交流的联络点。

（4）团队成员（Team Member）：项目开发人员。

Scrum 提供一个敏捷开发框架，其他许多敏捷方法都可以被集成到 Scrum 中，如测试驱动开发（Test-Driven Development）和结对编程（Pair Programming）等都可以被整合到 Scrum 中。

2.3.5　MSF

微软解决方案框架（MSF）是一组建立、开发和实现分布式企业系统应用的工作模型、开发准则和应用指南。它帮助企业融合商业和技术的目标，降低采用新技术后系统整体的费用，以及成功地应用微软技术整合商业过程的方法。MSF 包括一个集成的整体使用的多个组件：基础原理、模型、准则等。MSF 中比较关键的模型为组队模型和过程模型。

组队模型着重于解决在复杂软件工程项目中如何组建项目组、分配合适的角色、项目组的管理、职责划分和质量控制等问题。虽然组队模型是起源于软件开发过程中的规范和准则，但它也同样被成功地应用于基础信息结构设施的实现过程。标准的产品开发团队中包括开发、测试、用户体验、产品管理、程序管理、发布管理等角色。MSF 4.0 中还包含一个后勤的角色。

同等关系的组队角色。MSF 组队模型定义了相互依赖、相互协作、同等角色关系的工作模型。每个组中的成员在项目中都有一个明确定义的角色，并且关注于一种特定的任务。这种方法鼓励各个角色的所有感，最终结果是产生更好的产品。每种角色小组的领导者负责管理、指导和协调，小组中的成员专注于执行他们的任务。基于项目的大小，每个角色被分配给一个人或有人领导的一个小组。同样，一个人也可以承担多种角色。

MSF 的过程模型基于时间系列，划分为 5 个阶段：构思阶段（Visioning Phase），计划阶段（Planning Phase），开发阶段（Developing Phase），稳定阶段(Stabilizing Phase)，部署阶段（Deployment Phase）。

1. 构思阶段

构思阶段在"前景/范围核准"里程碑上到达了终结点。一旦一个新的产品（在信息基础设施实现的项目中，这样的产品可能是某项服务）引起大家的兴趣并得到允许构建的批准后，项目组就开始集中起来定义产品。前景描述文档清晰地阐明了产品或服务的最终目标，并提供了明确的方向。

2. 计划阶段

计划阶段在"项目设计核准"里程碑上到达了终结点。项目设计包含功能规约文档、每种角色职能组的计划组合（如在 MSF 组队模型中定义的开发、测试、用户培训、系统实施、程序管理和产品管理）和时间进度安排。功能规约提供给项目组足够的细节情况，确定需要的资源并做出承诺。在项目设计核准里程碑上，客户和项目组在要交付的内容上及如何进行构建上达成一致。

这是一个重新评估风险、建立优先级和对时间进度和资源调配情况做最终估计的非常重要的机会。

3. 开发阶段

开发阶段在"范围完成/第一次使用"里程碑上到达了终结点。经过核准的功能规定和相关的项目计划提供了开始开发的基准线。开发组设置了一系列内部交付的里程碑，每个内部里程碑都要经过全部的测试/诊断/排错的过程。在这个里程碑上，客户和项目组评估产品的功能，验证产品过渡和支持计划。同样，在这个里程碑上，所有新功能的开发都已经结束，推迟开发的功能记录下来作为下一个版本功能的参考。

4. 稳定阶段

稳定阶段在"产品发布"里程碑上到达了终结点。测试工作是伴随着代码开发工作进行的，在稳定阶段因为集中注意力于寻找错误和修改错误，所以测试活动成为主要的工作。在产品发布里程碑，产品正式转交给操作和支持组。通常，项目组或者开始下一个版本的产品开发，或者拆散加入其他的项目开发组。

5. 部署阶段

在部署阶段，团队部署解决方案技术和组件的产品，将产品移交运营和支持部门，并获得客户对项目的最终认可。部署之后，将执行一个项目评审和客户满意度调查。随着产品转移至生产环境，稳定活动仍将在这个时期内进行。

MSF 过程模型在下面几个方面不同于传统的开发模型。

（1）强调"系统前景/范围"，而不是需求。

（2）面向客户的里程碑，而不是面向开发的里程碑。每个里程碑是项目组重新校准客户期望值的同步点。

（3）不同版本方式的发布，而不是第一版就包含全部的功能特色，快速变化的技术会不断增强系统的功能,强化 PC 使用者的能力。不同版本的发布方式在基于 PC 的计算环境中是良好的平衡投资的方法。

风险管理是 MSF 的一个核心机制。MSF 认识到 IT 项目生存周期的变更及其导致的不确定性是固定的。MSF 风险管理提倡采用主动的方法来消除这种不确定性。连续评估风险，使他们在整个生存周期中时时影响决策，贯穿 MSF 过程模型定义的项目生命周期。

就绪管理是 MSF 的一个核心准则，这个准则勾画出一个方法来管理计划、构造和管理成功解决方案所需要的知识、技能及能力。MSF 就绪管理准则基于 MSF 的核心基本原理，在整个 IT 生命周期为就绪提供一个主动的方法指南。这个指南也按就绪管理过程提供计划。这个准则不但提供了一些成功经验，并且为个人和项目小组在他们的组织中管理就绪提供了基础。

2.4 过程建模

企业级的项目开发基本上都是团队开发，成员来自不同的部门，各自具有不同的工作职责。除了主要的开发人员外，还涉及项目所在部门的各种管理和辅助人员，乃至整个公司的全员参与。比如，为项目的每一个决策提供必要决策依据的人员，这不是普通秘书能够胜任的工作，其中包括各种项目数据，如在项目任务进行期间收集各部门的财务预算以及实际支出状况等数据。

所有人员在项目开发过程中扮演着不同的角色，在大型的项目中，可能具有专门的领域专家的角色，其主要负责对软件的实际需求进行阐释，有的人员则专门负责实现，还有人员专门负责参照软件的需求规格对产品进行测试等。他们中的人在项目中扮演着不同的角色，所有人员都直接或间接参与项目，并且每个人在某个领域都具有专业的知识和经验。因此，在团队开发中首先要解决的一个问题就是对团队的协调，使得大家能够步调一致地工作，即大家应该能清楚地知道谁应该在什么时间做什么事情。在小型的团队中可以通过简单的口头进行传达，但在大型的团队中，就需要对整个过程进行清楚的描述。

总之，过程建模的主要目的是对人员、时间和资源的协调，尤其是多位人员在工作交接时需要定义好工作的衔接处，即他们的接口。

除了产品的开发和管理过程外，过程的建模对于业务本身流程的理解也有着重要的作用。第 3 章的内容强调了需求分析的重要性，因为通过对业务的过程建模能够描述出客户的真正期望。通过业务过程的准确描述能够为所有的项目参与者清晰地界定客户当前或者优化后的工作流程。

通过本节的内容，可以了解到如何对过程进行建模及存在哪些不足。通过对两个过程建模的示例：软件项目准备的流程和一般性的业务流程，来说明过程建模的一般方法。需要说明的是，给出的例子只作为示意性说明，与实际的业务可能会有出入。

2.4.1　组织级过程

软件项目的开发过程在组织中不会总是轻松愉快、一帆风顺的。过程的每个环节都有着既定的目标，从短期的盈利到通过高质量的产品成为市场的领导者。软件企业的直接利润除了软件产品的销售外，还可以来自于为用户提供的咨询和服务等。然而，软件项目的过程管理及流程控制同样为企业的利润来源提供了间接的支持，确保了软件开发过程的简化和优化。

软件项目的成功除了开发本身的技术活动，还有很多附加的支持活动，图 2.10 给出了这些主要活动的概况，其中的核心活动是软件项目的开发，也是本书关注的重点。每个项目的开发通常配备一位或多位项目经理负责项目的组织和管理，并对外负责项目的运行。项目管理中主要的工作就是对项目进行工作的划分并合理地分配到开发人员，确保项目能够在规定的时间、人员和其他资源的限制下高质量地交付客户，及时预见可能出现的延期风险并处理。图 2.10 中与软件项目较紧密的活动是销售（Sales），销售的主要工作是维护与客户的联系并且使得可运行软件能及时交付。项目开发期间，还要能够及时获取用户可能的需求变更并负责解释。

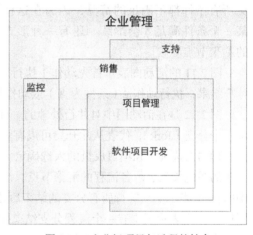

图 2.10　企业级项目与过程的结合

项目监控的主要工作是对项目进行度量，比如，收集和分析预期的开发时间以及实际开发时间的状况，为项目经理或者高层的管理人员提供决策上的支持。

另外一个活动为"支持"，代表着一些与项目开发间接相关的活动，如项目秘书、采购、网络维护以及清洁工作等。这些工作虽然与项目成败没有直接关系，但一定程度上也是不可或缺的。

企业的宗旨提供了企业发展的导向，其直接影响着其他过程的方向和执行方式。在总体目标下，明确了企业的主要利润增长点，为此，销售人员努力寻找新的客户，开发人员不断进取获取新的技术等，实现全员的联动，推动项目开发符合既定的目标。

以上对组织级过程的作用及其实施的环境进行了总体概述，下面进一步说明过程的概念。过程其实是对多个构成步骤的组织方式，主要对以下内容进行描述：

（1）每个步骤中应该完成哪些任务？

（2）每个步骤中有哪些负责人及其担任的角色？

（3）步骤的执行需要哪些前提条件？

（4）步骤中又包含哪些子步骤，它们的逻辑关系如何？

（5）每个步骤在不同的条件下有哪些可能的输出？

（6）步骤需要哪些工具的支持？

（7）步骤需要在何处执行？

2.4.2　使用活动图进行过程建模

对于过程的文字描述，总会有一些歧义的出现并且难以对过程有一个整体上的了解。为此，有很多图形化的过程描述方法，这里主要讨论应用 UML 中的活动图进行过程的描述。

对过程使用活动图的描述一般可表示成图 2.11 的形式，并可配合一段文本进行细致的文字说明。过程的每一个步骤在图中都以带有圆角的矩形表示，被称为动作（Action），动作的执行顺序由动作间的箭头进行指示。图 2.11 中填充的黑色圆圈表示该活动图的开始点，带有一个环的黑色填充圆圈则表示活动图的结束点。图 2.11 中的菱形表示控制点，其有两种形式：一种形式是多个箭头从控制点引出，这表示一个判断，对应着程序中类似 if 的语句实现，在每个引出的分支上应给出对应的条件，这些条件要求同时最多只能有一项满足，而且应该避免所有条件都不满足的情况，因为在这种情况下，过程会在此处暂停并处于等待状态，直到某一个条件满足才会继续。还有一种形式的控制点是多个分支的汇入，表示不同的条件分支的汇聚节点。

图 2.11 的活动图表示首先动作 1 执行，然后根据某个条件的判定结果，有可能依赖步骤 1 的计算结果，执行动作 2（条件为真）或动作 3（条件为假），然后执行动作 4 后结束。

图 2.12 是在活动图中对并行处理的一种表达方式，图中带有唯一一个输入箭头的黑色长条表示一个分支（fork），代表从此开始可以有多个并行执行的流程，例子中的两个并行流程分别是项目经理的人选确定和项目成员的人选确定，它们在执行的顺序上不分先后。另外，一种只有输出箭头的黑色长条表示各流程的汇聚节点，汇聚的类型可通过一个花括号进行具体说明，比如，图中的{and}表示必须等待所有分支的结束后才可以继续进行，即具有"同步"各分支流程的作用。同样，"or"表示至少有一个流程分支结束即可，这时其他分支中的活动会继续进行，而汇聚后的过程也会继续并且不受那些并行流程结束的影响。

在活动图中除了动作外，还可以加入对对象的描述，表示上一个动作的输出结果或者下一个动作需要的输入。在项目管理的过程建模中，如可以加入处于不同状态的人员或产品的对象。图 2.13 为一个带有对象的活动图，过程描述中首先使用工具 Eclipse 创建了分析模型，图中标识了参与的对象并且给出了输出对象的状态，如输出对象"已创建的 Eclipse 项目"会作为其后续动作的输入继续处理。

业务相对复杂的活动图中可能会由于图形符号的增加导致可读性的降低，这可以从几个方面考虑优化：一是将整个流程图至上而下绘制，分别画在多张图纸中，并且对它们设置清晰的连接点，以能够恢复全图的过程描述；二是可以对过程进行优化，以使某些动作可以在多张图纸中重复使用，即将某些可重复使用的过程片段提炼为一个子过程，并将其定义为一个原子的动作，然后在图中需要的位置对该动作进行"调用"，从而使得活动图更简洁。

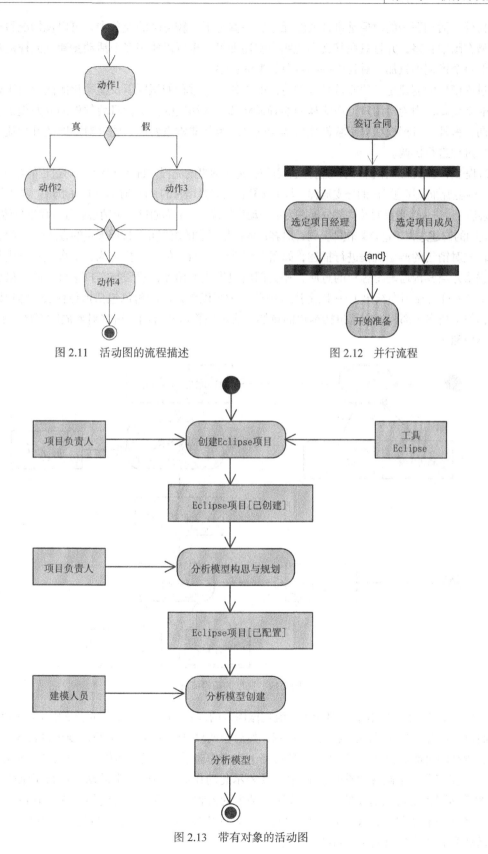

图 2.11　活动图的流程描述　　　　　图 2.12　并行流程

图 2.13　带有对象的活动图

　　另外，活动图中的对象是可选的图元，在一些上下文较清晰的业务中，可以视情况将这些对象类型在图中省略，并且只在其文字说明中叙述即可。也可以使用多个活动图建立同样的过程模型，但每个模型中只加入对其中一种对象类型的描述。

　　过程模型的创建是一项非常具有创造性的工作，对过程的识别以及文档化的能力对于软件项目也非常重要，因为对用户工作流程的准确捕获和深入切实的分析为日后软件的开发提供了依据和方向。另外，过程模型对于软件项目本身的管理也是非常重要的，能够对不同的开发流程和文档化的过程进行协调。

　　过程模型一般都是增量式的构建方式，首先描述出典型的流程，如果所有人员对过程的描述达成了一致，再逐渐加入其他可能的分支流程。每个步骤也可以是增量的，逐步加入可选的动作。当所有内容都完善后，再进一步考虑对某些部分提炼为单一动作的优化。下面通过一个销售业务流程来具体说明一个活动图的构建过程，这是某软件公司针对客户的销售过程的模拟并且按照增量的方法逐渐细化。

　　首先对销售的典型流程进行描述，如图 2.14 所示。对应的文字描述为：销售代表首先与客户取得联系并与其沟通确定客户的意愿，相关部门提供成本预算，然后与客户签订合同，最后是项目的实现（没有在图中给出）。从以上流程的分析中可以识别出的角色包括销售代表、客户以及可能的相关（技术）部门，产品包括客户的意愿、成本预算以及合同。这些对象同时在图 2.14 中进行了体现和明确。

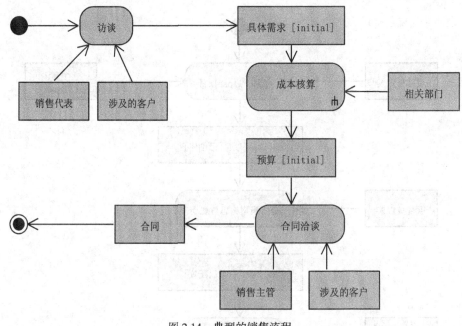

图 2.14　典型的销售流程

　　在接下来的迭代中，我们要对销售的流程做深入的理解，加入更多的、可选的情形。作为示例，我们假设客户有可能对预算的成本并不满意，然后会调整自己的需求，并重新要求进行成本核算。

　　当所有的可能流程都在模型中体现后，接下来考虑对模型的提炼和优化。图 2.15 中的动作"成本核算"使用了一个翻转的符号　标记，其表示此动作通过另外一个活动图进行了细化。这个细化的活动图也是按照前面的步骤，首先是基本的流程，然后补充可能的流程，其最终的结果在图 2.16 中进行了描述，这里去掉了参与者的角色说明，因为按照其上层的活动图可知，这里的所有活动都应由某个相关部门的员工负责。

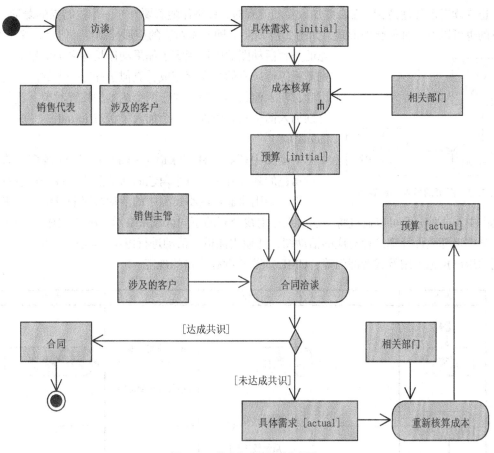

图 2.15 补充细化后的活动图

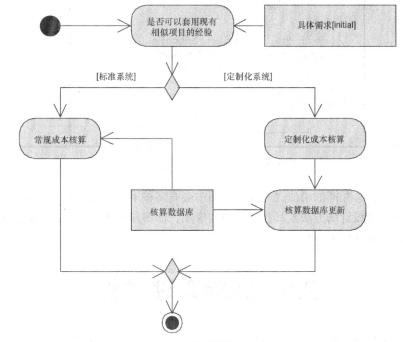

图 2.16 成本核算的细化

也许读者已经注意到，在合并加入新的流程时，总是伴随着要补充一个控制点的菱形。其实，对应的也可以有一种简化的形式，如图 2.17 所示，即省略对应的菱形控制点。但是，这里需要注意的是，活动图的语法规定了如果动作具有多个汇聚的箭头，则需要等待所有的分支都完成，类似于并行分支的同步情况。因此，在上面的例子中，对于两个成本的核算对象，我们可以分别加入两个状态条件：一个加入了状态[initial]，一个加入了[actual]。

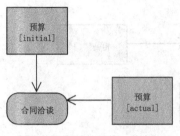

图 2.17　汇聚的另外一种表达

活动图中还有一种"泳道（Swimlane）"的概念。泳道是一种角色的划分方法，每个角色的活动散落在各个角色对应的泳道里。利用泳道可以将模型中的活动按照职责组织起来。在活动图中，这种分配可以通过将活动组织成用线分开的不同区域来表示。比如，图 2.18 中描述的就是某编辑部稿件处理流程对应的活动图，并使用泳道对活动进行组织。实践中的泳道可以对应不同的用户角色、用例或者部门等，UML 规范并没有严格的规定。

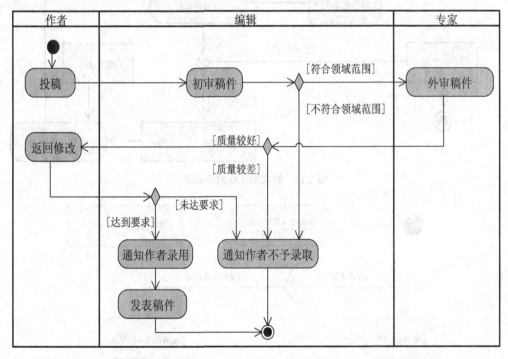

图 2.18　带有泳道的稿件处理活动图

以上的例子说明，相同的语法含义在活动图中会有多种不同的描述方式，由于本书的主要工作是用来介绍分析和设计的方法及其在开发中的应用，而不是对 UML 语法的面面俱到，所以活动图的其他描述内容在此不再赘述。

2.5　风险管理过程

软件风险是指软件开发过程中及软件产品本身可能造成的伤害或损失。风险关注未来的事情，这意味着，风险涉及选择及选择本身包含的不确定性。软件开发过程及软件产品都要面临各种决策的选择。

当在软件工程领域考虑风险时，我们要关注以下问题：什么样的风险会导致软件项目彻底失败？用户需求、开发技术、目标计算机以及所有其他与项目有关因素的改变将会对按时交付和总体成功产生什么影响？对于采用什么方法和工具，需要多少人员参与工作的问题，我们如何选择和决策？软件质量要达到什么程度，才是"足够的"？

当没有办法消除风险，甚至连试图降低该风险也存在疑问时，这些风险就是真正的风险了。在我们能够标识出软件项目中的真正风险之前，识别出所有对管理者和开发者而言均为明显的风险是很重要的。

被动风险策略是针对可能发生的风险来监督项目，直到它们变成真正的问题时，才会拨出资源来处理它们。更普遍的是，软件项目组对风险不闻不问，直到发生了错误，才采取行动，试图迅速地纠正错误。这种管理模式常常被称为"救火模式"。当补救的努力失败后，项目就处在真正的危机之中了。

对于风险管理的一个更聪明的策略是主动式的。主动策略早在技术工作开始之前就已经启动了——标识出潜在的风险、评估它们出现的概率及产生的影响，对风险按重要性进行排序，然后，软件项目组建立一个计划来管理风险。主动策略风险管理的主要目标是预防风险。但是，因为不是所有的风险都能够预防，所以项目组必须建立一个应付意外事件的计划，使其在必要时能够以可控、有效的方式做出反应。

项目的风险管理内容可由图 2.19 表示，其中描述了主要的风险活动及其关系，包括风险识别、风险分析、措施计划、措施执行、结果评估、优化以及风险数据库几个主要部分。

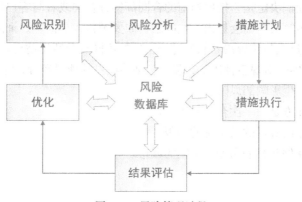

图 2.19　风险管理过程

1. 风险识别

风险识别步骤一般在项目开始时已经进行，来识别出项目开发过程中潜在的风险。虽然风险不能全部立即被识别出来，但越早发现风险，后续的步骤会越容易。

2. 风险分析

风险分析对每个风险，需要确定两个影响因素：一是该风险出现的概率有多大；二是一旦出现该风险，其破坏程度如何。可以将这两项值的乘积作为该风险的优先级进行管理，评估可能的后果，并考虑相应的应对措施。

3. 措施计划

措施计划对每个威胁的风险制定最小化其危害的应对计划，如原型的开发、员工的培训、通过协议对风险的转移等，制定每项措施的成功指数。

4. 措施执行

措施执行是指按照计划执行应对措施。

5. 结果评估

结果评估将措施执行后在规定的时间点，如对项目产品评审时，依据每项措施的评估指数验证该措施是否成功。

6. 优化

优化指对某项风险及其应对措施的优化，包括对措施的调整或者指定更有效的措施。优化也指对风险管理过程本身，因为风险管理过程同样也需要持续改进和完善。

7. 风险数据库

风险数据库指组织级上建立的经验数据库，将不同的项目以及它们的风险管理信息在数据库中进行储备，为现有项目风险的评估提供信息参考，同时使得未来项目的经验在组织级持久化。

习　　题

1. 本章提到"用户故事"一词，请查阅相关材料并解释该词的具体含义和应用场合。

2. 图 2.15 通过活动图描述了合同签订的流程，请对其进行扩展，以满足如下要求：

（1）客户对销售的产品并不感兴趣。

（2）对于合同额小于 20 万的合同，在谈判的过程中需要部门经理的参与，因为需要考虑到项目管理的费用，并由他们决定是否按照当前的合同额签订合同或者与客户再次协商。

（3）相关部门在核算成本前会提出一些问题，需要销售人员向客户询问，并澄清结果。

3. 总结敏捷软件过程与传统瀑布软件过程主要的不同点及适用情况。

4. 项目实施过程中会出现各种风险，假设您是某项目的项目经理，针对以下情况分别给出 2 个可能出现并对项目产生影响的风险。

（1）此项目的委托方是第一次合作的新客户。

（2）该项目是 3 年前做过的某系统的翻版。

（3）委托单位与软件开发公司处于不同的城市。

第3章
需求分析

　　需求分析是软件开发的第一个阶段。简单来说，需求分析的目标就是搞清楚用户真正想要的系统是什么以及存在哪些约束条件。对于软件项目来说，这是一个至关重要的环节，关系着系统开发的成败。需求分析是软件开发的输入，而"垃圾入，垃圾出"说的就是这个道理，这也如同一幢大楼的建设过程，如果地基没有打牢，在建设的后期，即使采取了各种弥补的方法，也很难保证其建筑质量，所谓"失之毫厘，谬以千里"。

　　本章主要围绕需求分析的主要方法和过程展开，对需求分析的捕获和描述、需求分析的细化、功能性需求和非功能性需求等方面进行了主要介绍。

3.1　需求分析的挑战

　　软件开发如同高楼建设，如果在开发早期引入了一个微小的问题，在后期也许需要几十倍的投入去修正它，到了这个地步，软件质量是无法保证的。无章法的软件开发，尤其是在开发过程中的需求分析，很容易导致整个项目失败，可以通过一幅漫画图 3.1 来描述这样的开发情景。

图 3.1　需求的偏离①

---

① 图片来自互联网。

分析是一个令人比较兴奋而又充满挑战的工作，开发人员需要与未来系统相关的领域专家们在一起工作。对于软件开发者来说，这是一个学习未知领域的过程，是一个值得享受和回味的过程，是建造一个新的世界的开始。没有这个过程的铺垫，后续的设计和实现等阶段将很难把握用户的真实预期，也更不会有灵感和创造力的产生。所以，需求分析是一个非常重要的阶段，为了顺利地开展这个阶段的活动，首先需要分析人员借助各种手段熟悉、了解和掌握相关的业务领域，这不同于简单的记录，对业务的理解，一定要经过大脑的思考和分析整理，这样的解决方案日后才会奏效。

另外，每个人（包括领域专家们）对系统的全局都不会有一个完整的概念，每个人都是一个局部，很难预知哪些领域信息会对以后的开发产生影响；更进一步，我们还要事事留心，客户的想法会在开发进行中毫无征兆地发生改变，如何采取措施来应对这些无法预知的变化，这些都是需求分析的难点。

3.2　涉众及目标

需求分析阶段一般是通过一份需求规格说明书的文档描述项目应该实现的内容。在需求分析的开始阶段，往往还伴随着一个相对较短的可行性分析活动。在可行性分析中，需要明确系统的功能需求及边界位置以及在技术、经济、法律或操作等方面项目是否可顺利进行，是否存在潜在的风险，这些风险的影响程度如何以及降低这些风险的措施，并给出系统的一个合理可行的解决方案。可行性分析的结果还有另外一个作用，就是评估出系统初步的开发费用，这也是与客户（甲方）签订商务合同的依据。

初步的需求分析也可由项目的委托方组织相关技术人员进行实施，并给出系统主要的需求列表。我们把以客户为主导制定的需求文档称为用户（业务）需求，而以开发者为主导制定的需求文档称为系统需求。两者有以下几个不同之处：

（1）系统需求是对用户需求的细化和完善。

（2）系统需求的阅读对象是开发者，而用户需求的阅读对象是委托方或客户。

（3）系统需求是用户需求的开始，用户需求需要得到委托方的确认。

无论是系统需求，还是用户需求，调研时都需要搞清楚项目涉及的主要目标人群及项目的主要目标。

3.2.1　系统涉众

涉众（Stakeholder）是与目标系统相关的一切人和物，他们对目标系统的构建会有一定的影响。涉众是一个比较宽泛的概念，可以是提出系统原始需求的人，可以是委托方，也可能是使用目标系统的最终用户等。有时涉众并不固定，很可能会突然出现在我们面前，比如，某公司新增加了信息安全方面的要求，则信息安全负责人员会马上成为目标系统的涉众，他们会按照相关条款对目标系统进行检查，必要时会改变系统的设计策略和实现方式。

当然，对于影响系统的涉众来说，他们的重要程度是不同的。他们提出的要求有时可能是从不同的侧面对目标系统的理解，甚至还可能有矛盾的地方。这就需要我们一是能够准确地将它们识别出来，并确定其优先级；二是需要在他们之间斡旋和协调，当有矛盾发生时对他们进行说服，使其在某些方面能够妥协，让目标系统满足大多数涉众的要求，从而系统开发能够得以向前推进。常见的涉众包括如下内容。

1. 最终用户

最终用户对于系统成败具有举足轻重的作用，他们是系统的实际使用者，对目标系统有直接的接触和评价。为简化系统的分析和设计，最终用户又会被划分为某些角色，不同的角色通常与系统有着不同的交互方式和交互内容。

这里的用户是一个抽象的概念，用户一般是涉众的代表，或者说，用户是目标系统的直接涉众。也就是说，用户是实际系统的参与者，是目标系统的一部分。其他的涉众一般只是在需求分析阶段用来分析系统，最终并不与系统发生交互。在系统的设计过程中，概念模型的建立以及系统模型的分析一般都只从用户开始进行，而不必再去理会其他的涉众。

例如，在一个"软件项目管理"的系统中，那些专门负责将任务指派给具体开发人员的人可以划分为一组；项目开发人员能够使用系统录入他们担当的任务；每个项目的进展情况和状态要能够及时通知到项目经理和相关管理人员。以上这些人员和各自的角色都属于该系统的最终用户。

2. 投资者

投资者或者称为出资方，其主要关心的是目标系统的总成本、建设周期以及未来的收益等高层目标。通常，投资者就是目标系统的业务提出者，但有时可能是不同的人或组织。比如，在一个"环保普查"项目中，省环保局可能是环保普查系统的投资者，但并不负责该系统的管理和运营，具体需求的提出者和使用者是各地方环保局负责和支持的。虽然投资者并没有直接关注系统的开发和技术，但不可否认的是，总成本、周期等因素会间接影响目标系统采用的技术及边界范围。

3. 业务提出者

业务提出者的目标通常是对现有的业务能够更加规范和高效，从而提升其业务质量。如在软件项目管理系统中，投资者是某软件企业，其目的是提升其工作过程的组织和管理水平、社会影响、成本节约等宏观远景，虽然这些期望都比较原则化和粗略化，但为开发者提供了系统建设的纲领，在系统的开发中，必须得以贯彻，否则就会面临项目失败的风险。业务提出者通常是业务方的高层人员，如总经理，分管生产、财务、销售等部门经理等。

4. 业务管理者

业务管理者负责业务计划、生产、监督等环节的实际实施和控制。他们在业务方具有承上启下的作用，上对高层管理者负责，对下要进行实际的管理和安排，因此，他们关心如何方便地得知业务执行情况、如何下达指令、如何得到反馈、如何评估结果等。他们通常是业务方的中层管理者，如各科室的主任等。

业务管理者是需求分析过程中比较重要的调研对象，因为他们的需求相对更加面向具体业务，更为实际和现实，他们对业务流程、业务规则以及业务模式等有着比较深入的理解。但也因为如此，调研过程需要科学的设计，引导他们能够将业务内容系统和浅显地阐述出来，帮助厘清业务的主线和辅线，使得后续的开发忠实于实际的业务。

开发者和业务方总存在"沟通"上的障碍，开发者不懂业务，业务方不懂技术，这两个涉众在这个层面上的矛盾尤其突出和难以调和。因此，调研过程中，我们鼓励业务管理者和需求分析人员一同工作，业务管理者也可成为需求评审、系统部署等阶段的评价者和确认者。

5. 业务执行者

业务执行者是指实际的操作人员，是频繁与未来系统直接交互的人员。他们最关心的内容是系统会给他们带来什么样的方便，会怎样改变他们的工作模式。他们的需求最细节，系统的可用性、友好性、运行效率与他们关系最多。系统界面风格、操作方式、数据展现方式、录入方式和业务细节都需要从他们这里了解，他们也是系统是否成功的重心所在。

这类人员的期望灵活性最大，也最容易说服和妥协。同时，他们的期望又往往是不统一的，各种古怪的要求都有。他们的期望必须服从业务管理者的期望，因此，系统分析人员需要从他们的各种期望中找出普遍意义，解决大部分人的问题，必要时可以依靠业务管理者来影响和消除不合理的期望。

6. 第三方

第三方是指与这项业务关联的，但并非业务方的其他人或事。第三方的期望对系统来说不起决定性意义，但会起到限制作用。最终在系统中，这种期望将体现为标准、协议和接口。

7. 开发方

开发方是合同乙方（受托方）的利益代表，他们关心的是通过这个项目，能否赚到钱，是否能积累核心竞争力，是否能树立品牌，是否能开拓市场。这些期望将很大程度地影响一个项目的运作模式、技术选择、架构建立和范围确定。

8. 相关的法律法规

相关的法律法规也是一个很重要的涉众，既指国家和地方法律法规，也指行业规范和标准。法律法规通常会在业务领域的非功能层面上产生影响，对于未来软件产品的适用范围或市场推广等方面有着较重要的作用，必要时应在合同里留下相应条款。

3.2.2　系统目标

当识别出所有的涉众后，接下来需要定义待开发系统的目标。在每个涉众的描述中，我们已经对各自的目的做了简单的说明和介绍，从中我们也可以建立起与项目客户之间的关系。在实际开发中，我们经常会发现系统的目标和涉众的确定是紧密相连的，因为目标主要决定了涉众存在的缘由。

给出系统的目标是要尽量将目标明确定义下来，并同时说明对这些目标将来进行验证的标准。通过对系统目标的整理，还要确保这些目标或目标的内部之间不会有矛盾的地方，整体上项目的各个部分都要保持一致。总之，系统目标的界定能够说明未来软件哪些应该去做，哪些不应该去做。

系统的目标最直接的来源是系统应该提供的功能，这些功能通常不是单一的，对每个目标需要单独进行定义，可以借助以下模板（表 3.1）对各目标进行详细描述。

表 3.1　　　　　　　　　　　　　系统目标定义模板

目　　标	应该达到什么目的
对涉众的影响	对涉众会有哪些影响
边界条件	存在哪些约定的边界条件需要引起注意
依赖	此目标的完成是否依赖于其他目标？此目标可以对其他目标产生一些积极的影响，即对更多待完成目标的实现产生贡献；也可能必须做出某些让步，因为与其他目标可能有不同的难点，需要做出平衡
其他	其他需要说明的内容

目标的定义是未来系统开发的纲领，是对用户需求进行深入分析的里程碑的定义。用户需求只有与目标进行关联，才会有实际意义。

3.3　通过用例明确系统功能

下一步是确定与各涉众相关的系统核心功能。对于功能的识别过程，可以遵循完全不同的方法，这取决于项目的类型和涉众的计算机经验和技能。一些典型的方法如下。

（1）需求分析人员与相关涉众通过座谈的方式，共同确定未来软件支持的业务工作流程。需要注意的是，应顾及到所有涉众的需求，尽量不要有遗漏。

（2）访谈关键的涉众人员，因为未来的系统最终由这些人员组织验收。此外，就预期的问题和风险，也要进行讨论。这种访谈形式非常适合规模较小的涉众团体或者难以联系的涉众代表。

（3）还可以采用调查问卷的形式，但是要求问卷中的题目一定要有代表性。同时需要注意，调查问卷不具有上述两种方法具有的交互性。

（4）采用上述方式与涉众讨论旧系统或当前系统的相关情况及其材料，重点讨论有各种问题的存在或值得借鉴的地方，挖掘优化的潜力。

（5）通过在现场与最终用户的调研和访谈，使得最终用户逐渐融入开发过程，也能够使其较容易地理解业务过程的实现原理。

当然，上面给出的方法是可以结合使用的。这里需要注意的是，我们力求发现的功能是未来系统对外界能够完成的功能，这些功能以后要转换成待开发的任务，但不涉及具体的实现步骤。这些任务在项目进行中可以进行独立的分配，有明确的开始和结束时间（或者持续时间），提供一个明确的输出结果，任务之间在逻辑上的依赖性也要澄清。

3.3.1　用例及其表示

长期以来，人们习惯使用一种交互的方式来描述系统的场景，借以"捕获"用户的需求，这就是用例（Use Case）的概念。注意，这里使用的是捕获一词，因为业务用例不能只做静态的简单功能说明，而是要构建一个动态的场景，其强调的是参与者的活动。我们可以类比一下，比如，手机上的 OK 键，它的一个静态的功能描述可以是"按下"，但我们并不能准确定义其用户的需求；如果采用用例来描述，可能的用例可以是"通话拨出"和"来电接听"。虽然这两个用例都需要借助 OK 按键的基本功能"按下"来实现，但说明了这个按键的两个不同的应用场景，这样就可以更明确地捕获到用户的需求，并且借助 UML 中的用例图可以对这种活动进行文档化。Ivar Jacobson 在他的方法 OOSE 中倡导使用这种技术并进行图形化，并在面向对象开发领域中得到了广泛的应用。

用例又称为用户故事（User Story），是对需求的深入分析和理解的输出结果。用例的完善需要迭代进行，每次都会添加对当前迭代中的一些业务细节。另外，每个用例具有文档化的说明——用例规约，是对具体用例场景中业务流程的脚本式的说明。不求一次性完成某个用例的完全文档化，先进行一些口头上的交流，也是一种沟通手段，重要的是没有遗漏任何涉众关注的内容。

对于前面提到的软件项目管理系统，我们可以使用图 3.2 所示的用例图来描述，其中包含了 5 个主要的用例。每个用例使用椭圆符号来表示，代表一项用户任务。为了进一步说明任务对应的涉众，用例通常直接或间接与某个人形符号（Stickman）关联，叫做 Actor。Actor 理解成角色（Role）可能会更合适一些，Actor 的英文解释为"演员"，是指使用系统的用户类，不特指具体的人，因此按照角色或者主角来理解更为准确一些。

不同的人可以扮演相同的角色，相同的人也可能在不同的场合中扮演不同的角色，角色与具体的人或职位并没有必然的对应。角色实现系统的某些用例，一个角色可以对应多个用例；相反，一个用例也可以对应多个角色的参与。

3.3.2 寻找用例

在实际应用中,角色可以很好地帮助我们来寻找用例,它们一定是存在于系统边界之外的与系统发生某些交互的对象。掌握这条原则可以帮助我们更快速准确地确定出用例图中的角色。

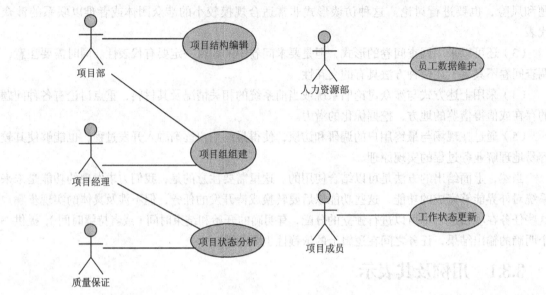

图 3.2 项目管理系统中的用例

刚才已经提到,角色不仅可以由现实业务中的人来扮演,也可以是某些存在于系统之外的其他软件系统,如在图 3.3 中的角色"零件目录系统"和"定时器(Timer)"。与"定时器"关联的用例表示该用例是在特定的时间被自动触发,产生对该仓库的统计报告。

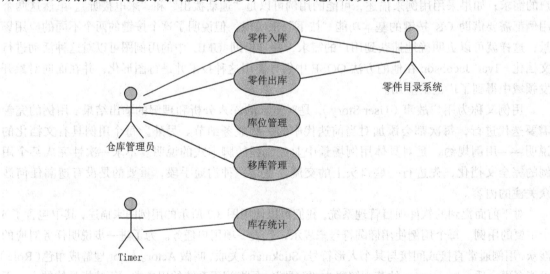

图 3.3 用例图中特殊类型的角色

寻找用例的过程实际上是一个具有创造性的过程,要围绕客户的预期,充分体现出用户的需求。虽然这个过程非常灵活,难以掌控,但是我们还是可以考虑从以下几个方面进行切入。

首先,着重考虑在业务系统中进行管理和处理的一些关键业务内容,即业务实体,通常这是与业务相关的一些关键概念或技术术语。业务实体是业务管理中的基本信息，在高级的业务逻辑中与其他信息一起使用构成更复杂的业务数据结构。比如，在软件项目管理系统中的业务实体主要有软件项目和员工两种。

（1）软件项目（Project）：每个软件项目对应一个在系统中组织和管理的基本结构，项目开发者以团队的形式参与其中。

（2）员工（Employee）：即开发者，是项目实施的基本单位，可进一步组成团队的结构。

对于这些基本的业务实体，必须首先确定它们是由要创建的软件进行管理的，还是由已经存在的其他系统进行管理。如果它们的管理发生在其他系统中，则一个有用的角色就被确定下来，如在项目管理系统中，若有一个第三方的系统负责管理员工的基本数据，则可新加一个角色"员工数据管理系统"。

这里，假设对这些基本业务实体数据的管理是发生在新系统边界内的需求，则理论上可以直接产生针对每个业务实体的 5 种用例：

（1）创建新业务实体数据的用例。

（2）修改已有业务实体数据的用例。

（3）删除已有业务实体数据的用例。

（4）持久化某业务实体数据的用例，如存储到数据库中。

（5）访问某业务实体数据的用例，如从存储的文件或数据库中读出。

如果这 5 个基本的数据操作用例与同一个角色相对应，建议将其分门别类地使用一个归纳性的用例进行展现，而不是使用 5 个单独的用例。比如，在上面的例子中，项目始终由项目部负责创建、编辑和删除，因此只需一个用例"编辑项目信息"来代表项目实体插删改的操作，这同样适用于人力资源部门对员工信息的处理情况。另外两个涉及对数据的持久化操作，如果需要，通常使用单独的两个用例"备份"和"恢复"分别与之对应。当然，如果在对数据的创建和删除的同时会对数据库中的数据进行同步保存，这样后两种情况也就不用考虑了，因其相应的功能已经包含在插删改的用例中。

人们对同一事物一般会尽量采用相同的专业术语进行指代，对用例命名时也要尽量具体和贴切一些，如"员工数据备份"要比"员工数据处理"更具体。用例的命名需要在与客户的沟通中逐渐熟悉、学习和清晰化，同时，用例是从用户的角度来理解系统，与用户之间保持一种紧密的关系至关重要，并且随之获取到的一手内容最后都要在文档中加以记录和体现。

用例调研的第二步涉及的是动态信息，也被称为业务相关的过程数据，它们是业务过程围绕基本业务实体的加工和组合而产生的。业务过程数据是比业务实体数据更复杂的数据，而且它们会在业务执行期间频繁和显著地发生变化。比如，项目和员工两个业务实体通常只需要创建一次，日后可能会略有修改，而项目开发的团队信息则需要频繁、动态地改变，以适应新的工作安排，项目团队数据就是一种业务过程数据。在软件项目管理的例子中，项目组和工作时间两种业务过程数据可以被识别出来。

● 项目组：对员工进行组织，并分配到具体的项目中。项目组的各种数据在项目进行过程中会经常发生改变。

● 工作时间：任务的起始和结束时间，开发者需要按照任务的时间安排开展工作。

被识别出的这些动态信息同样可以按照上面的 5 种情况进行分析并建立对应的用例，如"组建项目组"和"更新工作状态"两个用例。在这一步发现的用例是系统的核心用例，描述系统的主要功能需求，往往在访谈过程中由用户直接提出。

在第三步骤中需要对系统的功能做进一步的研究，这些功能往往需要在以上识别出的基本实体数据和动态过程数据的基础上做进一步的利用和计算。如果一个系统只完成上述数据的维护工作，当然就不要额外添加其他用例了，但经常的情况是，人们需要利用这些数据开展更复杂的业务活动，如对各种数据的组合、分析和挖掘等。每个这样的数据利用，都会导致新用例的产生。在项目管理的例子中，"分析项目状态"用例需要将进行中的项目数据做严格的分析和评估，并有可能会形成诸如项目延期的结论，这将在业务中导致新的管理措施，如增加额外的开发人员，而这可以通过已有的用例"维护项目组数据"来实现。对于更复杂的系统，如需要支持较长周期的项目计划变更需求等，系统用例的数量可能会增长得很快。

第四步骤中我们需要考虑是否存在对正在运行的其他系统的交互。在分布式的环境中，与其他系统的交互，如启动、停止或者监听数据等场景，都要设置单独的用例来捕获其功能需求。

经过以上步骤，我们将发现的用例记录下来，形成第一版本的用例图。这张用例图需要逐渐的补充，细节会越来越丰富。可能的话，应与客户一起维护这张用例图，因为它的信息来源正是我们的涉众，应尽量忠实体现他们的诉求。同时，他们也会理解我们的开发过程，更容易接受我们的工作成果。这里需要补充说明的是，用例分为：业务用例和系统用例两种。

1. 业务用例

业务用例是从客户的角度出发描述某个业务的具体工作流，也是一次涉众与实现业务目标功能之间的交互，其中可能包含手工和自动化的过程，也可能发生在一个长期的时间段中。

2. 系统用例

系统用例是从计算机系统的角度描述业务系统，其业务边界就是这个计算机系统的设计范围，主角是系统的参与者，与计算机系统一起实现一个目标。系统用例用来描述参与者如何与计算机技术相联系以及与计算机系统交互的过程，而不是详细的业务流程描述。

概括地说，一个业务用例描述的是业务过程，而不是软件系统的过程，一个业务用例为涉众创造价值，业务用例可以超越系统的边界。

这两种用例类型其实是密切相关的，如果在一个项目中同时使用了两种类型的用例，一般来说，业务用例和系统用例存在一定的对应关系，系统用例描述了对应业务用例在软件系统中的实现。此外，往往还需要添加一些额外的系统用例，用以数据的建立等维护工作。

比如，在本例中的"组建项目组"用例，我们使用业务用例来描述在制定项目计划时相关部门的领导应该对计划的安排进行商讨，确定哪些开发者以何种角色参与到具体的项目中。在对应的系统用例中，则描述为项目部的负责人员如何利用系统对员工当前的工作状况进行浏览和挑选，然后如何为挑选出的人员分配角色，并将其挂接到待开发的项目中。

业务用例的建模一般适用业务活动比较复杂、涉及人员众多并需要长期深入某个行业的情形，而对于专业性和技术性较强的工具软件及应用软件等，大多数不需要业务建模。本书主要关注系统用例模型的建立，因为对于软件项目管理这个例子，其需求的描述对于理解业务还是足够的，所以，本书采取的方法是针对业务的说明，在用例图中直接创建其对应的系统用例。

3.3.3　用例规约

用例规约是对每个用例的细化。用例规约的描述可以参照表 3.2 所示的模板。中间一列的数字为迭代的编号，表示在哪一轮迭代中应该完善此信息。在初始迭代中，只需为用例提供迭代编号为 1 的属性信息，然后在后续迭代中逐渐对上次迭代的信息进行补充，并完善当前迭代中的属性内容。

表 3.2　　　　　　　　　　　　　　　　　　用例规约模板

用例名称	1	简短精炼的描述，一般为动宾短语的形式
用例编号	1	项目中唯一确定的数字编号
包	2	在较复杂的系统中，用例被划归为不同的业务子系统，可以使用 UML 的包进行封装。在用例识别过程中，可以确定用例归属的包
维护者	1	创建和维护该用例的人员
版本	1	当前用例的最新版本号，或者将版本变化的历史一同保留，记录谁在什么时间改动了哪里
简介	1	简短描述该用例通过何种方式实现了什么功能
参与的角色	1	参与该用例的角色（涉众），该用例对应的原始期望者
业务支持者	1	对该用例的问题对应哪些业务人员负责解答，分别处在哪些领域。如果需要修订，谁可以决定该用例的业务内容
引用	2	指出对该用例的实现有影响或有联系的所有信息来源，可能是某些规则、标准或现有的文档
前置条件	2	执行用例前系统必须所处的状态或达到的条件要求
后置条件	2	用例执行完毕后，系统可能处于的状态或结果
基本事件流	2	该用例正常执行的一系列活动步骤来响应参与者提出的服务请求
备选事件流	3	基本事件流中异常或特殊情况的处理流程
关键性	3	该用例在系统中的重要程度
关联用例	3	其他相关的用例
功能需求	2	有哪些具体的功能性需求是从这个用例派生的
非功能需求	2	有哪些具体的非功能性需求是从这个用例派生的

对于用例中基本事件流和备选事件流内容的确定，以及派生的功能需求和非功能需求的归纳，后续的章节中还会进一步阐述。另外，在对用例进行文档化规约的同时，还要建立一个词汇表，用来描述相关业务术语的定义，要尽可能对相同的业务概念使用相同的术语进行描述，这对于需求的理解是很有意义的。

本例中的用例"编辑项目信息"经过 3 次迭代和优化后的用例规约按照表 3.2 模板的格式可描述为表 3.3 所示形式。

表 3.3　　　　　　　　　　　　　　　　"编辑项目信息"用例规约

用例名称	编辑项目信息
用例编号	U01
包	—
维护者	杨楠　需求分析师
版本	1.0, 2013 年 12 月 2 日，建立
简介	项目部人员有权编辑项目信息及其层次结构，包括项目各种属性、包含的子项目等
参与的角色	项目部人员（通过选择系统中对应的功能）
业务支持者	王云　项目部主任
引用	《项目指导手册》

续表

用例名称	编辑项目信息
前置条件	软件成功安装并启动
后置条件	对于项目以及子项目的修改成功提交系统
基本事件流	1 用户选择项目结构编辑功能 2 用户输入项目的基本信息 3 用户新建子项目 4 用户提交数据
备选事件流	用户可以选择已有的项目进行编辑 用户可以修改子项目的信息
关键性	高等级，系统核心功能

3.3.4 用例提炼

对于上节用例中包含的术语的定义，我们会在后续章节中叙述。在用例图中，有时需要定义一些通用的过程，这些过程为其他主用例提供某种共同的基础性的功能，为避免在这些主用例中相同的基础性功能被多次重复实现，可以将这些基础功能作为一种附加用例加以表示，并通过使用用了构造型<<include>>的关系与依赖它的主用例相连。

在上面的例子中，系统要求每个主用例在执行前必须成功验证每个用户的合法身份，这个登录过程对应一个通用的用例，可以将其提取出来并通过图 3.4 的形式描述。

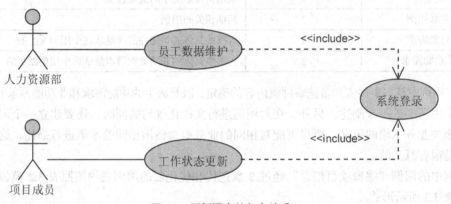

图 3.4　用例图中的包含关系

图 3.4 中新添加的用例"系统登录"为两个主用例提供基础功能，其表现形式与普通用例的椭圆形一样，也可以在这个用例上使用构造型<<secondary>>，表示此用例是在细化的分析阶段被识别出来的（主用例的内嵌用例）。在 UML 的元素中，双尖括号用来表达此元素额外的属性或附加的语义，被称为构造型（Stereotype）。UML 中预定义了很多构造型，除此之外，用户也可以根据需要自定义与业务相关的构造型，从而对 UML 进行扩展。

包含关系<<include>>需要通过文字的方式记录在用例规约中，这就是"关联用例"字段的作用所在。更进一步，在事件流的对应描述中应指明该用例在何处使用了其他用例。

正如上面的例子描述的那样，<<include>>的作用是非常明显的，它可以避免某些过程的多次重复建模，但同时也应该意识到，过多地使用<<include>>也可能会带来一些问题。例如，有可能将某些系统功能进行了不必要的分解，如把一个用例简单地进行了树状分解，其中的某些用例只是作为连接其他用例而存在，其实质不对应具体的任务。这里我们建议，如果与客户能够在一起进行业务建模，在开始阶段应考虑完全不使用<<include>>关系组织用例，因为这样可以集中精力快速在模型中捕获参与者关注的意愿，未来再考虑通过<<include>>关系对这些用例进行细化和再加工。

用例模型中，两个用例之间还存在一种扩展的关系，描述了用例之间另外一种特殊的语义，在 UML 中以构造型<<extend>>进行区分。

图 3.5 中描述的就是两个用例之间的这种扩展关系，强调了客户期望中在某些情况下需要强烈表达出的一种意愿，此处表示项目分析过程中的一种特殊情况的处理：在项目状态分析过程中，如果识别出一些不曾预料到的状况或症状时，则应该能够被系统报告并给出警告。

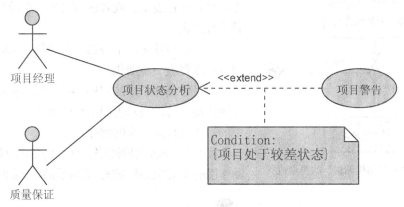

图 3.5　用例图中的扩展关系

图 3.5 中还存在另外一种图元，它可以出现在任何 UML 图中，即在一个右上角带有卷边的矩形中写有的注释文本。注释的文本有两种形式：非正式的文本描述、正式的形式化语言描述。如在图 3.5 的例子中所示，其描述的是某种条件，通常使用花括弧括起来表示。

扩展关系与包含关系很容易混淆，需要设计人员仔细甄别正确的业务含义及其关系。一般来说，被包含用例属于无条件发生的用例，而扩展用例属于有条件发生的用例；被包含用例提供的是间接服务，扩展用例提供的是直接服务；而且扩展用例在用例规约中一般作为基本事件的备选流而存在。

对于<<include>>和<<extend>>两种构造型所代表的不同用例关系和使用场合，我们可以知道用例的设计是一项相对复杂的任务，这里给出一些有意义的建议和方法，尽量保证用例分析的正确性。

一个好的用例能够提炼出明确的业务过程，能够给出清晰的业务起点和结果的定义。即使是在非常复杂的系统中，每个用例图中的用例数目一般要避免超过 15 个。同一用例图中的用例应尽量具有相同的业务粒度水平以及处于同一抽象级别。由于在实际设计中，上述条件在形式上比较难以掌控，建议将所有用例放在一起进行筛选和分级。一旦所有用例具有了一致的形式，并使用了相同的业务词汇，基于这些用例的后续工作可以包括：

（1）以此进行进一步的开发和细化。

（2）以此作为出发点，进行较详细的成本估算。

（3）作为增量或迭代计划的基础元素。

（4）用于不同团队之间的工作分工。

3.4 基本事件流和备选事件流

前面给出的用例规约模板中，有两个使用文本方式描述的事件流：基本事件流和备选事件流。对于处理流程的描述，我们知道活动图是非常适合的，这里同样可以使用活动图对基本事件流和备选事件流进行描述。通常，可以采用以下方法生成对应的基本流和备选流的活动图描述。

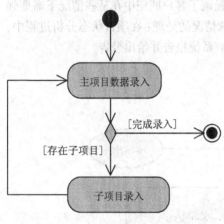

图 3.6 用例"项目结构编辑"的典型流程

（1）对于用例中基本流的每一个步骤，生成一个单独的动作（action）。

（2）如果这个动作比较复杂，可以对应使用几个动作来对它进行表示，或者使用另外一个单独的活动图对其进行细化。

（3）逐步补充每个备选流的动作，同时注意每个动作是否需要进一步细化。

项目管理例子中的用例"项目结构编辑"，其基本流使用活动图可以表示为图 3.6 的形式，这里没必要对其中的动作进行进一步的细化。

接下来考虑此用例的备选流。将备选流说明中对应的动作逐渐补充进该活动图，完成后的形式如图 3.7 所示。

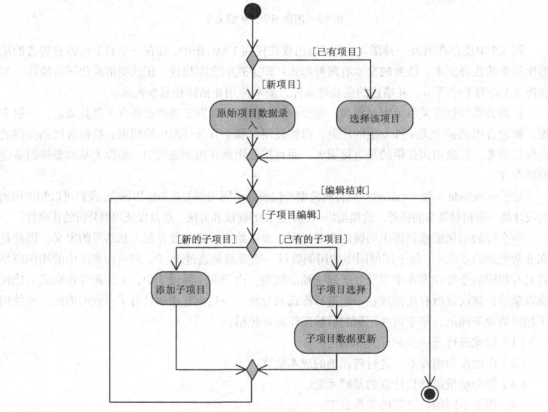

图 3.7 用例"项目结构编辑"的整体流程

人们在进行活动图的细化时，可能会再次面临对其中动作粒度的选择问题。具体地，当用例的备选流补充到活动图后，应该将其对应的动作很好地与现有的活动图进行衔接。比如，对于输入数据的合理性检查可能总是缺少的，为了使这样的必要动作不会丢失，要将主要需求中对输入数据进行的合理性检查这样的动作也一并加入到图中，并对备选流的执行条件做明确说明。

图 3.8～图 3.11 是本例中其他用例规约对应的活动图。在开发的每一个阶段，开发者都要考虑对开发结果的可验证性。活动图是一个建立系统测试或验收测试很好的开始，活动图中每个可能的遍历都对应一种需要进行测试的业务情况。也就是说，我们要对活动图中的每个可能的分支设计一个对应的测试用例，以确保所有的业务情况都能够考虑到。

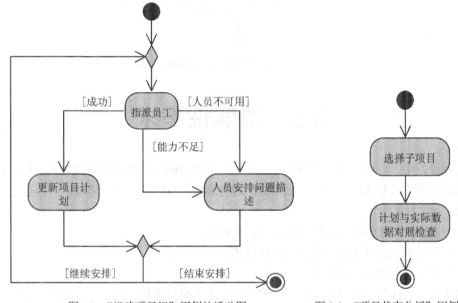

图 3.8　"组建项目组"用例的活动图　　　　图 3.9　"项目状态分析"用例的活动图

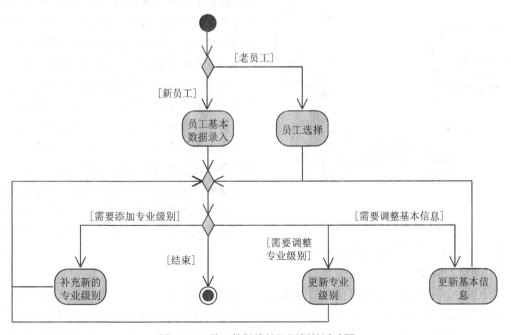

图 3.10　"员工数据维护"用例的活动图

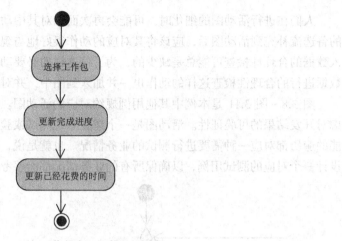

图 3.11 "更新工作状态"用例的活动图

3.5 功能性需求

在实际开发中，一般是对那些与核心功能相关的活动图进行重点考查并对其进行细化和文档化，人们的习惯做法是从每个分析图出发尝试理解和导出目标软件的具体需求。一般采用下面的分析方法：

（1）寻找用例对用例使用模板进行规约并文档化。

（2）使用活动图对基本流和备选流进行描述。

（3）导出文字表述的功能性需求。

一般来说，后续的步骤要比前面的步骤花费更多的时间进行完善，每个步骤的工作又会显著提高最后的需求分析质量，最终的需求结果依赖于任务的复杂度以及细化的程度。同样，分析类图也会从文字描述的功能性需求中提取出来，这需要开发者思考如何产生分析类图的捷径。

图 3.12 需求的描述与理解

对于一个没有经验的分析人员来说，需求描述是一项非常困难的任务。图 3.12 中描述了这样一个访谈过程的情景，业务人员尝试着将他的意愿如实地解释出来，分析人员则在他的经验的基础上尝试着去理解对方的期望。同样，开发人员在给领域专家解释新的软件系统如何发挥作用时，双方在语言理解方面的不足也会表现出来。由于技术人员缺少业务基础，而客户对计算机知识又不是很了解，于是双方的沟通变得障碍重重。

1. 隐含的假设

当领域专家向开发人员说明他们的想法时，一般会将他们认为是理所当然的信息遗漏掉，这样谈话也会变得更加简化。可以类比一下，两位开发人员正在谈论编程语言 C++和 Java，比如，他们正在讨论继承的不同实现方式，这时如果另外一个非语言专家的业务人员要无障碍地加入讨论，则他必须要懂得谈话中提到的类和继承的概念。

2. 笼统的注释

在业务过程描述时，由于隐含假设的存在，注释就会用来对不熟悉的内容进行解释和说明，这样数据就可以在单一的步骤中被总结。比如，文字说明"数据复杂并且相互关联"，对一个开发人员来说更为容易理解一些，因为这在技术上很容易与各种数据结构及其表示联系起来，但对一个非专业人员可能就比较迷惑：数据到什么程度算是复杂的，哪些结果会被输出，对于那些没有准确说明的关联数据哪些输入又是必须的？

3. 模糊的概括

概括指的是在基本流中经常使用的"一直"或"从不"等描述形式的选择。分析人员应该在写下需求的同时经常质疑一下这些描述形式的表达。比如，"在程序改动之后类会被重新编译"这样的叙述中，应该批判地自问，是否所述的内容会永久地发生或者只有当编辑器没有语法错误时发生，以及是否所有的类真的必须要被编译。

4. 迷惑的命名

在对一些活动进行描述时，很自然地会针对动词进行选择。而名词的使用一般不会有太多问题，因为名词通常代表某个业务术语，它们在过程的上下文表达中含义通常是清晰的。问题是动词作为名词使用时要特别注意其表达的含义是否准确。比如，"单元测试是在编译后进行的"，对非技术人员这里的编译和测试过程也应该给予说明。

通过文字形式的需求陈述目的是完整而且准确的形成目标系统的需求描述。为了能够比较顺利地表达此过程，可以采用一系列规则来辅助生成需求描述，并同时保证这些需求的可验证性。这里我们建议采用一个建立文字需求描述的模板，这是一种基于语言的文字结构和语法的方法，更加注重动词和宾语之间的关系。图 3.13 提供了此方法的描述模板。

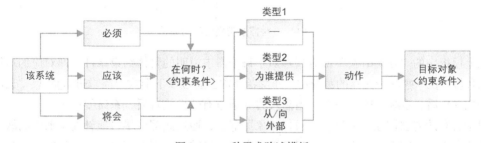

图 3.13　一种需求陈述模板

图 3.13 中给出了文本模板中不同的可能性：通过"必须""应该""将会"控制右侧需求陈述的组合。这里，"必须"的需求起到非常重要的作用，因为其代表用户直接的意愿；对于"应该"的需求表示，从用户的角度出发对其进行考虑可能是有意义的，但可以继续讨论是否需要最终进行实现；"将会"的需求表示，客户表达出的这些需求可能已经有了对应的实现，那些扩展的功能需要在后续的项目中继续建设以及考虑建设它们的可行性。

从合同签订的角度看，开发者（乙方）当然希望把合同框架只限定在"必须"的需求范围之内。但这在实践中往往不是令客户（甲方）满意的做法，对于开发者来说，总是希望能与用户保持较好的、长期的合作关系。

上面的模板中还存在 3 种不同的需求类型，它们的具体含义如下：

● 类型 1：系统本身提供的功能，即系统应自身完成的功能流程，比如，核算某个软件项目到目前为止已经花费的工作量，可根据对所有子项目及其完成的结果进行查询和计算。

● 类型 2：用户交互，即系统提供给用户某功能的过程交互，比如，在进行项目数据录入的时候，系统需要提供给用户对项目包含的相关字段进行输入的可能性。

● 类型 3：接口需求，即该系统为第三方系统提供完成某个外部过程的接口或者需要某个外部系统的接口提供的功能，系统本身被动等待调用或者等待第三方系统返回的结果。在软件项目管理系统中的一个例子是为外部的办公系统提供查询接口，为其提供正在进行的项目的浏览和数据交换等功能。

类型 1 是系统功能的主要组成部分，同时也是类型 2 和类型 3 需求功能的发起者。类型 2 一般提供数据的输入，然后执行对深层功能的调用，并显示出返回的结果，这些深层功能一般为类型 1 的功能。

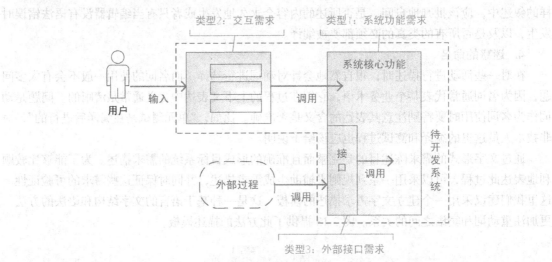

图 3.14　3 种需求类别之间的关系

以上模板中的"在何时？"部分指示对于每个需求说明的具体约束条件，即对应的功能必须满足的环境。在一些基于交互的系统中，开发者经常会通过以下形式对需求进行描述："当用户选择了功能 XY 后，系统必须……"，"当输入的 E 通过有效性检查后，系统要……"。

对于所有的需求描述，都具有"目标对象"部分，通过此部分尽可能补充了那些尚缺少的或模糊的需求内容。需求的文字描述从活动图出发，产生并最终形成了对未来系统的要求和约束。在需求陈述的文档中，要进行统一的编号并赋予一个简短的标题，用以跟踪该需求最终是否得到了落实，或者在何处得到了落实。在实际的开发中，我们通常会使用一个更加系统化的、具有工具支持的方式对需求进行跟踪，使得对需求的管理更加全面和具体，如哪些需求如何被实现、对该需求的某些修改是否会对其他需求的实现产生哪些影响，甚至冲突等。

作为说明的例子，从图 3.7 中针对项目管理系统可以得出以下的需求描述：

● R1.1　项目创建：在项目编辑中，系统必须提供给用户新项目的创建以及为其指定具体项目信息的功能。

词汇"项目信息"：自动生成的唯一项目编号、项目名称、项目起止时间、预计工作量。

词汇"项目"：可由多个子项目构成，同时，子项目也可作为单独的项目。除子项目外，项目还可以包含具体的任务。

词汇"子项目"：项目与子项目在本系统中作为专业术语可理解为同义词。

● R1.2 数据存储：数据输入结束后（按回车键或确认按钮），系统必须将新输入的内容在系统中持久地存储起来。

● R1.3 项目选择：在项目编辑过程中，系统必须提供给用户选择某个项目的机会。

● R1.4 子项目创建：选定项目后，系统需要提供给用户为所选项目创建子项目的机会。

● R1.5 子项目与项目：在项目编辑过程中，系统对子项目的处理方式与项目应该是一样的，对项目提供的编辑功能，子项目也必须具有。

● R1.6 项目信息编辑：选定项目后，系统必须提供给用户对该项目数据编辑的功能，包括实际开始时间、最新计算出的结束时间、预计工作量以及项目备注等。

● R1.7 项目任务添加：选定项目后，系统必须提供给用户对该项目添加具体任务的定义，包括任务名称、计划开始和结束时间、人员安排以及该任务的预计工作量等内容。

词汇"项目任务"：项目中包含的原子任务，具有名称与具体的责任人对应，可量化的工作量比例，计划与实际工作量、计划与实际的开始和结束时间以及完成进度等属性，是不可再分的项目管理单元。

词汇"完成进度"：每次编辑操作后对项目任务的完成进度通过百分数进行标识。此数字在一般情况下应呈一种递增的线性增长方式。项目的进度是根据其子项目以及任务的进度，以预计工作量值作为权重计算出来的。

词汇"工作量"：每次编辑操作为项目任务记录此任务花费的时间（小时）。整个项目的工作量根据每个子项目和任务的工作量进行核算。

● R1.8 项目任务的选择：选定项目后，系统必须提供给用户对项目任务进行选择的可能性。

● R1.9 项目任务编辑：选定项目任务后，系统必须提供给用户对选定任务的所有属性进行修改的可能性。

● R1.10 对其他项目的依赖：选定项目后，系统必须提供给用户对该项目与其他（子）项目的依赖情况的编辑操作，如在哪些项目结束后，该项目才能启动。

● R1.11 工作量改动的验证：录入新的子项目或者新的任务后，以及对子项目或任务的实际工作量改动后，系统必须对工作量值的合理性进行检查。

● R1.12 工作量检查：在系统进行工作量合理性检查时，必须保证所有子系统和任务的计划工时之和小于等于所属项目的总计划工时。

● R1.13 工作量改动失败：如果某项工时的改动没有通过合理性检查，系统就必须通知用户存在的问题，而且不允许更改对应的工时属性。

需求描述 R1.2 是一个通用的过程，因为可能还会给其他活动图中描述的业务提供存储服务，这些依赖关系可以通过需求跟踪来指定。进一步，对于这种被交叉引用的需求描述，可以使用单独的编码方式进行区分，比如，下面描述的是一个交叉引用的需求描述——系统的启动。

● S1.1 启动选择：系统启动后，系统提供给用户对以下功能进行选择的界面：项目和任务编辑、开发人员管理和项目监控。

该示例中没有涉及类型 3 的需求描述，这是因为该示例系统是一个独立的系统，并没有涉及必须与其他外部系统的集成。如果需求发生了改变，即要求该系统为另外一个系统提供项目一览的列表，则对应的需求描述可为：

● R42.1 与 GlobalView 的协同：通过与软件"GlobalView"取得连接后，系统必须能够对外部系统的查询请求，如项目名称、工时汇总以及完成进度等结果进行返回。

由活动图派生文本形式的需求描述需要对每一个动作在一个或多个需求陈述中具体化，而且对于每个迁移（箭头）和每个判断，都至少要与一个需求对应，或者作为约束条件在某个需求中记录。

3.6　非功能性需求

目前为止，我们一直在讨论功能性需求，功能性需求的实现保证了软件系统构成的完整性，为用户提供成功的应用成为可能。除了功能性需求外，还存在另外一种需求类型，其对系统的可用性具有重要的影响，比如，系统的反应时间就是其中的一种，反应时间使用户能够有效地工作，不允许一些任务存在较大的延迟。人们进而注意到还存在一些利益相关者，对于他们来说没有纯功能上的需求，而是要满足他们对最终的软件产品某些方面的要求，如一份合适的使用说明书等。所有这类需求统称为非功能性需求，其又可进一步划分为不同的类型，下面分别进行介绍。

1. 质量需求

质量需求是针对目标软件的质量特征进行说明的。有关质量方面的内容在表 3.4 中进行了定义，类似于 ISO 9126 中定义的质量框架标准，当然，也可以将功能性需求加入到质量需求中，因为对于软件的正确性而言，能够满足功能上的要求也是质量的一部分。

表 3.4　　　　　　　　　　　　　　　　软件产品的质量需求

质量特征	质量特征的具体定义和示例	可能的质量措施
正确性	符合其规格说明的程度 如：软件根据下表 XY 计算速度	根据表 XY 制作对应的测试用例
安全性	系统的人身伤害或财产损失限制在可接受的程度内是安全的 如：对数据 XY 的访问受到密码保护。	在系统空闲时间，可设置一个暴力破解程序尝试所有可能的密码组合，对系统进行尝试性攻击
可靠性	在给定的环境下、固定的时间间隔中系统至某一时间点没有出现故障的概率 如：系统应能保证 24*7 正常运行	系统平均无故障运行时间（MTTF）：系统启动后正常运行的平均时间
可用性	可用性是对系统功能性的一种度量，指系统在某个时间点无故障运行的概率 如：系统在每天早上 7:30 分能够正常运行	平均无故障运行时间（MTTF）加上平均维修时间（MTTR）：系统维修和重启的平均时间
健壮性	系统在非常规环境中工作的能力以及对异常正确反应的能力 如：当系统出现故障时，软件能够自动从主服务器切换到备用服务器，而对用户的使用没有影响	统计在电源断电后的情况下，系统能够成功正常运行的次数
存储和运行效率	针对不同的负载情况，系统的存储消耗以及运行状况 如：系统在计算机 XY 上以 YZ 的内存能够运行流畅	在计算机 XY，条件 YZ 下，活跃用户的平均时间和最大响应时间
可维护性	在操作条件或需求变更的条件下对软件进行调整，以适应的可能性 如：必须能够非常容易地在软件 XY 关联的不同版本间切换或选择	接口构件中每个类的代码行、外部可使用的方法以及参数个数等
可移植性	可移植性是指软件系统在用户认为必要的情况下，迁移到其他平台（OS、DBMS、Brower）上运行的能力。一般与开发的需求相关联 如：系统前端要能在企业中已有的所有平台上运行	了解已安装的操作系统、浏览器种类以及检查在描述中可能出现的偏差

质量特征	质量特征的具体定义和示例	可能的质量措施
可验证性	对于程序的正确性、健壮性以及可靠性进行测试的可能性 如：软件应该以一种模块化的方式开发，模块是可以进行替换的	每个类和构件的代码行、外部可使用的方法及参数个数
易用性	软件系统对用户应友好，并且具有简单、易用的特点 如：用户应易于学习和掌握系统的操作	对用户输入的提示、标准格式的约束等

在对具体的需求进行描述时要时刻注意，给出的需求是能够达到和满足的并且达到或满足的程度是可以度量的，为此要尽可能准确和详细地描述出可能采取的这些针对质量的验证措施。

实际开发中，针对质量的需求尤其要引起开发者的关注，因为某个单一的质量需求可能会对整个项目的成败起到决定性的作用，而单一的功能性需求的影响力往往没有这么大，功能性需求往往只是不能满足系统的某些功能而已，通常不会危及整个项目。比如，某个非功能需求要求开发的系统在计算结果的展示时，用户希望 5s 内必须返回结果，仅仅逾越这个限制对用户来说整个系统可能都是失败和无法接受的。

此外，一个简短的质量需求后面可能会存在着大量的隐性需求。比如，要符合某个标准或规范的要求，意味着该标准或规范涉及的所有文档内容都要成为需求的一部分。

2. 技术性需求

技术性需求主要是指那些直接针对软件项目相关的技术环境等方面的需求，其中最典型的是硬件需求。例如，需要描述清楚未来的软件系统在什么类型的计算机上运行，除此之外，还有运行的操作系统以及与未来软件系统在相同计算机上并行运行的其他软件的要求等。

在技术需求中，还可以描述对开发环境或工具的需求，如开发工具指定为 Java 的某个版本或者哪个版本的函数库等。总之，需要保证新的软件能够在要求的环境中运行。如果客户期望以后自己能够承担维护或修改未来软件的工作，使用的开发环境也会作为技术需求的一部分确定下来。

另外，技术需求方面还可以描述与未来软件一同工作的其他软件的准确要求，包括版本号等。功能性需求中主要总结了与这些软件如何一起协同地工作，而技术需求中主要包含了对软件版本以及在分布式架构中与中间件的连接类型、所在网络传输速度等信息，这些内容也可能对未来的软件性能产生较大的影响。

3. 其他交付物

软件通常并不是只交付一个磁盘的介质用于安装，其他的与产品相关的交付物，如硬件、使用说明书、安装说明书、需要的其他软件、开发文档以及培训等，都需要正式地包含进来。这些内容是合同的一部分，同样也需要作为需求进行罗列。

4. 合同需求

一些边界条件，如项目开发的进度安排等，同样也是需求描述的一部分。这些需求的形成可以通过合同的形式规范下来，或者作为补充的合同条款具体化。这是有意义的，因为付款的方式、交付期限、计划的项目会议、惩罚和诉讼方式等，对未来的计划和开发都有牵动作用。

5. 规格说明

所有的需求最后都要在需求文档中进行汇集，这份文档通常称为需求规格说明书。合同的甲方，即委托方（客户），在需求说明书中明确了对未来产品的期望；合同的乙方，即开发的组织方，将要完成的需求任务通过需求规格说明书确定下来并进行具体化。

需求规格说明书的内容一般需要客户方和开发方共同确定，也可能由客户方为主导聘请 IT 专家先行给出一份初始的需求说明，然后开发方以此为蓝本产生具体的需求规格说明书。需求规格说明书不仅仅是一纸合同，通常所说的商务合同一般只是一份较为粗略的任务说明，对于合同的甲方和乙方来说，可能还需要一份更详细的技术协议书，作为合同的补充内容。

需求规格说明书的结构可以按照以下内容进行组织：

（1）文档说明性内容

<文档的版本号，创建者，修改记录，批准者>

（2）目标群体和系统目标

<利益相关者分析、项目公开和隐藏的目的，如人员成本优化等，需要开发方了解>

（3）功能性需求

<如果可能，列出所有功能性需求及其用户故事，从建立在活动图上的用例到文字性的需求描述，文档化>

（4）非功能性需求

<这里尤其要给出质量需求，以及进一步关注的技术需求>

（5）交付物

<具体给出什么时间以什么形式给出哪些交付的产品列表>

（6）验收标准

<从开发者的角度出发，给出如何对需求进行检验的方法以及结果可以接受的类型，如"通过"或"未通过"，还可以是"返回待测""接受但需对发现的问题在维护阶段进行修正"等>。

（7）附件

列出或附上该文档中提及的所有文档，而且在需求分析阶段创建的词汇表也是附件重要的部分。

习 题

1. 在软件开发过程中，问题发现得越晚，修正起来越困难，付出的代价越高。为什么？至少给出两个理由，并简短说明。

2. 给出以下需求描述的用例模型：

一个音像商店准备开发软件系统，用于向客户销售或者租赁电影光碟。

（1）音像商店向多家订购商订购光碟，然后分类存储在系统里，定了上千张光碟；还可以根据客户的请求向订购商订购光碟。

（2）所有的电影光碟用条码来管理，条码的号码是光碟的唯一标识。

（3）音像店可以向客户销售电影光碟，也可租赁。使用条码扫描来支持销售或者租赁。

（4）音像商店建立会员制，会员客户购买电影光碟可以享受预定的折扣。会员卡也使用条码。

（5）会员可以通过网络预订电影光碟，并在指定的日期来取。

（6）会员可以利用灵活的搜索机制找到喜欢的电影，如果没有，可以提出预订。

使用 UML 给出上述描述的用例图。要求绘制规范，尤其注意角色—用例、用例—用例之间的关系。

3. 根据某毕业设计选题系统的功能描述，使用 UML 建模技术，完成需求分析的用例模型，包括系统的用例及其子用例（如果有，需要标记与主用例的关系）和角色。

（1）教师信息维护：教务员录入老师的基本信息；教师信息包括教师 ID、教师名称、教师职称、联系方式、邮箱地址等信息；可从 Excel 中导入；指导教师的联系方式在学生选题成功后，才能公开给学生。

（2）学生信息维护：教务员录入和维护学生信息，学生信息包括学号（作为登录 ID）、学生姓名、班级。

（3）登录：学生、教师、教务员都需要输入 ID 和密码来登录到系统，使用权限范围的用例；可以修改个人密码。

（4）出题：教师使用此功能登记维护毕业设计的题目。子功能是在出题过程中，要确定题目的类型，如校内或者校外；可选的是直接指定该题目的选题学生。

（5）审题：系主任负责对所有该系教师出的题目进行审核，合格的题目可以发布，不合格的题目要求教师修改。

（6）开放选题：教务人员对所有审核通过的题目开放，供学生选择合适的毕业设计题目。

（7）选题：学生浏览开放的题目列表，根据题目要求和个人兴趣和特点，选择相应的题目。

（8）确认选题：教师审查自己所出题目的选题情况，合格的选题学生予以确认，不合格的可以删除选择的学生，并发送邮件通知。

（9）统计选题情况：教务人员在选题结束后统计选题情况，包括已选和未选的情况。

4．以下给出了"老年人监护系统"中的用例及其描述，使用 UML 中的用例图描述该系统，并给出用例之间的联系。

（1）摔倒动作检测：从楼梯传感器与摄像头获取输入数据，用以检测是否有人摔倒。

（2）摔倒事件报警：如果检测到某位老人摔倒，一条报警消息将被发到寻呼机，同时该报警信息会被送到用例"事件日志"进行记录。

（3）事件日志：将发生的事件记录在数据库中。

（4）床传感器监测：从安装在床位上的床传感器获取，如脉搏、呼吸等数据并发送到用例"事件日志"处理。

（5）配置系统：系统管理员对系统进行各种配置操作。

5．在图书管理系统中：

（1）管理员可进行"删除书籍"和"修改书籍信息"操作，并且这两个操作在执行前都必须先进行"查询书籍"工作。

（2）读者可以"还书"，这是一个基础用例。如果读者所借书籍超期，还书时是要缴纳罚金的，即当书籍"超期"时，将执行"缴纳罚金"工作。

要求：画出上述业务的 UML 用例图。

第4章
类的概要设计

概要设计的目的是将需求分析得到的信息转换为软件开发者的语言，对未来系统的功能进行总体上的概述并使用 UML 的类图进行表达。UML 支持的面向对象的设计方法允许在开始阶段粗略地对模型进行构建，后续再通过迭代逐级具体化，是一个逐步求精的设计过程。初始创建的类图其目的就是覆盖所有需求的功能，并通过优化尽量保持其业务结构稳定，然后通过修订和丰富细节逐渐过渡到详细设计，并最终转化为成功的物理实现。

本章首先从文本描述的需求出发，详细介绍使用系统的方法生成 UML 表示的类图过程，并通过迭代的方式逐步细化，结合分析人员的经验，逐步将需求要点向类图传递并使之丰富，重点强调分析类图及其相关的交互模型的构建及验证。

4.1　系　统　架　构

概要设计的一个目的是满足系统架构方面的要求。系统架构要求的诸如硬件和其他基础设施一般是不能自由选择的，这些约束条件加上其他在非功能性需求中记录的边界条件也需要在概要设计中同时考虑，以保证未来的系统能够满足这些要求。

软件开发的目标系统最终都需要运行在某种硬件和软件的平台上，它们之间的关系可以通过非功能性需求进行指定，通常包括以下内容。

（1）指定的硬件：软件系统必须在指定类型的某种硬件平台或者必须在客户已有的硬件平台上运行。

（2）指定的操作系统：软件最终必须与系统层中的其他软件协同工作，客户进而希望能够与其现有的系统上运行的所有软件协同工作。

（3）指定的中间件：软件经常由不同的进程构成，它们之间需要相互通信，因此用户可能要求利用已有的通信平台或者技术。

（4）对接口或采用的编程语言的指定：软件系统可能需要与其他系统通信，因此需要了解和关注它们的通信接口；为使系统能够扩展，新的接口需要与现有的方法兼容，这就会影响到采用的编程语言的选择。

（5）对"持久化框架"的指定：系统中处理的数据一般情况下要长时间地保存起来，这通常是通过数据库实现的；而且存在不同的方法来进行持久化，每种方法对未来软件的编程环境和条件都有不同的要求。

以上提到的每种约束对开发都有直接的影响，因为它们不能使得软件开发变得完全自由。在本书中，我们对类似限定不做特殊说明，但在第 8 章的实现中将会通过具体的实例来说明如何应对类似的限制条件。

需要注意的是，这些限制可能不仅来自于客户，在开发早期能够确定下目标软件将来运行的系统架构也是非常重要的一项任务。系统架构中如果用到了已有的组件，其选择必须考虑到能够满足所有的质量需求以及能够对其进行验证；在使用了新技术的项目中，首先开发一个原型系统是很有必要的，通过原型可以有效地验证软件项目在技术上的可实现性。

4.2　基本类的确定

本书假定读者已经熟悉了面向对象软件开发的基本概念和原理，如类、方法、继承、多态性及抽象类等，这些概念在这里只做简单介绍，建议不太熟悉相关概念的读者自行参考一些面向对象导论的书籍。

概要设计的主要目标是将需求分析阶段得到的结果转换为模型的表示，并基于这些模型进行设计的优化，作为后续代码的实现基础。对未来系统的需求经过分析并且生成了需求规格说明文档是进行设计建模的前提条件。

在软件系统运行时，类将被实例化成对象(Object)，对象对应于某个具体的事物，是类的实例(Instance)。面向对象的概要设计首先要基于需求文档，寻找系统中参与业务处理的对象和类。这些业务处理过程一般都围绕业务对象展开，下面介绍的内容可用于识别主要的业务对象。

类图（Class Diagram）使用出现在系统中的不同类来描述系统的静态结构。它用来描述不同的类以及它们之间的关系。在系统分析与设计阶段，类通常可分为实体类（Entity Class）、控制类（Control Class）和边界类（Boundary Class）3 种。

1. 实体类

实体类对应系统需求中的每个实体，它们通常需要保存在永久存储体中，一般使用数据库表或文件来记录。实体类既包括存储和传递数据的类，也包括操作数据的类。实体类来源于需求说明中的名词，如学生、商品等。

2. 控制类

控制类用于体现应用程序的执行逻辑，提供相应的业务操作，将控制类抽象出来可以降低界面和数据库之间的耦合度。控制类一般是由动宾结构的短语（动词+名词）转化来的名词，如增加商品对应有一个商品增加类，注册对应有一个用户注册类等。控制类有时也称为管理类。

3. 边界类

边界类用于对外部用户与系统之间的交互对象进行抽象，主要包括界面类，如对话框、窗口、菜单等。

在面向对象分析和设计的初级阶段，通常首先识别出实体类，绘制初始类图，此时的类图也可称为领域模型，包括实体类及它们之间的相互关系。

系统中的每个对象在表示上具有唯一的标识 ID 以及通过其属性进行描述。比如，一个具体的项目名字为"考勤系统"，项目经理名为"王楠"，项目开始日期为"2010 年 10 月 20 日"。这些属性称为实例变量（Instance Variable）或属性（Attribute）。同类对象的共同结构可通过它们的类进行说明，除了类的名字外，所有的实例变量都可包含在类中作为类的初始信息。因此，对于"项目"类来说，它是所有具体"项目对象"的一个模板。

[Image content]

4.2.1 类的识别

类的寻找和细化过程是一个迭代的过程，一开始总是建立类的一个雏形，带有基本的实例变量，然后不断补充新的类及其信息并逐渐扩展，最后发展为更多的类和实例变量。

需求规格说明书是寻找业务类的直接来源，通过对其进行分析来寻找类，逐条语句进行查看，并确定是否存在某个对象或者某个对象属性的线索。一种比较快速而实用的分析方法是按照语法分析的方法将名词作为对象的候选，形容词作为属性（实例变量）的候选进行重点关注。这里除了需求描述，业务术语词汇表也是类信息的重要来源，这些与业务术语相关的类通常被称为实体类，因为它们通常代表的都是在系统中需要管理的实际的业务对象。

下面围绕对项目管理系统分析后的需求描述进行类的分析过程。

1. R1.1 项目创建

在项目编辑中，系统必须提供给用户新项目的创建以及为其指定具体项目信息的功能。

词汇"项目信息"：自动生成的唯一项目编号、项目名称、项目起止时间、预计工作量。

在首次的迭代中，我们主要关注的是类及其属性。通过以上需求和词汇描述的分析，下面的内容会被首先识别出来：项目类，其含有项目编号、项目名称、项目起止时间以及预计工作量等属性。

从具体需求的文本源中得出的类、属性或者方法需要在文档中记录，通过记录可以进行追溯并讨论某个类存在的必要性，以及可以方便地识别出对于某个类的改动将会涉及哪些相关的需求。尽可能通过软件工具来对需求源和类图中的元素之间的对应关系进行管理，这是需求跟踪过程中很重要的一环。图 4.1 给出的就是一个利用工具软件在文字性的需求描述和抽象出来的业务元素之间进行对应的示例。

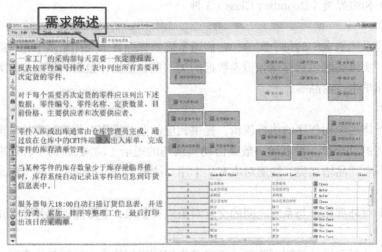

图 4.1 从需求陈述中提取类

接下来，在需求 R1.2 和 R1.3 中虽然提到了用户期望的功能需求，但却不能直接导出相关的业务类和对象。R1.3 的需求这里可能需要特别讨论一下，因为在对其进行二次迭代的功能细化中，可以涉及项目对应的若干个实例变量的信息。

2. R1.4 子项目创建

选定项目后，系统需要提供给用户为所选项目创建子项目的机会。

在 R1.4 的描述中可知，子项目为项目的一个实例变量，并最终可能成为一个新的子项目类，一般可以将其暂记为一个备选类。这主要是因为目前为止还没有找到子项目的任何实例变量，因此还不是很明朗，是否要将其作为一个独立的类而存在。

3. R1.5 子项目与项目

在项目编辑过程中，系统对子项目的处理方式与项目应该是一样的，对项目提供的编辑功能，子项目也必须具有。

从这里的分析可知，子项目与项目是同义词，所以，子项目不需要单独设置一个类而存在。对于同义词，有"异形同义"的情况，还有"同形异义"的情况，这在需求分析阶段已经进行了标识。建模时需要再次重新考虑这些问题，因为需要明确它们是否应对应相同的实例变量。

4. R1.6 项目数据编辑

选定项目后，系统应提供给用户对该项目数据编辑的功能，包括实际开始时间、最新计算出的结束时间、预计工作量以及项目备注等。

可发现以下信息：项目类的实例变量还应包括实际开始时间、最新计算的结束时间、备注。

5. R1.7 项目任务添加

选定项目后，系统必须提供给用户对该项目添加具体任务的定义，包括任务名称、计划开始时间和结束时间、人员安排以及该任务的预计工作量等内容。

词汇"项目任务"：项目中包含的原子任务，具有名称以及与具体的责任人对应，具有可量化的工作量比例，具有计划与实际工作量、计划与实际的开始和结束时间以及完成进度等属性，是不可再分的项目管理单元。

词汇"完成进度"：每次编辑操作后对项目任务的完成进度通过百分数进行标识。此数字在一般情况下应呈一种递增的线性增长方式。项目的进度是根据其子项目以及任务的进度，以预计工作量值作为权重计算出来的。

词汇"工作量"：每次编辑操作为项目任务记录此任务花费的时间（小时）。整个项目的工作量根据每个子项目和任务的工作量进行核算。

发现的信息：项目类的"任务"属性、项目任务新类及其属性：名称、责任人、工作量比例、计划的工作量、实际工作量、计划和实际的开始时间、计划和实际的结束时间、完成进度比例。

项目类的实例对象同样也具有完成进度比例以及实际工作量等属性，即使其值能够通过其他相关子项目或者子任务完全计算出来，我们把这样的属性称为依赖属性。对于项目属性"任务"的另外的特殊之处在于其取值的数量可以是多个或者在少数的时候取空值，不像其他属性只能取一个单一的值。

在 R1.8 和 R1.9 中没有新的实例变量被识别出来。

6. R1.10 对其他项目的依赖

选定项目后，系统必须提供给用户对该项目与其他（子）项目的依赖情况的编辑操作，如在哪些项目结束后，该项目才能启动。

发现的内容：项目的属性——前驱项目。

4.2.2 初始类图

将目前为止发现的所有信息融入到一个类图中加以表示，形成初始版本的分析类图模型，如图 4.2 所示。类中上面的方框内是类名，与中间的实例变量之间有一线之隔，实例变量的描述格式为"变量名:类型"的形式，命名的方式通常是将类名的首字母大写，属性名的首字母小写。属性名前面的短横线表示其可见性为私有的。这是根据类的一个基本原则——封装性设置的，即类外部对私有属性的读取只能通过类提供的方法来进行，并不可以直接对类的私有属性进行操作。类内部的方法对其私有属性则可以直接操作，而不受任何访问权的限制。其他可见性还包括公用的（public），用"+"作为前缀表示，该属性对所有类可见；受保护的（protected），用"#"作为前缀表示，对该类的子类可见；包的（package），用"~"作为前缀表示，表示只对同一包声明的其他类可见。

图 4.2 中项目类的实例变量"完成进度比例（compeletePct）"和"实际工作量（effortReal）"前有一个斜线，这表示变量的取值是通过其他变量的值计算而来，称为计算属性。在以后的实现过程中会进一步决定这种变量是否需要在类的实现中保留：该计算属性或者由开发者负责维护数据的一致性，或者该数据值总会在需要时实时进行计算。

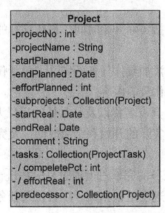 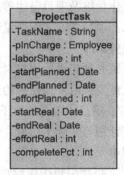

图 4.2　初始版本的分析类图

类中实例变量的类型按照 UML 规范中预定义的类型进行选择，如果未来的编程语言已经确定下来，也可以直接使用该语言支持的类型。在分析类图时，也可以将类型部分暂时全部忽略掉，从而忽略这些细节。

4.2.3　类的关系

下面我们考虑类与类之间的联系如何表达。类与类之间最常见的联系是静态的关联关系（association），表达了类之间的一种拥有联系。比如，将一个项目对象与多个任务对象的包含关系清晰地表达出来就需要借助类图中的关联关系，其表现形式为类间的一条直线，关联关系的表达可以是双向的，其实现形式一般为类中成员变量的形式。另外，类与类之间还存在一种动态的依赖关系，具体表现为对象的使用关系，即一个类的实现需要另一个类的协助，因此尽量不要使用双向的互相依赖。依赖关系的描述形式是带箭头的虚线，箭头指向被使用者。实现上，如方法的局部变量、方法的参数或者对静态方法的调用等都是依赖关系的表现形式。有关从类图到代码转换的详细内容请参照第 5 章的说明。

由于在分析类图时我们一般只考虑类的关联关系，因此后面的内容将主要围绕关联关系进行介绍。关联关系本身也可以含有一些附加的额外信息，如图 4.3 所示，这些信息也可以逐渐地完善。

人们认识到在项目类中属性"任务"其实无需显式地给出，因为它可以间接地通过与任务类之间的关联关系进行体现。图 4.3 中在关联关系的端点处靠近任务类标注了"任务"的角色，在这种情况下，如果在此关联上只标注了角色变量本身，默认意味着一个任务只属于一个项目，如果是一对多的关系，则需要添加"多重性"信息来具体化关系的类型。一个星号表示任意多的意思，包括空值、一个或多个项目任务。在关联的另一个方向，该关联表示每个任务对象只属于一个项目或者没有对应的项目，这里关联的另外一端没有指定角色，默认与该关联连接的类具有相同的名字，即项目角色。

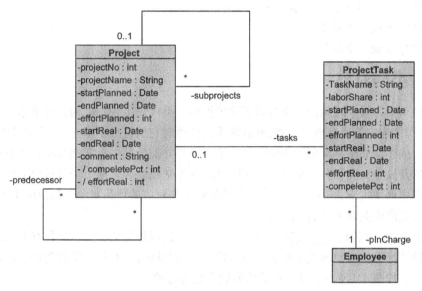

图 4.3　使用关联关系对类图细化

在图 4.3 中，我们还看到一个类可以具有指向自己本身的关联关系，即自反关联（Reflexive Association）。例如，这个例子中项目类具有 2 个自反关联，其中一个表示：一个项目对象可以具有多个前驱项目对象，同样一个项目对象可以作为多个项目对象的前驱；另外一个自反关联请读者自行解释。

项目任务类中含有一个具有"员工"类型的成员变量，这也是通过关联关系进行表述的，因为员工类型本身就是一个类，而不是一个简单类型，如布尔型、整型、浮点型或字符串类型。在类模型的构建过程中，需要斟酌和确认该员工类是否需要为其单独建立一个真实的、具有属性的业务类，还是只使用一个 String 类型对应某个员工名字即可。

一般来说，在类模型中，如果只是使用到一些实际编程语言中的标准类型或类库中的标准类作为变量类型，则将它们直接作为简单变量类型使用即可，不必设置单独的类，如类图中的日期类型。

类图的创建是一个高度动态的过程，在这个过程中经常会有提取出的类和关联关系被识别出来，但又不得不在下一步中被舍弃掉。一种实用的方法是将每个类描绘在卡片上并挂在一面可擦写的磁性板白板上，从而可以很容易地将其扔掉或再次挂上。类之间的关联关系也能较方便地在类间绘制和擦除，可以将工作中的不同版本拍照并以照片的形式进行存档。

一般来说，根据项目的复杂程度和建模人员的不同经验，需要多次迭代才能将类图和关联关系等信息完全、合理并且详细地描述出来。为了说明简单，本书对类及其关联关系的识别都最少迭代 1 次进行示例。

关联关系中的基数（多重性）的几种典型的表达方式可总结如下，其中数字 3 和 7 可以为任意数字。

（1）"*"：任意多个（包括 0 个）对象。

（2）"1"：只有 1 个对象。

（3）"3"：正好 3 个对象。

（4）"1..*"：最少 1 个，也可能为多个对象。

（5）"3..*"：至少 3 个，也可能为多个对象。

（6）"0..1"：0 或 1 个对象。

（7）"3..7"：3 到 7 个对象。

4.2.4 类与对象

前面已经对类与对象之间的关系进行了简单说明，类代表了一种结构，对象是从类实例化后的结果，具有类结构中的所有成员变量，并且使用具体值对它们进行了填充。对象也可以使用 UML 的对象图进行描述，如图 4.4 所示中给出了一个项目类并配合其一个实例对象，图中只是为了对比，在实际的开发中，类和其对象同时出现的情况并不常见。如果某个项目对象下所有的任务对象都需要在图中例举出来，则可以分别将这些任务对象与对应的项目对象之间使用实线进行连接，这些连接表示类图中关联关系的实例化。

对象在 UML 中是使用"对象名:类的类型"的形式进行指代的，注意其具有下划线。在上下文语境清晰的情况下，对象名或类型名可以省略掉。与此同时，对每个实例变量的初始值可以进行具体的指定，如图 4.4 所示，这些初始值的设定是可选的。

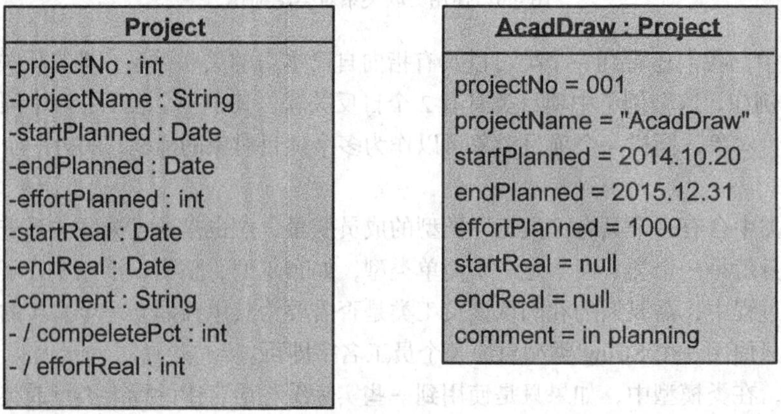

Project
-projectNo : int
-projectName : String
-startPlanned : Date
-endPlanned : Date
-effortPlanned : int
-startReal : Date
-endReal : Date
-comment : String
- / compeletePct : int
- / effortReal : int

AcadDraw : Project
projectNo = 001
projectName = "AcadDraw"
startPlanned = 2014.10.20
endPlanned = 2015.12.31
effortPlanned = 1000
startReal = null
endReal = null
comment = in planning

图 4.4 类与对象

4.3 类 的 细 化

在下一轮的迭代中，将重新审视并分析需求陈述和词汇表中提到的功能与对象之间的对应关系。除了实例变量的说明，类中还包含方法，又称为操作或对象功能，它们为业务计算或对实例变量值的读写提供了服务。一个对象中所有实例变量值的组合构成了该类的状态集合。

4.3.1　方法和管理类

对象方法的典型作用是提供对实例变量值的访问和修改，因为不涉及业务工作，这些方法在分析模型中通常不会考虑，而在日后的实现阶段，则需要考虑这些方法存在的必要性。对于 int 类型的变量 x，其读写的两个方法可以定义为

getx():int, 返回变量 x 的当前值。

setx(int):void, 对 x 进行赋值，修改其值为给定的参数值。

一般来说，对象还为其本身提供了一些只需要通过其内部信息，如实例变量，对业务数据进行计算的方法。一个具体的例子，如方法 computeAllocatedEffort()，利用其可计算已经对项目中的任务和子项目分配的工作量。

这个例子中如果不是通过项目类中的方法，而是新建一个新类来获知所有项目和项目任务信息并核算需要的项目数据，这将是一个坏的做法。因为对于一个项目来说，识别所有其包含的信息并在此基础上进行运算是其应该具有的职责。

对同类对象的协调和管理通常使用一个管理类，其主要负责对对象的创建、代理访问其他对象的信息等。管理类必须能够提供对其所管辖的所有对象统一的处理方式。

管理类的识别经常采用的方法是：先对所有的用例进行分析，对每个用例对应产生一个管理类，其用来对该场景中需要的对象进行管理和协调。在对管理类进行设置和细化的过程中，需要考虑以下内容：

- 管理类每次考虑一个任务，只向管理类添加与该任务相关的方法和方法需要的实例变量。
- 类与类之间尽可能保持较少的联系，这样可以减少接口的数量。

下面利用上述理论对所有的需求重新考查一遍，进一步识别和补充必要的类和类方法。这里重点通过对句子中的动词和更多对象的命名来辅助分析可能的类方法。

- R1.1　项目创建：在项目编辑中，系统必须提供给用户新项目的创建以及为其指定具体项目信息的功能。

此需求在执行时需要对应创建一个新的项目对象。创建对象时需要以参数的形式传递若干相关数据给新类。项目对象是通过构造函数进行创建的，这里只给出那些与标准构造函数不同的函数，即没有参数的构造函数。在例子中将加入以下需要 4 个参数的项目类的构造函数：

Project(String, Date, Date, int)

- R1.2　数据存储：数据输入结束后（按回车键或确认按钮），系统必须将新输入的内容在系统中持久地存储起来。

这里在控制上有一个隐含的需求，作为功能应该为相关的实体类提供必要的 set 函数，其作用是最终向对象写入录入的值。对于详细的数据持久化的概念及其实现，以后再讨论。

- R1.3　项目选择：在项目编辑过程中，系统必须提供给用户选择某个项目的机会。

这里需要一个新的管理类——"项目管理"类，其作用是负责管理所有项目对象及当前的选择状态。所以，该管理类应具有所有项目列表和被选择的项目 2 个直接的成员变量，其包含的方法可以加入对属性"被选择的项目"的 set 方法。

- R1.4　子项目创建：选定项目后，系统需要提供给用户为所选项目创建子项目的机会。作为集合的常用操作，add 和 delete 方法是经常需要的，其作用是对集合元素的添加和删除。对于本需求说明，需要在项目类中加入一个函数 addSubproject(Project): void，并约定如果返回值为空值，则表示创建子项目的过程没有成功完成。

● R1.7 项目任务添加：当选定项目后，系统必须提供给用户对该项目添加具体任务的定义，包括任务名称、计划开始和结束时间、人员安排以及该任务的预计工作量等内容。

项目应具有：addTask(ProjectTask): void 方法，进一步为项目任务类 ProjectTask 加入构造函数 ProjectTask(String, Date, Date, int, int)。

词汇"工作量"：……整个项目的工作量根据每个子项目和任务的工作量计算。

这里隐含存在一项功能，即对项目实际工作量的计算，对完成进度的计算类似。

项目类加入方法：realEffortCompute():int 和 completePctCompute():double。

● R1.8 项目任务的选择：选定项目后，系统必须提供给用户对项目任务进行选择的可能性。

项目类应具有成员变量"已选择任务"，不过，该变量是否应该为项目类的一个实例变量还可以进一步讨论，这里主要是为了将需求中的信息在模型中进行体现。当然，如果设计者经验比较丰富，则这个变量可能会在第一轮的迭代中被发现和安置。

● R1.10 对其他项目的依赖：选定项目后，系统必须提供给用户对该项目与其他（子）项目的依赖情况的编辑操作，如在哪些项目结束后，该项目才能启动。

项目类应具有 addPredecessor(Project):void 方法。

● R1.11 工作量改动的验证：新的子项目或者新的任务录入后，以及对子项目或任务的实际工作量改动后，系统必须对工作量值的合理性进行检查。

由此，一个子项目应该能够确定出其归属于哪个项目（子项目）。在类图中已经找出了项目类与自身的关联"子项目"，其描述了项目与子项目之间的关系。其"parent"端基数的表示为"0..1"，意味着每个项目归属于一个或零个其他的项目。后面的章节还会介绍如何通过代码来实现类之间的关联关系。

项目类加入方法 testEffortModification(neweffort: int): bool，这里不仅可以加入参数类型，而且参数名字可一同具体给出。进而，还可加入方法 testEffortModification(ProjectTask, int): bool。

项目类还应提供一个方法 effortToAllocate(): int，用来计算剩余的待分配工作量（计划工作量减去已分配的工作量）。

● R1.12 工作量检查：在系统进行工作量合理性检查时，必须保证所有子系统和任务的计划工时之和小于等于所属项目的计划工时。

这个需求只是对 R1.11 给出的方法在业务实现细节上的具体要求。

● R1.13 工作量改动失败：如果某项工时的改动没有通过合理性检查，则系统必须通知用户存在的问题，而且不允许更改对应的工时内容。

对于项目管理类，应能通过方法 inconsistentUpdateNotify(reason: String): void 来提示出现的问题。由于此功能是与图形界面直接相关的，所以应在这里做个注释，即日后可能会由于统一加入图形界面的处理而导致此方法改变。

通过以上对需求的进一步分析和方法的识别，可以得到如图 4.5 所示的类图。方法在每个类描述中位于属性之下的另外一个矩形区域内，方法前的加号表示方法的可见性为 public(+)，其含义是可由外部类进行调用，与属性一样，可选的可见性有 protected(#)、private(-)和 package(~)。

图 4.6 总结了几种在 UML 中对类进行表示的方法。基本上，任何类都可以将所有信息隐藏，只保留其名字，这是一种非常简化的表示方法。图 4.6 中表示的都是同一个类，当人们关注的是类图的梗概以及类之间的关系时，对类的细节可能并不留意，这时在不同的上下文环境中一般只保留部分关键的信息在类图中，因此也就有了相同的类在不同的抽象级别上的不同表示方式。

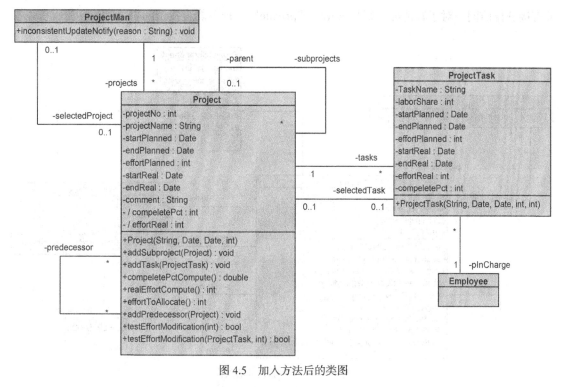

图 4.5 加入方法后的类图

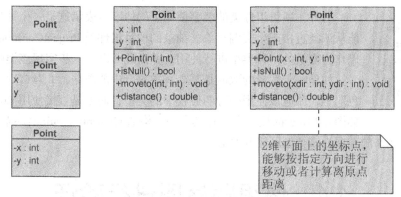

图 4.6 类图的不同表示方式

4.3.2 设计优化

在接下来的迭代中，可以对已经得到的分析模型进行进一步的优化，以求获得更佳的理解性，尤其是从建模者的角度出发在技术上形成模型的易理解性，并针对编码人员进行优化。没有方法和实例变量的类将会被删除掉；对于比较复杂的类，将要进行考查，确认其是否可以按照功能的不同对其进行拆分，要求拆分后的类在功能上应具有不同的侧重。

如果某些类具有很大的相似之处，则可以考虑通过使用一个上层类对它们进行泛化。在这个例子中，项目类 Project 和项目任务类 ProjectTask 具有很多相似之处，将这些相似内容提取出来，构成两者的共同父类"项目组件"，如图 4.7 所示。继承该类"项目组件"的子类"项目"和"项目任务"中会自然具有父类的所有实例变量和其自身特有的实例变量。项目组件类的实例变量前使用"#"符号进行标记，表示可见性为"受保护（protected）"，意味着在其类内部及其子类中都可直接进行访问，对于其他类，则与可见性"private"一样不能直接访问。

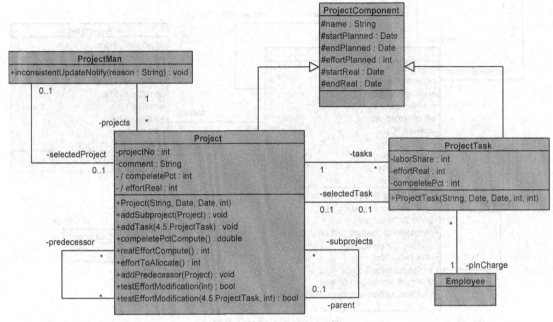

图 4.7 带有继承关系的类图

图 4.8 枚举类

另外，项目组件类的名字使用了斜体字，表示这是一个抽象类，即不能从该类直接产生实例对象。抽象的项目组件类 ProjectComponent 因此可以作为变量的一种类型进行使用，并由此可以进一步实现该类的多态性。

如果一个变量的取值是某个有限集合中的数据，如"红色""黄色""绿色"等，就应该使用一种叫做枚举的类型，而不是直接使用 String 类型。如图 4.8 所示的枚举类，其具有一个构造型<<enumeration>>描述，在它的实例变量部分例举的数据为该类型可能的取值。

4.4 使用顺序图进行验证

当初始版本的分析类图完整地构建出来后，需要确认是否需求中的所有信息在模型中都得到了体现而没有遗漏。为了完成这样的验证，可以使用 UML 中的顺序图对需求场景中涉及的不同对象之间的交互过程进行建模。

类图在 UML 中是一种静态图，因为其描述了系统的功能侧面，而基于类图的顺序图可以用来设计对象之间的动态交互过程，描述对象之间的过程调用顺序和关系，并且通过顺序图可以用来检验类图中说明的功能是否能够实现活动图中描述的功能需求。

4.4.1 顺序图

图 4.9 中给出了顺序图中对象间存在的 3 种不同调用方法的描述。首先在顺序图的最上端将所涉及的对象罗列出来，构成对象的横轴；顺序图从上到下表示时间的延续，构成了时间的纵轴。

由一个对象指向另一个对象的实心三角箭头表示方法的调用，通常连带一个结果的返回。这里要注意区分调用的种类，例子中的实心三角箭头表示"同步"调用，表示对象 1 在调用方法后处于等待状态，直到对象 2 将结果返回。此外，调用时也可对方法的参数进行具体指定。

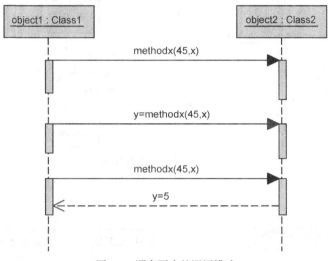

图 4.9　顺序图中的调用描述

图 4.9 中第 1 个调用方式中具有一个代表控制焦点的矩形框，表示对应对象处于激活执行状态。在这种表示方法中，更能清晰地表示出对象 object1 调用并等待对象 2 方法执行结束并返回结果。最后的两种方式更加明确地表示了计算结果的返回情况。选用哪种具体的表示与对顺序图详细程度的要求有关，一般的做法是在分析的早期，可能只给出简单的方法名和箭头方向，在随后的细化中根据需要逐渐优化。

将每个对象从上到下垂直的虚线称为生命线，在生命线上可嵌入控制焦点，用以表示对象当前为激活状态，如等待某个结果返回。

除了顺序图外，还可以使用通信图[①]（Communication Diagram）来对对象间动态的行为交互进行可视化建模。图 4.10 描述了以上顺序图对应的相同交互场景的通信图。在通信图中的每个对象与在顺序图中的描述格式一样，即矩形内带有可选的对象和类名的形式。对象之间通过实线连接表示它们之间具有的关联关系，在连接线的一侧描述了消息调用的顺序，该顺序通过消息前面的数字进行标识。如果某个函数的调用会触发其他事件发生，则这种层次关系可以通过在数字后面扩展数位来表示，如消息 2.1 表示消息 2 的内嵌消息，并且可进行多层扩展。

图 4.9 中也给出了顺序图中两种不同的返回值的描述方法对应在通信图中的表达方式。通信图可以很好地用来描述对象之间的依赖关系，但如果涉及到比较复杂的交互时，使用通信图会比较繁冗和迷惑，因此在本书中只使用顺序图，但由于两种图形具有等价性，使用哪种模型只是一种习惯而已。

UML 2.0 以后的版本中，顺序图不仅可以用来描述顺序的过程，而且可以用来描述多种带有选择结构的过程。在图 4.11 中，左上部分描述的是对某对象的创建过程，箭头所指是一个新创建的对象，注意此对象名并不在最上方的位置出现。对应在右上部分是一个对象的删除过程，通过在生命线上的 X 符号表示对象在内存中被回收。

---

① UML 1.x 中称为协作图（Collaboration Diagram）。

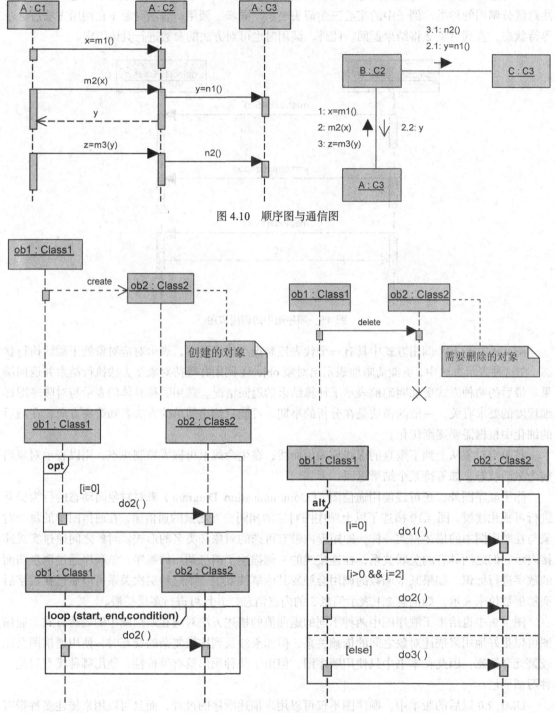

图 4.10　顺序图与通信图

图 4.11　顺序图中的几种结构表示

顺序图的某些部分如果使用矩形框封闭描述，则在矩形框左上角表示一种处理方式。图 4.11 中给出了 3 种不同的处理方式。"opt" 表示此部分为可选的内容，表示在满足方括号条件的情况下，对应部分就会被执行，否则跳过。

可以使用"alt"对多分支的条件进行选择，则在矩形框内各分支彼此之间使用虚线进行分割。每个分支都对应一个布尔条件，使用方括号括起来，而且各个分支条件应彼此排斥，如果条件没有满足，则 else 部分会被执行。

进一步"loop"可用来对循环结构进行定义，这里必须清楚地给出循环执行的参数，如循环次数和结束条件。

4.4.2　验证方法

使用顺序图对活动图进行验证的方法是对每个活动图说明的过程尝试使用一个顺序图进行描述，如图 4.12 所示。图 4.12 中的活动图描述了 3 种不同的过程，分别使用实线、长虚线和短虚线进行了标识，验证的目标是要确保每条活动图中的边都要被执行到。对于每个可能的执行过程，都可以寻找一个顺序图与之对应，使其具有相同的功能描述，如图 4.12 中右边给出的顺序图分别对 3 个子过程进行了描述。为使单一的子过程不必多次在每个顺序图中重复描述，可以对一个或多个动作创建子图。

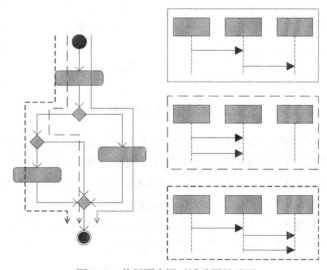

图 4.12　使用顺序图对活动图的验证

除了以上介绍的图形作用外，还可以将需求中重点描述的过程进行建模，包括对新对象的创建过程。总之，通过这样的方式可获得比较满意的保证，即确保所有的功能需求在分析模型中都得到了体现，而非功能性需求则主要是在系统架构中体现出来的。分析类模型及其衍生模型和顺序模型的创建也是一个迭代过程，如在创建顺序图时可能会发现新的、必要的类方法，从而可以对类图进行完善。

在顺序图创建的过程中，可能会经常发现一种方法，其在类内部的计算中被经常使用。在顺序图中的描述形式是从某对象的生命线出去的方法调用，并且箭头所指为同一生命线，即自调用。这样的方法一般只在类的内部需要，因此可以将其可见性定义为私有（private）类型。

根据图 3.7 中描述的活动图，必须具有对新项目的创建功能，包括对应的子项目和项目任务的创建，其对应的顺序图如图 4.13 所示。首先，项目管理对象创建了两个新的项目 pr 和 tp；然后，tpr 和 tpa 两个项目任务被创建，项目 tp 作为子项目加入到 pr 中，tpr 和 tpa 作为项目任务分别加入到 pr 和 tp 中；最后，项目 pr 加入了备注的信息。

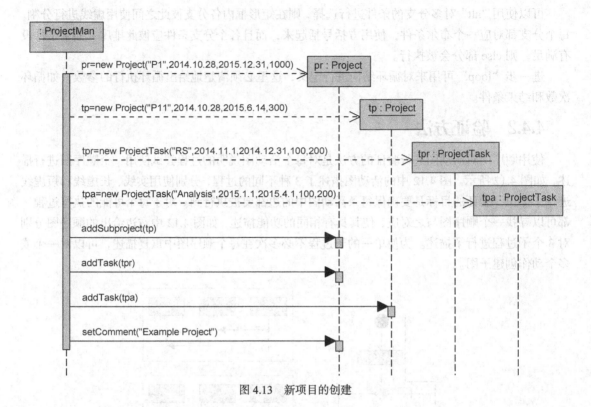

图 4.13 新项目的创建

这里可能会存在一个问题，即项目管理对象从何而来？其来源可以是包含在图形界面中的一个对象。对于有些对象，可能无法对其准确命名和识别其动作，可以在顺序图中的左边部分使用一个"extern"对象将其表示为一个附加对象。图形界面对象一般是在不同的步骤中补充进来的，因为所用的编程语言不同，所以可能会涉及到不同的方法。

图 4.14 给出的示例描述了类如何通过外部进行使用。外部 extern 类使用了角色的图标，这是为了能够清晰地说明此外部类并不属于系统相关的业务类。

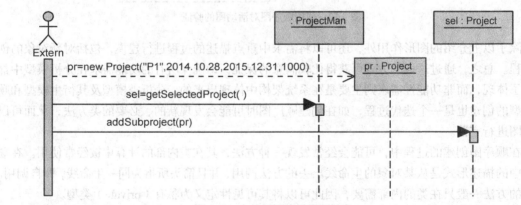

图 4.14 由外部推动的项目创建

对于子项目的修改，这里重点关注对项目的工作量属性的修改。其中可能涉及多种情况，如提高项目的工作量值对于其子项目或项目任务本身来说不会有什么问题，只是增加了更多的工作量待分配，但对于其他以此为子项目的项目来说，就必须进行严格的判断了。项目之间的父子关系是通过类的成员变量 parent 进行指定的，如果一个项目的工作量减少了，必须要对其子项目和项目任务的工作量进行检查，确定它们在数量上的一致性。

以上的业务分析通过在顺序图中得到了体现，如图 4.15 所示，对项目工作量值 newValue 的修改进行检查，确认其是否可行。首先从总体上进行确认，工作量的新值是否小于原始的计划工作量值，该值是在实例变量 effortPlanned 中存储的。

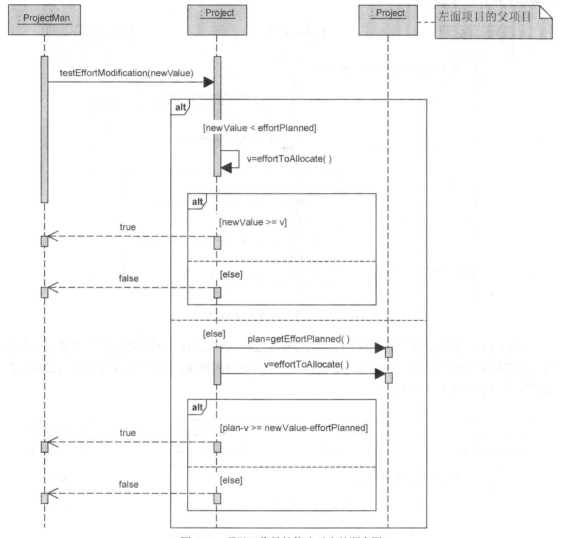

图 4.15 项目工作量的修改对应的顺序图

如果新的工作量值较小，项目类计算实际待分配的工作量，这是通过方法 effortToAllocate() 实现的，它是在项目类中进行的说明。这个计算的过程在这个顺序图中不做说明，但可以在这里或者通过另外一个顺序图具体描述。计算出剩余的待分配的工作量后，在内部的可选框架中进一步检查新值是否大于等于目前待分配的工作量值，如果是，则可以对工作量进行修改，否则不行。

进一步讲，如果新的工作量值大于项目计划工作量，必须首先确认该项目父项的计划工作量（plan）与待分配的工作量（toallocate）。如果父项目已分配的工作量值（plan - toallocate）大于等于该项目增加的建议工作量（newValue - effortPlanned），则允许修改进行（返回 true），否则不允许。

除了子项目外，项目任务的工作量值也可以进行修改，其对应的过程如图 4.16 所示。项目管理类将对某项目任务的修改请求转给其项目类，项目类首先对此项目任务进行询问，得到其实际计划的工作量值并在下一步计算项目中待分配的工作量值。与前面的顺序图类似，如果项目中已分配工作量（effortPlanned - toallocate）大于等于该任务新增的工作量（newValue - plan），则该任务的工作量允许修改。

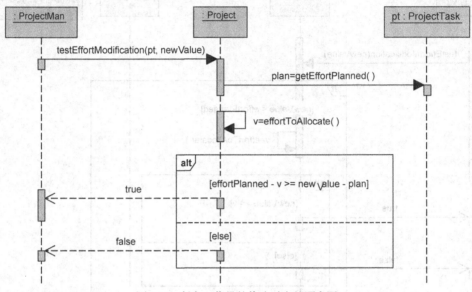

图 4.16 任务工作量的修改对应的顺序图

以上两个顺序图中计算待分配工作量的过程 effortToAllocate()并没有给出其细节描述，其计算过程实际上类似于图 4.17 中核算一个项目完成进度的过程描述，核算分配工作量的过程同样涉及到所有的子项目和项目任务。

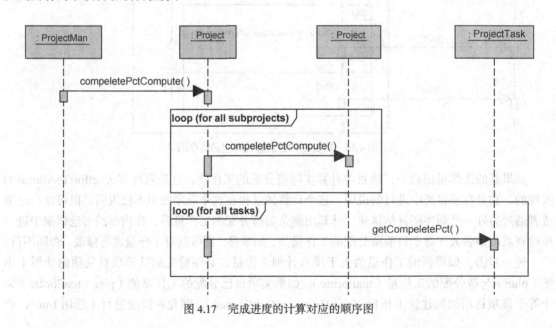

图 4.17 完成进度的计算对应的顺序图

具体地讲，为了计算整个项目的完成进度，需要逐个确定每个子项目的完成进度。这里使用了一种递归的描述方式，因为每个子项目的计算是一个同样的过程。这里使用递归没有任何问题，因为一个项目只能作为一个唯一的项目的子项目，即是一个树结构，而不是一个图结构。

下一步是确定每个任务的完成进度以及由这些返回的结果确定项目总体的完成进度。这里的返回值没有显式地给出，因为只需要对此交互过程进行粗略的说明，并验证了对分析模型中提供的方法的合理组织能够完成计算上的需要。

4.5　界面类设计

界面类设计放在本小节中单独进行介绍，因为其与建模方法比较相对独立。界面设计的基本要求是：通过界面使得模型中含有的类的某些部分对外部可见，如用户通过界面可进行业务内容的修改或访问，即包括人机交互界面。借助于顺序图描述系统的输入和输出过程，可对此需求进行实现，一般对于具体的界面类模型的建模可推迟进行，因为通常会直接应用现成的类库中的模型，如 Java 的 Swing 类库，采用不同的类库对整体的类设计会有很大的影响。后续的章节还会具体介绍模型优化方法以及与类库结合的设计过程。

如果要对现有的类模型补充对应的界面描述，直接的方法就是对每个类补充一个对应的接口，使得它提供外部可访问的信息能够可见。举例来说，对于项目类，可为其设置一个 ProjectMask 界面，对外提供项目创建和修改的操作。进一步，使用一个界面控制类，如下面的 GUIControl 类，其作用是控制当前哪个类的界面类处于使用状态。界面类中含有的方法来源于对应类中迄今为止已发现的方法，应该确保每个界面类含有的方法对外部确实可见。在实现过程中，这些界面对象会获得并使用输入的数据，然后调用对应的类方法。另外，界面类中方法的重要来源也是文本形式的需求，如图 3.13 中类型 2 的需求正是针对用户交互的描述。

这些得到的界面类又称为边界类，因为它们描述了系统与用户之间存在的边界。另外一种边界类对应类型 3 的需求，因为其要求这些类应具有能够为其他系统提供服务的方法。

图 4.18 是以上方法在示例"项目编辑"中的实现。我们注意到界面类的方法中没有参数，只有一个简要的描述，对应着该对象的职责。这里暗示需要的参数主要是在外部功能中进行的初始化，并且通常通过界面元素读取进来，如文本输入框。

关于具体的界面布局类的说明这里忽略掉了，对于设计类图来说，主要目的是加入对界面规格的说明以完善模型，并且在模型逐渐扩展的过程中新的方法可能被发现并加入到已有的类中。比如，对于管理对象集合的类"项目管理类"来说，一个用来返回对应位置对象的方法是经常需要的，如在例子中的方法 getProjectAt(position)。

图 4.19 通过一个顺序图描述了一个带有子项目的项目对象被创建的过程。因为界面类的方法没有非常具体地给出，所以这里的方法调用部分使用了文本形式的描述，这在概要设计的顺序图中是允许的。

在例子中，每个类都配有一个界面类。后续的章节还会介绍一些针对类模型的优化方法，可以在此基础上得到该模型的优化模型。在优化模型中，其实不是为所有类都设置界面类，主要是为那些管理类设置界面。管理类通过界面响应对应实体的创建和访问等请求，所有的工作步骤都是围绕管理类展开的，其优点是不需要太多不同的类在一起共同工作。通过降低模型中关联关系的数量有助于系统后期的维护，从而使得系统更容易理解和修改。

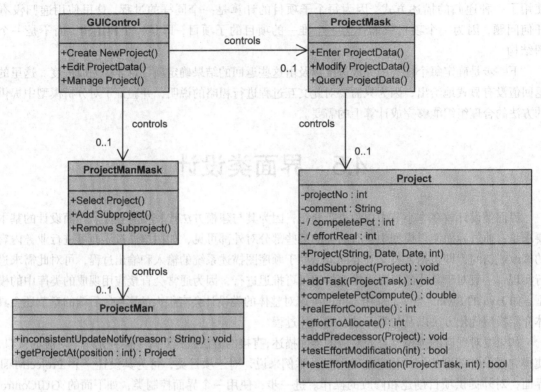

图 4.18　使用边界类的扩展

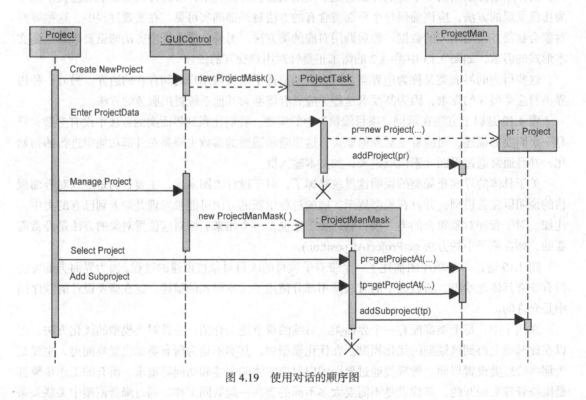

图 4.19　使用对话的顺序图

除了界面的功能说明，界面的布局设计也属于概要设计的内容。这里涉及一系列除了功能以外其他更多的方面，如方便简单的使用性、企业形象的体现等重要内容。图形设计需要专业的、创意的团队，但至少也要理解未来程序真正实现的功能。第一版的设计蓝图一般只是在纸面上给出，可以在此基础上通过工具实现一个界面原型，以便与用户进一步讨论。第 9 章会专门讨论界面布局设计相关的需求。

4.6　需 求 跟 踪

本章主要介绍了从需求中产生初始的设计类模型的方法。尤其对于大型项目或者那些需要长期不断扩展开发的项目，将需求管理起来并且能够随时获知需求的完成情况，对项目未来的开发工作具有很大帮助。需求跟踪的基本原理是给出针对每个源需求及其目标实现，并将它们通过某种方式联系起来，可以确定哪些源需求已经进行了实现，实现的程度如何。这种跟踪方法对于所有的"源—目标"的开发内容都是适用的，目前涉及到的可用于跟踪的对应内容包括：

（1）从用例图到活动图的对应。

（2）从活动图或者动作（action）到文本需求的对应。

（3）从文本需求到类或者实例变量、方法和方法参数的对应。

工作产品之间的对应还有更多的形式，比如，需求描述和从中导出的测试用例之间的对应同样也会非常有用。这些关联信息应该管理起来，以实现方便的跟踪，最简单的方法是使用文档快速记录每个源信息的详细情况。但是，如果跟踪的内容有修改，需要对此文档中的大量关联内容进行维护，这是非常费时的，因此这里引入工具的支持是非常必要的。在某些 UML 工具中紧密地集成了对这些关联的部分管理功能，比如，对于用例图中的用例，可以指定与活动图之间的连接，通过这些连接可以从用例直接导向到对应的活动图。

图 4.20 概略地描述了一个可能的跟踪工具所维护的部分内容。从图 4.20 可以快速获知源与目标之间的对应关系，如一个源与多个目标的对应情况。

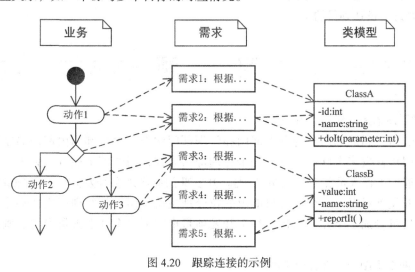

图 4.20　跟踪连接的示例

使用图4.20的追踪信息进行分析的一个直接的应用就是能够马上识别出一个需求有没有源内容与其对应。例如，图4.20中的需求5就需要进一步确认是否遗忘了与它对应的源的连接或者需求5确实不存在源，在这种情况下表明该需求描述并非是由客户首先提出，因此可以将此需求略掉不做实现。类似地，图4.20中还存在一个需求4暂时没有对应的目标实现。

跟踪信息另外一个非常有价值的地方在于，如果软件随后进行了修改或者需要进行扩展，在正式实施前就存在一个很现实的问题，那就是为了需求变更的有效实现，需要对哪些类进行重新编写或修改？根据跟踪的对应连接，可以很容易地回答这些问题。同样，如果软件的某个功能被删除或者进行了调整，马上也会意识到会有哪些类受此影响，进而从类逆向追溯需求，可以获知这些改动还会影响哪些原始需求。除此之外，跟踪信息还可以附加对应连接创建的时间、属于增量开发的哪个周期等信息。

如果能在后期的测试阶段在测试用例和需求之间建立起类似的跟踪连接，则可以方便地确定出哪些需求已经进行了测试，哪些还存在遗漏，对掌握和提高测试的完备性具有重要的指导意义。在CMM三级中要求软件组织必须具备需求跟踪的能力："在软件工作产品之间，维护一致性。工作产品包括软件计划、过程描述、分配需求、软件需求、软件设计、代码、测试计划，以及测试过程"。

实践中，我们常常借助于需求跟踪矩阵（RTM）对变更进行管理，包括需求变更、设计变更、代码变更、测试用例变更等，需求跟踪矩阵是目前经过实践检验的进行变更波及范围影响分析的有效工具，如果不借助RTM，则发生上述变更时，往往会遗漏某些连锁变化；RTM也是验证需求是否得到实现的有效工具。

按照跟踪的内容，可以将跟踪矩阵划分为纵向跟踪矩阵和横向跟踪矩阵两类。纵向跟踪矩阵包括如下3种跟踪内容：

（1）需求之间的派生关系，如客户需求到系统需求。

（2）实现与验证的关系，如需求到设计、需求到测试用例等。

（3）需求的责任分配关系，需求由谁负责。

横向跟踪矩阵主要包含的内容有需求之间的接口关系等。需求跟踪矩阵并没有规定具体的实现办法，每个团队注重的方面不同，所创建的需求跟踪矩阵也不同，只要能够保证需求链的一致性和状态的跟踪，就达到目的了。

习 题

1. 针对下述描述，建立类模型：

某软件公司下属的部门分为开发部门和管理部门两类，每个部门由部门名字唯一确定。每个开发部门可开发多个软件项目，每个管理部门承担公司的若干项日常管理工作。公司的员工分为经理、工作人员和开发人员3类。开发部门有经理和开发人员，管理部门有经理和工作人员。开发项目时，一个项目只能由一位经理主持，但一位经理可主持多个开发项目；一个开发人员可参加多个开发项目，每个开发项目也需要多个开发人员参与。画出该系统的分析类图。

2. 以下两个类图的含义有何不同？

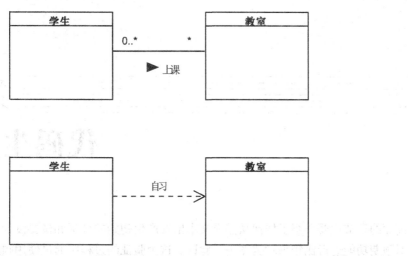

3. 针对第 3 章中习题 2、3、4 的描述在它们的用例图的基础上分别给出各自的分析类图。

第5章
代码生成之道

前面的章节主要介绍了如何从需求文本出发产生初始的分析和概要设计类图的过程以及如何通过对预期功能进行比较来对类图进行验证。这个验证的过程中通过使用顺序图来描述既有方法之间的调用情况，验证的过程实际上也是一个对现有业务的深入理解和对设计方案不断完善的过程。在接下来的步骤中，我们要考虑这些设计方案向实际运行方式的转变过程，即由概要设计产生出对应的程序代码框架的过程。

工程化的开发设计方法会导致程序代码具有更好的可实现性、可维护性和可修改性以及更好的可扩展性。具体的优化策略会在后续的章节中介绍，为了能对本章的内容做到深入浅出的理解，首先对类图到可运行程序的基本转换过程进行概要说明，然后考虑对其优化和细化的过程。

5.1　CASE 工具

现今的软件开发在实践中都是在软件开发环境中进行的，软件开发环境是指支持软件开发的工具及其集成机制，用以支持软件开发的过程、活动和任务，为软件的开发、维护及管理提供统一的支持，即计算机辅助软件工程（CASE）。不同类型的项目其软件开发环境的构成是不一样的，在工具选择上也会有较大的不同。

大型的软件开发厂商如 IBM 开发的 Rational 和 Together 工具，提供了从需求获取到可交付的代码过程中的所有相关工具和完整过程支持的套件。这里所说的套件，是指其中所含的工具涵盖开发的主要阶段，它们各有所长、相互协调，共同完成开发任务，但彼此之间并非紧密依赖，缺一不可，比如，并非强制要求使用需求跟踪管理的工具。但是，工具的选择可能会对开发过程的选择产生一定的影响，因为不同的工具组合对开发过程的支持能力会有所不同。

另外一种可选的方法是在每个单一的开发步骤中引入不同的工具支持。这需要将现有的开发工具与新的工具进行集成，以支持未来的开发步骤。这样做通常会导致工具间的接口问题，因为工具之间的数据格式可能并不兼容。

在软件开发环境中还有一种实现方式是使用集成开发环境（IDE），目前存在很多现成的开源产品。最有力的一个开发环境的工具代表是 Eclipse，主要是为 Java 项目提供开发支持。Eclipse 的优点是能够通过插件的安装扩展其自身的功能，使得更多的工具集成到环境中，类似的工具还有 Sun 公司的 Netbeans 等。

实际 CASE 环境的搭建与开发过程的选择具有很强的依赖关系，其中较重要的一点是要考虑开发过程中对各种"变更"的管理方式。这里存在如下两种极端的情况，当然介于两者之间的折中方式也是有可能存在的。

（1）需求分析、概要设计和详细设计阶段只进行一次或者迭代—增量式地进行。当编码开始后，对已经完成工作产品的修改意愿只是借助设计结果进行确定，然后只在程序代码中完成修改。分析、概要以及详细设计文档不做更新。

（2）对每个改动的意愿，都要根据现有的工作经过完整的分析、概要设计和详细设计流程，所有必须的改动需要在所属的文档以及代码中对应修改，并保证它们的一致性。

采用哪一种方法与实际项目的特点有关。比如，项目需要长期维护而且功能不断扩展，则第2 种方法比较适合；如果项目结束后不需要未来的长期维护，则第 1 种方法较合适。正确方法的选择对未来的开发和维护费用也有直接的影响。当然，也可以选择两种极端情况的折中方式。

本章讨论的从类图向代码实现的转化过程中需要引入一种逆向工程的技术方法。首先从类图出发会生成一个程序代码框架，然后进一步修改可直接在代码上进行，逆向工程的作用是将代码的修改反向映射回类图的设计中，从而在设计与代码实现之间保证一致性。逆向工程的一种特殊的情况是设计图纸完全由代码生成。

逆向工程使得所有的开发都可以在 CASE 工具中同时展开，并使得设计类图与实现之间相互对应。但是，引入一些已有的效率更高或者独立开发的工具，会使模型和代码间的紧密联系打折扣。对于工具和开发方法的选择，需要充分考虑各种开发因素并做出决定，而且允许不同的项目可以有不同的选择。

5.2　单个类的代码实现

本章主要解决从类图到程序代码框架的生成过程，这是由设计到实现必然经过的环节。我们在不断地对业务进行学习的过程中，对各种分析模型和设计模型进行完善，最终将它们"翻译"成对应的代码框架，这在实践中也是开发系统原型可以采用的过程。在大型项目的设计过程中，还会对已经得到的初始类模型进行进一步的细化工作，如补充状态图和具体化一些更为精细的业务规则来丰富模型，如规则"项目不可以将其本身作为子项目进行管理"要在模型中体现出来。

首先针对单个类的实现进行说明。一个类图如果可以成功翻译为代码的蓝图，类模型中的内容就必须完整。类中需要包含的信息包括：

（1）对于每个实例变量，需要指定其类型。

（2）对于每个方法中的参数和返回值，需要指定其类型。

（3）对于每个关联关系，其关联类型、使用或导航方向必须说明，这在后面的小节中会进一步讨论。

图 5.1 给出了类图中某个类的较完整的描述，并且所有的 get 和 set 方法也都显示地给出了说明。这些方法的正确处理与具体的 CASE 工具相关，这里对它们进行如下较详细的分析。

图 5.1 中的一些方法和属性下面带有下划线，其代表静态变量和静态方法。类的静态属性表示其用来对类的某属性进行说明，而不是类的每一个对象。每一个对象可以访问其对应类中的静态变量，对其改动作用于该类的所有对象，因为类的静态变量在内存中只存储一份，

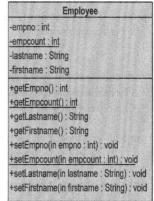

图 5.1　具有静态变量和方法的类

在所有的实例对象中进行共享。通过类的静态方法，可以实现对静态变量的访问，但静态方法不能访问一般的实例变量。静态变量在编译时分配存储，不需要使用任何方法在运行时动态分配。对于静态方法的调用，在大多数程序设计语言中可使用以下形式：

```
<ClassName>.<StaticMethodName>(<Parameters>)
```

对于静态变量的使用需要仔细斟酌，因为其破坏了面向对象的本地性（封装性）原则。静态变量的实质是一个全局变量，因为对于该类的所有对象，都可以共同访问，从而增加了对象之间的耦合性①。静态变量和静态方法通常用在一般性的常规工作中，如记录某文件的存储路径及常规的数值计算，对某字符串的加密等。习惯的做法是将这些常规方法以静态形式在一个类中集中起来，该类不含有任何实例变量和方法，所有其他类可方便地对该类进行访问，因为不需要去创建该类的实例。一个典型的例子就是 Java 语言中的 Math 类，其中包含了绝大多数基本的数值计算功能，如三角函数等。另外，静态变量还非常适合用来记录和管理其所属对象的数量等全局变量。这个用法在后面的例子中会有应用，如为每个员工生成一个唯一的员工编号。

另外，类图中方法的参数前使用了一个 "in" 的关键字，其用来表示参数在方法内部是只读的，不会被修改。同样，"inout" 也是可以在参数前使用的关键字，其表示该参数在方法的处理过程中会被访问，也可以被方法所修改，而且在方法结束后对该参数的修改结果可以保持，即可被外部接收到。关键字 "out" 表达的含义是该参数只能作为方法内部计算结果的保持，也就意味着调用该方法时，out 参数可赋予任何值（哑值），对于方法的内部计算不起任何作用，方法结束后该参数记录并保持计算结果。在很多类图中，对参数的形式可能不会描述得这样细致，在很多情况下都对此进行了忽略。图 5.1 中的类对应的代码段可能如下所示：

```
public class Employee{
/**
 * @uml.property name="empno"
 */
private int empno;
/**
 * Getter of the property <tt>empno</tt>
 * @return Returns the empno.
 * @uml.property name="empno"
 */
public int getEmpno() {
    return empno;
}
/**
 * Setter of the property <tt>empno</tt>
 * @param empno The empno to set.
 * @uml.property name="empno"
 */
public void setEmpno(int empno){
    this.empno = empno;
}
private String firstname = "";
public String getFirstname(){
    return firstname;
```

---

① 公共环境耦合，是一种耦合程度比较高的情况。

```
        }
    public void setFirstname(String firstname){
        this.firstname = firstname;
    }
    private String lastname;

    public String getLastname(){
        return lastname;
    }
    public void setLastname(String lastname){
        this.lastname = lastname;
    }
    private static int empcount;
    public static int getEmpcount(){
        return empcount;
    }
    public static void setEmpcount(int empcount){
        Employee.empcount = empcount;
    }
    }
}
```

对上面的代码进行分析，可以注意到以下几点：

（1）该段代码是对设计类的完整的生成，可在实际项目中嵌入使用。

（2）在代码实现中补充了一些注释内容。这些注释包含两类：一类是在类图设计时给出的，由 CASE 工具自动生成和管理；另一类是具体 CASE 工具内部使用的注释，用以在类模型和程序代码之间起到连接的作用，在以后的逆向工程中会非常有用。例子中只给出了对于属性 empno 使用这样的注释样例，对其他的实例变量也以同样的方式。这样的注释对于开发者的提示是自动生成的代码，这部分代码有些部分是可以修改的，有些是不能修改的，否则就会丢失对照信息，从而失去逆向工程的能力。

（3）在代码生成的过程中，此工具采用了某种编码风格，如首先给出实例或者静态变量的定义，然后紧跟着是对该变量的 get 和 set 方法。程序的结构风格在一些 CASE 工具中支持开发者的定制，并可以实现在不同的程序风格间切换，如可以采用更常见的习惯方式对代码重新组织：先给出静态变量，接着是实例变量，然后是静态方法，最后是实例方法，并且按照它们的可见性进行排序。

当然，通过 CASE 工具生成的程序代码框架通常具有较简单的形式。如图 5.2 所示的类只提供了该类的构造函数和一个所属的方法描述。下面代码中的阴影部分为开发人员在生成后的代码框架上补充的代码内容。

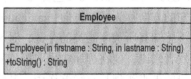

图 5.2　对员工类的补充

```
public Employee(String firstname, String lastname){
this.firstname = firstname;
this.lastname = lastname;
this.empno = Employee.empcount++;
}
@Override
public String toString(){
return empno + ": " + firstname + " " + lastname;
}
```

这段代码说明好的 CASE 工具能够自动进行整个项目代码框架的生成，具体业务的代码一般需要人工补充。尤其对于较复杂的计算业务，如从子项目的完成情况核算整个项目的完成值，只有在 CASE 工具中给出更详细的业务计算逻辑后，才有可能实现自动的、完整的代码生成。业务越复杂，代码能够自动生成的可能性就越低，对于这部分需求，还需要工具的开发者为此付出大量的努力。

5.3 关联关系的实现

通过关联的定义，明确了类与类之间的静态关系。关联关系的实现最终体现为对应类中增加的实例变量（成员变量）。变量存在的具体形式依赖于关联的具体类型。

在类模型构建的初始阶段，类与类之间的关联关系往往只是简单地通过一条实线来表达。在接下来的迭代中，关联关系的多重性会被添加进来，表明参与关联的对象间在数量上的对应情况。同样，关联关系的导航方向以及角色信息等都会逐渐地完善。图 5.3 描述了关联关系的这些详细内容及其表示。从上至下对图 5.3 中的关联关系解释如下：

（1）"多边形"类 Polygon 和 "点"类 Point 存在关联关系。

（2）"多边形"由 "点"构成。在关联关系实线上写明了该关联的名字，对应的那个实心三角的箭头方向表示了该关联名字（即阅读）的方向。这个关联的名字信息将不会出现在转换后的程序代码中。

（3）一个 "多边形"是由任意多个 "点"构成的，一个 "点"只属于一个 "多边形"。也就是说，在此情况下，多个 "多边形"对象之间不存在共享的 "点"对象。如果不同的 "多边形"对象存在交集，即它们具有某些 "点"含有相同的坐标值，在这种情况下，实际上是两个具有相同坐标属性值的不同 "点"对象。

（4）每个 "多边形"含有任意多个 "点"，这些 "点"通过 "多边形"类的一个（集合）实例变量 points 进行管理。每个 "点"只属于一个 "多边形"。

（5）每个 "多边形"含有任意多个 "点"，这些点通过 "多边形"类的一个实例变量 points 进行管理。该关联关系存在由 "多边形"类至 "点"类的一个简单箭头指示的方向，表示只有从 "多边形"能够感知到其包含的 "点"的存在，而不能从 "点"感知到其所属的 "多边形"，这个感知的方向称为导航方向（navigation）。多重性 "1"在这里对代码的生成没有太多作用，因为 "点"并不感知其所关联的类的存在，但这个数字 "1"却是必要的，因为其描述了一种约束条件。对于开发者来说，要在程序中采取措施确保每个 "点"对象只属于一个 "多边形"对象。导航方向对代码的未来实现具有影响作用，其需要在代码中进行体现。

（6）为使前述关联关系的导航方向更加清晰，可以在关联关系中没有导航能力的一端使用符号 "X"显式地表示无此导航方向。

（7）一个实心的菱形符号表示对象之间的一种特殊的关联关系，表示部分与整体的强包含关系——组合（Composition）："点"对象的存在依赖于所属的 "多边形"对象，意味着如果一个 "多边形"对象被删除，其所属的所有 "点"就会被同时删除，即整体与部分之间的一种 "同生共死"的关系。

（8）一个空心的菱形符号表示 "多边形"与 "点"的另外一种关联，即部分与整体间的弱包含关系——聚合（Aggregation），表示它们相互之间没有存在上的依赖性。这意味着如果一个 "多边形"对象被删除，其所属的"点"对象会继续存在，并可由其他"多边形"所利用。

　　详细设计的目的就是要对每个关联关系进行具体的描述和细化。这里尤其要注重导航方向的确定，一个导航方向的代码实现要比两个方向的导航实现更简单一些。

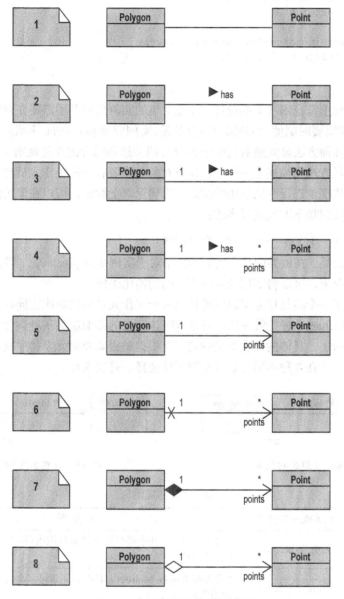

图 5.3　关联关系的不同表示方法

　　图 5.4 描述的是一个项目任务最多只能由一位工作人员承担，通过多重性"0..1"进一步明确了项目任务也可以不分配工作人员。也就是说，在代码实现中，对应类的实例变量可以不赋任何值，在类构造时，也可不必对该变量初始化，在具体的编程语言中，通常通过一个对空值（NULL）的引用，不分配任何存储空间。图 5.4 对应的程序代码片断如下

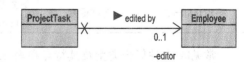

图 5.4　可选的关联对象表示

所示：

```
public class ProjectTask {
private Employee pincharge; //Person in charge
public Employee getPincharge(){
    return pincharge;
}
public void setPincharge(Employee pincharge){
    this.pincharge = pincharge;
}
}
```

这段代码在实现上符合图 5.4 的设计，注意对应的实例变量并不需要在声明时赋值，可以通过其 set 方法在后期需要时赋值。另外需要注意的是，实例变量 pincharge 声明后可以一直为 NULL 值，但却不能通过任何方法显式地对其赋予 NULL 值，这是隐含的业务规则。

图 5.5 中的表示方法则描述了一个项目任务对象必须要有一位工作人员与其对应，这样也就不存在是否可以对该变量进行空值引用的问题。为确保以上约定，可以在该实例变量声明时同时赋予初始值，可以按照如下方式进行实现：

```
private Employee pincharge = new Employee();
```

另外需要注意的是，在该类的每个构造函数中对于实例变量 pincharge，都需要指定一个有意义的值。在这种情况下，可以将实例变量声明时的初始化去掉。

图 5.6 中描述了一个项目任务可以安排任意多个工作人员与之对应。同样，这些工作人员也是通过实例变量 pincharge 进行管理的，只是这时该变量的类型应为某种集合类型（集合类型在 C++中也叫 Container）。具体的集合类型的选定要根据是否需要对元素排序或者是否允许存在重复的元素而定。一般存在 4 种不同的集合类型可供选择，见表 5.1。

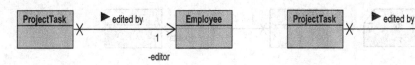

图 5.5　唯一关联的对象表示　　　　图 5.6　任意多的关联对象表示

表 5.1　　　　　　　　　　　　　　　基本的集合类型

元素顺序要求	元素唯一性要求	集 合 类 型
不要求	无重复{unique}	集合类型 Set，其中每个元素最多只能出现一次{unique}，不要求元素的顺序性
不要求	允许重复	集合类型 Bag 或 Multiset，其中的元素可多次重复出现，不要求元素的顺序性
要求{ordered}	无重复{unique}	集合类型 OrderedSet，所有元素具有顺序性{ordered}，每个包含的元素最多只能出现一次{unique}，元素依据其所在位置进行操作
要求{ordered}	允许重复	集合类型 List 或 Sequence，所有元素具有顺序性{ordered}，每个元素允许重复，并依据其所处位置进行操作

常见的 4 种集合类型及其特点在表 5.1 中进行了总结，不同的编程语言在类型的命名上可能有所不同。如果在多重性上对元素的最小参与数量有要求，如 "2..*"，则在构造该类时需要在实现上注意要至少在对应的集合变量中加入 2 个元素。如果要求 "2..7" 的多重性，则实现上

选择具有 7 个存储单元的结构（如数组 Array）比较合适。一般在进行程序实现时，要注意所选的编程语言是否提供了尽可能多的集合类型，这样才会有更多的选择余地。如果想通过一种更简单直接的对对象的引用方式，如通过对象的某种标识实现对对象的访问，则可以使用另外一种数据结构——映射（Map）。元素的标识值与该元素的对应关系通过 Hash 的方式进行映射，以实现对元素快速访问的目的。

表 5.1 中的花括号是一种对约束条件的说明方式，可以放在类图中关联关系的尾部进行说明。在基于 Java 语言的开发中，可以使用集合 List 接口类型对应允许元素重复的集合类型，并使用 ArrayList 进行实现。一个可能的代码片段如下所示：

```java
import java.util.List;
import java.util.ArrayList;
public class ProjectTask {
private List<Employee> pincharge = new ArrayList<Employee>();
}
```

因为 ArrayList 类型非常便于使用，因此在实现上基本上成为一种标准的选择。但是，选用具体的集合类型时还要考虑在运行时间和存储空间上该类型是否能够真正满足要求并进行最佳的实现。比如，对于 List 来说，是允许元素重复出现的，如果这不是希望的，则应该在某元素加入前进行目标元素是否已经存在的检查。

对以上代码段仔细分析可以发现，实例变量 pincharge 具有的类型实际为 List<Employee>，这在原始的类图中并没有明确表示出来。若要将这些模板类型都描述出来，可以如图 5.7 所示绘制类图。模板类的描述方式是在类的右上角画出一个虚线的小矩形，表示模板参数。图 5.7 中的虚线带三角的箭头指示此模板类实际上是一个模板接口，ArrayList<Employee>对该接口进行了实现，同时在这个箭头上还清楚地标明了模板参数。下面的章节还会对接口的概念和用法进行说明。

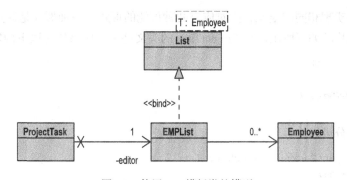

图 5.7　使用 List 模板类的模型

5.4　对象间的归属关系

前面的章节已经对多重性"0..1"的含义进行了解释。对于 Java 程序员来说，了解到如此程度就可以了，因为 Java 具有自动的垃圾回收机制，但是对于 C++程序员和 UML 建模者来说，还要进一步深入了解对象归属的概念。当然，Java 开发者能够了解其中的内容也是很有用的。

图 5.3 中已经说明了两种菱形的表示和含义，这其实代表着两种不同的对象归属关系，下面分别进行分析。

5.4.1 聚合关系

图 5.8 中描述的深层含义是一个员工对象不是仅仅与一个项目任务对应。也就是说，一位员工可以同时参与到多个项目任务中，即在这些项目间共享。这种关联关系为聚合关系，是对象归属关系的一种。图 5.8 中描述的聚合关系可使用以下 Java 代码实现：

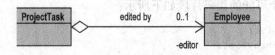

图 5.8　聚合关系的表示

```
public class ProjectTask{
private Employee pincharge = null;
public Employee getPincharge(){
     return pincharge;
}
public void setPincharge(Employee pincharge){
     this.pincharge = pincharge;
}
}
```

这段代码符合图 5.8 的语义描述。假设一个项目任务对象 "ta"有一个到员工对象的引用，如果有另外一个任务对象 "tb"通过 ta.getPincharge()获取到了对同一个员工对象的引用，则可以允许与其共享该员工对象。

```
tb.setPincharge(ta.getPincharge());
```

如果使用 C++实现相同的语义，则对应有两种可能的形式。一种形式是通过常用的指针来实现，其对应的代码片断如下所示。在 ProjectTask 的头文件中，应该具有以下内容：

```
class ProjectTask{
private:
Employee* pincharge;
}
```

对应的实现部分可以为：

```
Employee* ProjectTask::getPincharge(){
return pincharge;
}
void ProjectTask::setPincharge(Employee* pincharge){
this->pincharge = pincharge;
}
```

另外一种方式是使用 C++中的地址操作符&，通过获取对象的地址对其引用，这里用在函数的返回参数中，其实现方式对应的头文件代码如下所示。

```
class ProjectTask{
private:
    Employee pincharge;
}
```

对应的实现代码如下：

```
Employee& ProjectTask::getPincharge(){
return pincharge;
}
void ProjectTask::setPincharge(Employee& pincharge){
this->pincharge = pincharge;
}
```

从面向对象的角度思考这种类间关联关系的代码生成是有一定问题的，因为这在一定程度上破坏了对实例变量的封装性。比如，某个获得 Employee 对象引用的类，就可以直接调用 Employee 的所有公共方法，从而可以直接对 ProjectTask 的实例变量进行修改。

避免上述问题的一个可能做法是项目任务类不返回对实际对象的引用，而是返回中间设置的一个接口。这里的接口是一种特殊的抽象类，只含有没有具体实现的实例函数。采用接口的设计方案在图 5.9 中进行了描述。

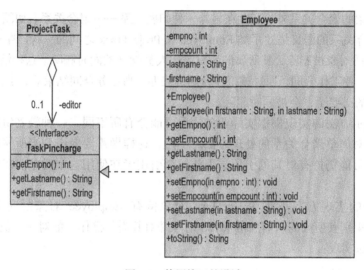

图 5.9　使用接口的设计

图 5.9 的右边对类 Employee 进行了修改，加入了所有的方法和实例变量。这里假设项目任务类只使用到员工类中对其实例变量读取的方法，通过加入一个新的接口 TaskPincharge 并定义这些用于读取方法的声明，并且在员工类中对它们进行了实现。这样，项目任务类不再直接使用对员工类的引用，而是对接口 TaskPincharge 的引用，或者，确切地说是一个实现了对该接口的对象的引用。

当 TaskPincharge 的指针传递过来，使用者只能通过此引用使用该接口提供的只读访问方法，而不能直接使用员工类中的其他方法。理论上，我们可以按照这样的做法定义不同的接口，每种接口只提供需要的方法给使用者，让其他方法对它们来说都是不可见的。另外需要注意的是，具有对接口 TaskPincharge 的引用，也可以获得对接口后面隐藏的 Employee 的引用入口，这是通过强制类型转换（Cast）从该接口转化为类型为 Employee 的对象来实现的。

图 5.10 描述的是类 Employee 对接口 TaskPincharge 进行实现的一个简单表示形式，即所谓的"棒棒糖"（lollipop）表示形式。

另外一种不破坏封装性的设计想法是类 ProjectTask 的方法不返回任何 Employee 类型的对象，这也意味着只有类 ProjectTask 允许对 Employee 的对象进行操作。如果需要对外提供修改某员工对象的服务，则在类 ProjectTask 中需要对应提供一个具有修改能力的公共函数，如：

```
public void updateLastNamePincharge(in lastname: String)
```

其实现是通过调用 Employee 类中的 setLastname()函数并通过参数的传递完成实际的修改。这种方式的使用在聚合（Aggregation）关系中很常见。

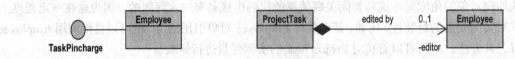

图 5.10   lollipop 描述形式的接口实现   图 5.11   具有存在依赖性的组合关系表示

5.4.2   组合关系

除了以上介绍的聚合关系外，还存在另外一种归属关系——组合关系，如图 5.11 中所示的实心菱形表示。组合关系的语义描述了类 Employee 和 ProjectTask 之间的一种"存在依赖性"，即如果类 ProjectTask 的对象被删除，其所属的所有工作人员就会被同时删除。这种情况可能的一种解释为：员工指代一种工作合同，通过该工作合同被雇佣，当任务合同结束后，工作关系自动解除，合同也没有存在的必要了，会被同时删除。

这种语义表示方法的实现根据实际业务情况可能会有所不同。一种较妥协的方法是仍然使用如上面所示的对简单聚合关系的处理方法。不过，这样做需要考虑到当所属的某个对象被删除后，其他对象可能仍持有对其的引用，因此每个引用者在使用这个对象前需要判断它是否仍然存在。

一个更周全的实现方案是使 ProjectTask 对象持有 Employee 对象的完全内容，即只有 ProjectTask 能够识别其所属的所有 Employee 对象并对其进行操作，如对一个员工对象的修改仍然可借助以下方法实现：

```
updateLastNamePincharge(in lastname: String)
```

同时，ProjectTask 可另外提供方法 getPincharge()返回一个 Employee 对象的拷贝，而不是引用。这样，该方法的调用者可以在其本地对 Employee 对象进行任意形式的使用，而不会修改到原始的员工对象。以下是在 C++中的实现片断，首先是头文件部分：

```
class ProjectTask{
private:
    Employee pincharge;
}
```

实现部分：

```
Employee ProjectTask::getPincharge(){
return pincharge;
}
void ProjectTask::setPincharge(Employee& pincharge){
this->pincharge = pincharge;
}
```

在 get 方法的返回值和 set 方法的赋值中，每次都要确保对象副本的创建。在 Java 语言中，这种实现方案还没有直接的支持，但对于返回对象副本的需要，可以借助 Java 语言提供的克隆（clone）机制。对应的实现如下：

```
public class ProjectTask{
Employee pincharge = null;
public Employee getPincharge(){
    return pincharge.clone();
}
public void setPincharge(Employee pincharge){
    this.pincharge = pincharge.clone();
}
}
```

使用 clone 方法时需要注意，其默认的实现是对对象的一个简单的浅层拷贝，含有的对其他对象的引用地址会被复制，因此拷贝的对象引用的其他对象与原始的引用为同一内容。如果需要真正的副本（深层拷贝），则需要对 clone()方法进行重写（overwrite）。

5.4.3　依赖关系

目前为止，我们讨论的都是类与类之间存在的一种特殊的依赖关系——关联关系，表示类间存在的一种静态联系，这种静态联系表现为关联关系存续期间的保持性。对应地，还会经常在一些管理类中遇到对象间的访问具有瞬时性的情况，如将某些类向其他类进行传递，这种瞬时关系

图 5.12　"使用"依赖关系的表示

并不在相关的对象间保持。依赖关系也是非常重要的，因为管理类同样需要访问这些使用的类。另外，对被使用类的修改一般也要通过管理类来进行。图 5.12 说明了 UML 对这种依赖关系的描述，这里也可以使用 <<include>>代替<<uses>>。一般来讲，如果不影响类图的清晰性和阅读性，关联关系和依赖关系都可以在设计类图中说明，这种动态的瞬时关系在实现中的一种形式是通过类似下面的代码进行实现的。

```
//项目管理类
public class ProjectMan {
private Project selectedProject;
public void addProjectTask(String name){
    ProjectTask pa = new ProjectTask(name);
    selectedProject.addTask(pa);
}
}
```

5.5　软件架构的构建

通过软件架构，系统将逻辑关系密切的单元划分到一起，形成系统的逻辑划分，有利于后续独立的开发和管理。这个划分经常是基于类模型进行的，并可参照一些设计优化方法形成更合理的组织。软件架构对应的实现就是将软件使用所谓的"包（Package）"进行构造，每个包对应某种专属的功能。包中的类互相紧密配合协作完成包的功能，每个包与其他包中含有的类之间的接口应该尽可能简单，降低它们的耦合性。

5.5.1　包及其结构

在规模较大的系统中，还会存在包与包之间相互嵌套的情况，即大包内含有小包。在 Java 的类库中就存在这样的情况，如图 5.13 所示就是其中一个例子：在图形界面包 swing 中嵌入了一个用于文本显示或处理的 text 包。除了一般的文本处理类外，该包又包含了专门针对 HTML 和 RTF 格式处理的两个包，在 HTML 包中又含一些专门用于 HTML 的解析类，这些解析类又进一步被组织于其中的 parser 包中。

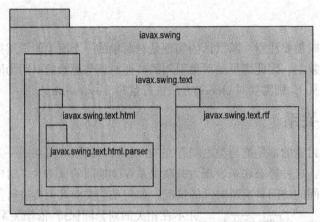

图 5.13　Java 中的包层次

如图 5.13 所示，包在 UML 中都以标签页的形式进行显示，如果只需要显示包的名字，则可以直接将包名写在每个包的中间位置部分；如果还需要显示包中含有的内容（如所含的类），将需要进一步显示的图形或元素放置在包的中间矩形部分，包的名字则显示在标签页的头部。包的全名包含了所有的前缀内容，形如：

MainPackageName.SubPackageName.SubPackageName

理论上，此名字包含的包结构可以任意长地进行组织，通过包的全名能够较清楚地了解包所处的位置，如 swing 包中的 text 包中的 rtf 包。

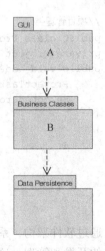

图 5.14　三层架构

通过包，可以对类进行合理的划分，如图 5.14 显示了系统中业务相关的类通过界面、业务和数据 3 个层次进行了划分。界面包中包含的类多为图形显示或与用户交互服务相关的类；业务层中包含所有与业务逻辑相关的类，分析模型的构建过程中主要针对的就是位于此层中的类及其关系；数据层的类主要是负责数据存储的，即负责为对象的持久化服务的类，包括存和取两个方向的操作。

在图 5.14 中，包之间的虚线箭头描述的是层间的使用（依赖）关系，如有包 A 指向包 B 的虚线箭头表示 A 中的某个类通过某种方式使用了 B 中的类。包图中一个重要的要求是在包间不能出现循环的依赖，即不能从包 A 出发，通过若干个依赖关系又回到包 A。这种循环依赖在类图中也同样需要避免，否则会导致逻辑的复杂和实现上的困难。比如，如果包 A 使用包 B，那么对包 B 中一个类的修改会导致需要对包 A

中所有的类进行验证是否存在影响，反之，对 A 的修改则不会对 B 中的类有任何影响。但是，在循环依赖的情况下，对于任何包中的修改，都要对两个包的内容进行多次循环检查，这显然是非常繁琐的。

这种循环依赖的情况也会给程序的编译带来不便。一般情况下，包 B 先进行编译，然后才能对依赖 B 的包 A 进行编译。对于循环依赖的情况，在编译的顺序处理上也是一个问题。

5.5.2　包结构优化

图 5.14 实际上给出了一个简单的三层架构描述，当然也存在多层架构的应用。例如，有时需要建立一个向外界提供不同服务的包来对所有其他的包提供基础服务的支持。在类似这样的包中，可以存储那些全局类，但应尽量减少这些全局类的数量。在全局类中通常还存储一些与具体项目相关的业务类型，如在其他业务类中需要的枚举类型等。还可以放置一些主要的项目配置信息，如文件路径等，这些信息可以在全局类中存储并在多个包中被使用。在这些全局类中，一般情况下都会使用静态变量和静态方法实现对以上内容的存储和管理。

图 5.15 描述了项目管理系统中对包的划分情况，包 Projects 和 Project Members 是两个业务层的包，数据存储层在图中没有给出。关于数据存储的实现，会在第 8 章中的数据的持久化部分进行专门的介绍。图形界面包（GUI）中给出了一个控制类，其作用是将用户事件的处理向不同的业务接口类分发。

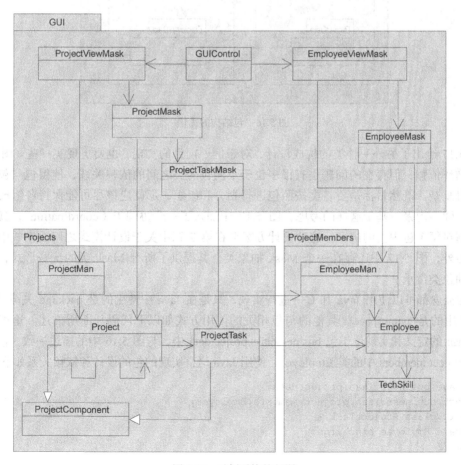

图 5.15　示例系统的包图

包的分解需要满足基本的非循环依赖结构的要求，即使在后续对包结构的优化中，也要保持这条规则。在图 5.15 的基础上对包结构进行进一步调整后的结果如图 5.16 所示。

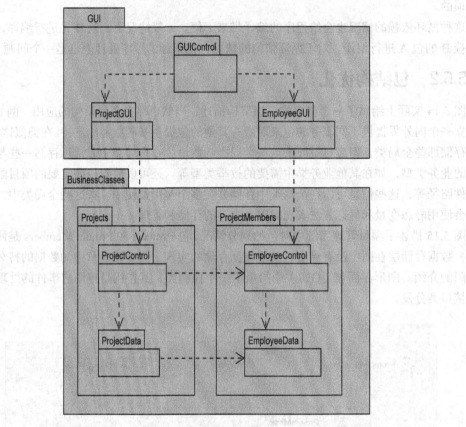

图 5.16　包结构的优化

图 5.17 给出了另外一种类的构成设计，对于例子项目的实现，也要更现实一些。图 5.15 虽然没有循环依赖，但存在的问题是有很多位于不同包的类之间的依赖关系，使得包与包之间的关系变得复杂。既然目标是要将类按照包进行划分和组织，那就应该尽可能保持各组成部分的独立性，即高内聚。基于这样的考虑，图 5.17 中加入了一个协调类（coordination），其职责主要是控制对每个包中类的访问。这种设计方案会在第 7 章中关于设计模式之门面模式中进一步说明。另外，图 5.17 中还存在一个 Mask 抽象类，其提供了所有 Mask 类的统一形式，它们都从这个抽象类继承。

包的概念都可以使用 Java 和 C++进行实现，只是在 Java 中使用的是 package 关键字，而在 C++中使用的是 namespace。其他的与包相关的使用方式如以下代码片断所描述。这里假设类 ProjectTask 的定义和实现位于包 businessclass.projectdata 中，与图 5.16 中的描述一致。该类需要访问包 project members 中的类 Employee。使用 Java 语言实现的包的设计和依赖关系如下所示：

```
package businessclass.projectdata;
import businessclass.project members.Employee;
public class ProjectTask {
private Employee pincharge;
/* … */
}
```

如果使用 C++实现同样的包设计和依赖关系，则可实现为：

```
#include "Employee.h"
using namespace Businessclass::Project members;
namespace Businessclass {
namespace Projectdata{
    class ProjectTask{
        private:
            Employee *pincharge; // ...
    };
}
}
```

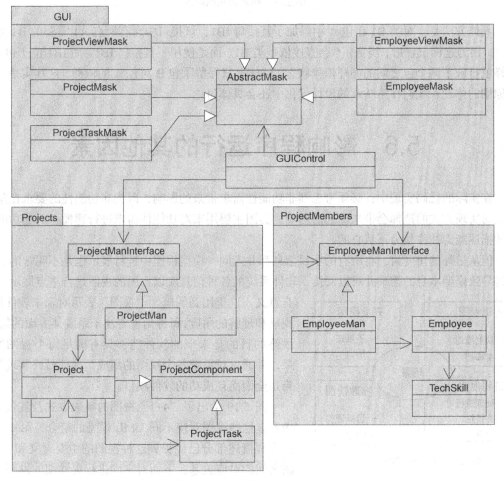

图 5.17　包图的进一步优化

如果两个类分别处于不同的包中，并且具有双向导航的关联关系，这样的循环依赖好像是不可避免的。如果找不出更简单的设计，为了消除类似的循环依赖，建议按照图 5.18 描述的方式进行设计结构的优化，从而消除循环依赖。图 5.18 的左侧是两个类 B1 和 B2 具有的双向关联的设计图，A1 需要 B1，同时 B1 也需要 A1，从而导致了两个包之间的相互依赖。图 5.18 的右侧部分是在左侧的基础上，给出了一个巧妙的解决方法，从而消除了循环依赖的存在。

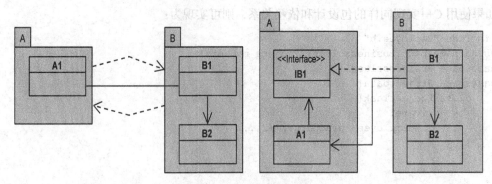

图 5.18　循环依赖的消除

具体方法是：对类 B1 在包 A 中添加了其接口 IB1，该接口中含有所有 A1 需要的 B1 方法的定义。因为这样设置后，类 A1 不会直接依赖类 B1，而是使用了其接口 IB1，而 IB1 位于包 A 中，这样就打破了两个包之间的循环依赖状态，整体上只保留了包 B 对包 A 的依赖。这其实是一种设计原则的体现，我们在第 7 章的设计优化中还会具体讨论。

5.6　影响程序运行的其他因素

在实际的代码实现中，必须考虑到非功能性需求带来的影响，因为非功能性的要求在某种程度上对实现方式的选择会带来深远的影响。类图主要用来对功能性需求进行建模，对非功能性需求的描述能力往往是力不从心的。

但从另外的角度讲，将所有的项目信息都并入同一模型视图中进行展示也是不明智的，因为这将导致模型本身的繁琐并难以阅读，软件系统的各种信息应以不同的视图进行重点展示，才更有意义。这里用到的概念"视图"表示对未来软件进行观察和理解的角度，每种角度专注于系统某方面的特征，最终的目的是未来的软件能够具有满足每个视图的结果，并通过对系统各个视图的集成，保证最终实现的结果是全面而且成功的软件项目。

图 5.19　系统的"4+1"视图

图 5.19 给出了"4+1"视图的集成方式及其包含的内容。这些视图对应不同 UML 模型的组合，第 1 章软件工程概述部分已经提到这种视图的主要含义和 UML 图之间的对应关系，下面对它们进行更详细的说明。

1. 逻辑视图

逻辑视图支持面向对象的分解。逻辑架构主要用来支持功能性需求——满足用户服务的系统功能。系统分解为一系列的关键抽象，它们中的大多数来自于业务领域，表现为类及类之间的关系的形式，并应用抽象、封装和继承等技术原理进行组织。对象的逻辑分解并不仅仅是为了功能分析，而且用来识别遍布系统各个部分的通用机制和设计元素。

逻辑视图是对系统业务逻辑的描述，是进行软件开发的工作重心，对该视图的打造是本书的重点。这里关注的是系统功能，产生的结果是分析和设计的模型。在 UML 中，类图、包图、状态图以及常用作总体验证的顺序图和对需求进行过程描述的活动图都可以作为该视图的构造模型。

2. 进程视图

进程视图是进程的分解。进程架构考虑一些非功能性的需求，如性能和可用性。它解决并发性、分布性、系统完整性、容错性等问题以及逻辑视图的主要抽象如何与进程结构相配合——运行于具体的控制线程之上，使得对象的操作被执行。

在这个视图中捕捉所有待开发系统中各种业务过程的动态特征，确定系统中哪些过程是必要的。我们习惯把一个程序作为整体看作是一个交付的结果，其实，一个程序经常有很多组成部分，它们可以通过不同的过程（进程）进行实现。在多台计算机运行的分布式系统中，也要在分析阶段搞清楚哪些进程在哪里运行。更重要的是，这些进程间进行信息交换的方式。

对线程（Thread）的使用也很重要。线程是进程中包含的并发运行的粒度更小的过程。线程间的运行和通信方式与进程间彼此独立的、操作系统单独处理的方式不同。

对过程的并发和同步的总体描述，UML 的顺序图和通信图是非常适合的。更一般地讲，活动图和细化描述的状态图也可辅助进行描述。类图中作为线程或进程单独运行的类，则需要进行特别的标识，如通过使用构造型<<thread>>。

3. 开发视图

开发视图是子系统的分解。开发视图关注整体上类与包的静态组织方式，业务类被划分到子系统中，每个子系统又提供了对外开发的接口，并能够作为单独的软件包进行安装。该视图还包括对数据的内部组织方式，明确程序数据的存放位置，如系统存放图片的目录需要与软件一起提供并且在需要时必须能够访问到。在 UML 中，包图和构件图常用来说明开发视图。

开发架构关注软件开发环境下实际模块的组织。软件打包成小的程序块（程序库或子系统），它们可以由一位或几位开发人员来开发。子系统可以组织成分层结构，每个层为上一层提供良好定义的接口。

4. 物理视图

物理视图是软件至硬件的映射，即哪些软件部分运行在哪些计算机系统上以及这些系统间如何通过网络连接和通信。在这个过程中，常常使用部署图（Deployment），又称为分布图，进行描述。

物理架构主要关注系统非功能性的需求，如可用性、可靠性（容错性），性能（吞吐量）和可伸缩性。软件在计算机网络或处理节点上运行，被识别的各种元素（网络、过程、任务和对象）需要被映射至不同的节点；我们希望使用不同的物理配置：一些用于开发和测试，另一些则用于客户现场的部署。因此，软件至硬件节点的映射需要高度的灵活性及对源代码产生最小的影响。

5. 用例视图

用例视图是综合所有的视图。4 种视图的元素通过数量比较少的一组重要场景（用例）进行无缝协同工作，为场景描述相应的脚本（对象之间和过程之间的交互序列）。这主要是通过 UML 的用例图和活动图进行描述的。它们对系统的所有需求进行说明，综合各个视图的所有方面。

用例视图是其他视图的冗余内容（因此"+1"），但它起到两方面的作用：一是作为一项驱动因素来发现架构设计过程中的架构元素；二是作为架构设计结束后的一项验证和说明功能，既以视图的角度来说明，又作为架构原型测试的出发点。

图 5.20 主要针对 UML 图到每个视图的映射关系做了描述。这里需要注意的是，有些图形可以用在多个不同的视图中，但在每个视图中强调的是模型中不同的侧面。接下来通过一些具体的

例子来说明刚才描述的 4 个视图。

图 5.21 描述了一个可能的、独立运行的进程或者线程以及关联的活动对象。在 Java 语言中，它们是一些从 Thread 类继承或 Runnable 接口实现的类，具有方法 run()。它们在 UML 中另外的描述形式是使用构造型，即用一个标有<<thread>>或者<<process>>的活动类进行表示。

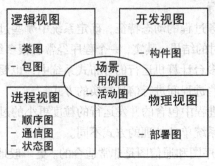

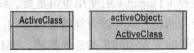

图 5.20 UML 的视图　　　　　　　　　图 5.21　活动类及其对象

类和其对应的包开发完成后，需要将完成的系统划分成可以运行的单元，并能进行安装。一般来说，这些单元打包成一个或者多个软件包，这些单元被称为构件。Java 中，一般将其打包成为*.jar 的形式。

图 5.22 中给出了对构件进行描述的构件图，它具有两种描述方式。构件图能够描述多个构件的构成及它们之间的联系。在两种描述中，除了构件名字外，还提供了构件的规格说明和需要的接口。提供的服务使用棒棒糖（lollipop）的方式进行了标记，并在其圆形突起处给出了接口的名字。

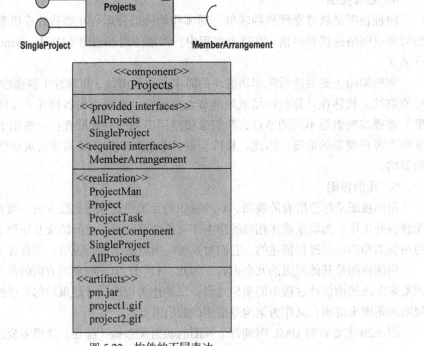

图 5.22　构件的不同表达

构件需要的接口通过一个在端点处的半圆形的符号进行表示，可以形象地解释为一个插座，可以与其他构件的接口进行连接。需要某个接口的构件必须与某个提供此接口的构件一同工作。

在每个构件下面的详细描述中，还可以通过<<realization>>进一步说明该构件中包含的类。此外，还可描述与该构件相关的其他工件（<<artifact>>），除了实际实现的程序打包外，还可以是其他一些数据，如图片等。

图 5.23 给出了一个部署图的例子。图 5.23 中描述了哪些软件构件最终应该在哪些机器上运行的情况。除计算机信息外，其连接的类型也可以指定。计算机作为硬件节点，使用长方体进行描述，在其内部可放置安装的、可以运行的程序<<executable>>和相关的工件内容<<artifacts>>。对于网络连接，可具体指定网络的类型和带宽。在图例中，还给出了多重性的描述，如只允许 20 个项目管理的终端与项目管理服务器同时进行连接。

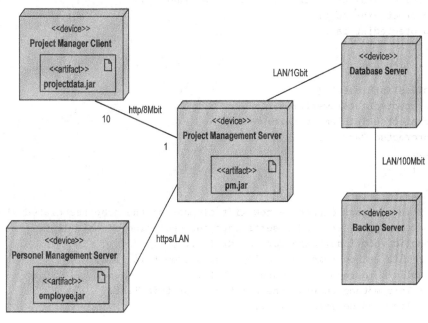

图 5.23　部署图示例

习　　题

1. 详细说明以下类图中两个关联关系表示的含义。

2. 下面给出的代码是使用 Java 语言对 4 个类的实现。为了简短起见，一些类定义的细节没有给出，另外还省略了相应的 setter 和 getter 方法。对这些代码进行逆向工程，要求使用 UML 给出它们的设计类图。

```
classTestQuestion {
public static void main(String [] args)
{
    CardListmyCardList = new CardList();
    Card newCard;
    for (inti = 1; i<= 2; i++){
        int j = i + 5;
        newCard = new Card(i, j);
        myCardList.insertCard(newCard);
    }
}

class Card {
public Card(int s, int r) { suit = s; rank = r; }
protectedint suit;
protectedint rank;
...
}

classListElement {
protectedListElementprev;
protectedListElement next;
protected Card card;
...
}

classCardList {
// This method creates a new list element on the heap associated with
// the input card and inserts into the beginning of this list.
public void insertCard(Card card) { ... }
// This method removes the input card from this list.
public Card removeCard(Card card) { ... }
// This method returns the first card of this list.
public Card getFirst() { ... }
...
protectedintnoOfElements;
protectedListElement first;
protectedListElement last;
}
```

3. 某位系统分析人员针对高校学生选课系统的需求设计了分析类图的草图：

（1）教务人员通过职工号和密码登录系统，录入课程信息。课程信息包括课程编号、课程名称、授课时间、授课地点。并为每名教师排课：一名教师可以教授 0 或多门课程，一门课程也可以由 1 或多名教师教授。

（2）学生通过学号和密码登录系统，选择课程。系统要求一门课程至少要有 10 名学生选课才能开课，一名学生至少要选择一门课程。

（3）教师通过职工号和密码登录系统，获取课程的学生名单。

（4）课程结束后，教师通过该系统录入学生成绩。

（5）学生可通过该系统，查询自己的课程成绩。

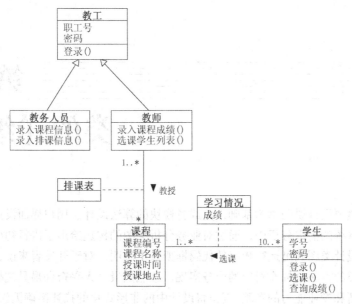

　　请基于上图进行细化和完善，尽可能补充需要的信息，完成该系统的设计类图，并尝试使用 Java 或 C++ 语言实现该系统的代码框架。

第6章
类的详细设计

详细设计以概要设计说明书为基础，完成各模块的算法设计、用户界面设计以及数据结构设计的细化等。在系统的需求分析中，通过对业务分析类图的构建给出了进行初始实现的类结构的建议。上一章对设计类图到可运行程序的代码框架做了说明，对于开发者来说，详细设计的主要工作就是在每个类的方法中补充对应的业务实现。这也是最令人兴奋和最具挑战性的任务，因为这是对开发者创新和专业能力的考验，真正将设计中的非形式化的描述准确无误地转换成期待的、能够运行的程序功能。

本章首先对传统过程化的详细设计进行说明，这适用于类中方法的设计；然后针对状态图进行介绍，其提供了对对象生命周期的描述。状态图能够说明每个对象在什么环境中以及在何种事件的作用下如何响应，提供具体类的行为描述。最后针对 UML 中对类图的实现细节进行准确定义的对象约束语言进行说明，这种机制可以在图形中形式化地约束具体的业务或边界条件。

6.1　详细设计主要活动

详细设计应忠实概要设计结果，不得破坏概要设计方案；对每个模块应给出详细设计的方案说明，并最终形成详细设计说明书，包括详细的模块实现方式、实现模块功能的类以及具体方法的流程等，具体包括以下活动内容。

（1）为每个模块进行详细的算法设计。用某种图形、表格、语言等工具将每个模块处理过程的详细算法描述出来。

（2）为模块内的数据结构进行设计。对需求分析、概要设计确定的概念性的数据类型进行确切的定义。

（3）为数据结构进行物理设计，即确定数据库的物理结构。物理结构主要指数据库的存储记录格式、存储记录安排和存储方法，这些都依赖具体使用的数据库系统。

（4）其他设计：根据软件系统的类型，还可能进行以下设计：输入/输出格式设计；人机对话设计；对于一个实时系统，用户与计算机频繁对话，因此要进行对话方式、内容、格式的具体设计等。

（5）编写详细设计说明书。

（6）评审。对处理过程的算法和数据库的物理结构都要评审。

在传统的开发模式中，常用于描述详细设计的工具包括图形、表格和伪代码等方式，这些方法在面向对象领域也在使用，尤其适合类中方法实现流程的描述。

为了使非形式化描述的类图和代码实现之间的差距不会过大，而且不会引入过多的假设和错误，UML 提供了在类图中对实现细节进行准确定义的机制。利用这种机制，可以在图形中对具体的业务约束或边界条件进行说明，通过使用独立的对象约束语言（Object Constraint Language，OCL）表达类与类之间更复杂的业务关系和约束，如"一个项目不能作为其本身的前驱项目"的约束描述，并且使用 OCL 可以准确定义出某方法调用的预期结果，而不需要给出具体的实现内容。

6.2　类方法的详细设计

传统的函数、过程、子过程等模块并不像面向对象那样封装数据，它们是面向功能的行为实现。20 世纪 70 年代，人们提出了"结构化程序"设计的理念，仅使用几种不同类型的程序块，就可以构造任何程序结构，每种类型的程序块对应不同的逻辑结构，分别是顺序结构、选择结构和循环结构。顺序结构是任何程序逻辑的基础，表示动作按照指定的顺序依次执行。选择结构指定 2 个或若干个条件，构成了不同的逻辑分支，实际执行的流程只能是满足某个条件的分支。循环结构使得某段程序可以反复运行，只要循环条件能够得到满足。这 3 种逻辑结构是结构化程序设计的基础，除此之外，结构化程序设计还要求每个逻辑程序块只有一个入口和一个出口。图 6.1 给出了两个违反结构化程序设计的例子。

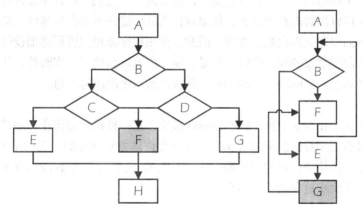

图 6.1　非结构化程序设计示例

引入结构化程序设计的目的是简化软件设计的过程，仅使用有限的可预测的操作即可完成相应的算法流程。通过复杂程度的度量，可以看到结构化程序设计可以提高程序的可读性、可测试性及可维护性。这几个基本的逻辑结构是人们理解业务逻辑最简单的模式[1]，通过模式，为开发人员提供了统一的理解和感悟，从而提高了可读性、可理解性。

6.2.1　图形设计工具

1. 程序流程图

程序流程图（flowchart）是最常用的一种描述详细设计的工具。它的广泛使用源于简单、直观、易于学习。一个矩形代表一个处理步骤，菱形表示逻辑选择，箭头所指表示控制流的方向。图 6.2

---

① 模式即知识，是经验的总结，模式的概念在后续章节中会有专门的介绍。

给出了程序流程 3 种基本结构的表示方法。顺序结构中的两个处理过程通过一条有向控制直线连接。选择结构中有两个分支，描述了 if-then-else 的逻辑，当条件为真或者为假，对应的左分支或右分支被执行。当然，经常也会遇到多分支选择的情况，这可以由多个 2 分支选择扩展构成，很多程序设计语言中也提供了简单的、特有的 switch-case 结构。循环结构有两种不同的描述方式：一种是 while 型循环；一种是 until 型循环，它们的主要区别是循环条件的结构和逻辑响应方式的不同。

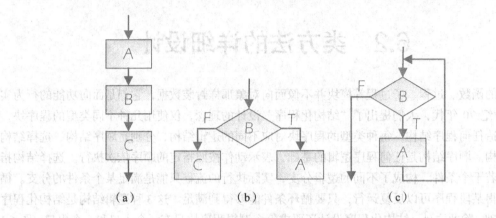

图 6.2　程序流程的 3 种基本结构

　　一般情况下，采用结构化程序设计会使设计更易读、更直观，但程序流程图的最大问题是表示控制流程的箭头可以比较随意地画置，使得设计人员可能在不经意间违背了结构化的程序设计风格，造成设计出的程序流程混乱、难懂，因此，使用程序流程图进行详细设计时，应尽量保持结构化的特点，限制控制流的随意跳转。但是，在一些追求高效率、实时性、代码精简度等情况下，我们会适当使用 goto、break、continue 等易违背结构化设计的语句。

　　2. 盒图

　　盒图又称 N-S 图，由 Nassi 和 Schneiderman 提出，是一种符合结构化程序设计原则的图形描述工具。盒图中没有表示控制流程的箭头，因此不允许随意转移控制。它的基本逻辑块如图 6.3 中的描述，在每个逻辑块中，语句被限制在一个封闭的"盒子"中，各种逻辑盒子组合嵌套构成更大的盒子。程序流程隐式地在盒子中体现。

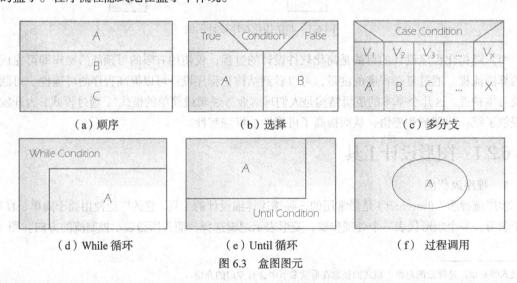

图 6.3　盒图图元

坚持使用盒图作为详细设计的工具，可使程序员逐步养成用结构化的方式思考问题和解决问题的习惯。盒图的主要问题是绘制起来不是很方便，尤其是当问题逻辑比较复杂时，盒图可能会很繁琐。一个满足结构化设计的程序流程图能够转换为对应的盒图，否则不满足结构化的要求，因此可以使用盒图来验证设计是否符合结构化的要求。

3. PAD

PAD 是问题分析图（Problem Analysis Diagram）的英文缩写，自 1973 年由日本日立公司发明以后，已得到一定程度的推广并受到国际标准化组织的认可。PAD 从程序流程图演化而来，使用结构化程序设计的思想表示程序设计的逻辑结构，绘制起来比较方便。PAD 使用二维树形结构的图来表示程序的控制流，将这种图翻译成程序代码也比较容易，如图 6.4 所示。

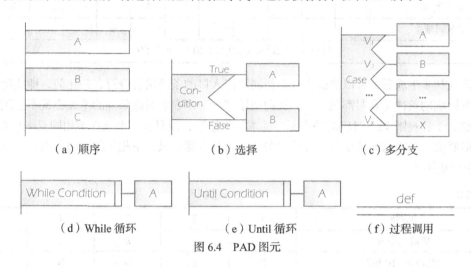

图 6.4　PAD 图元

PAD 所描述程序的层次关系表现在纵线上，每条纵线表示一个层次，PAD 层次关系从左至右逐层展开，向右延展。控制流程从最左主线的上端开始，自上而下依次执行，每遇到判断或循环，就进入下一层，然后从表示下一层的上端开始执行，直到下端，再返回上一层的转入处。如此继续，直到主线的所有内容都执行完成。

6.2.2　表格工具

判定表是一种进行详细设计的表格工具，又称为决策表[①]。判定表适用于描述判断条件较多，各条件又相互组合、有多种决策方案的情况。判定表有着准确而又简洁的描述方式，能够将复杂的条件组合与对应的执行动作相对应。表 6.1 为一个判定表的例子。

这个例子描述的是某工厂机器维修的方式：对功率大于 50 马力（1 马力=735.49875W）的机器或已运行 10 年以上的机器，应送到专业的维修公司处理；如果功率小于 20 马力，并且有维修记录，则在车间维修；否则送到本厂的维修中心维修。

判定表由 4 部分构成，分别是条件列表、条件组合、动作列表及动作入口。每个条件对应一个变量、关系或者预测，如上例中的机器功率、运行时长、维修记录；条件组合是各种条件可能取值的所有组合，如果每个条件有真、假两种取值，则 n 个条件的取值组合数量为 2^n 个。表 6.1 中，由于功率有 3 种取值，所以理论上的条件组合数为 $3 \times 2 \times 2 = 12$；动作指要执行的过程或操作列

---

① 判定表除了可以用来进行详细设计，在软件测试中也有应用。

表，如表 6.1 中的送外修或者本厂维修；动作入口指某个条件组合下与动作的对应，与条件组合一起构成判定表的一列，也叫作规则。

表6.1　　　　　　　　　　　　　　　　　　　一个判定表的例子

规则#	1	2	3	4	5	6	7	8	9	10	11	12
机器功率 w	A	A	A	A	B	B	B	B	C	C	C	C
运行时长<10 年?	Y	Y	N	N	Y	Y	N	N	Y	Y	N	N
有维修记录	Y	N	N	Y	Y	N	N	Y	Y	N	N	Y
送外维修	※	※	※	※	※	※			※	※		
本厂维修							※				※	※
本车间维修								※				

$A:w>50, B:w<20, C:20 \leqslant w \leqslant 50$

判定表初步生成后，可以尝试将具有相同动作入口的条件组合进行合并化简，即找出对动作结果没有影响的条件（真假都包含），我们使用"—"来表示对此条件的不关心或不适用，如表 6.1 中规则 11 和规则 12，对应的动作都为"本厂维修"，但只有一个条件不相同且一个取真值，另一个取假值，表明这两条规则对应的结果与是否有维修记录是不相关的，因此两者可以合并为表 6.2 中的规则 4。

表6.2　　　　　　　　　　　　　　　　判定表的化简

规则#	1	2	3	4	5
机器功率 w	A	—	B	C	B
运行时长<10 年?	N	Y	N	N	N
有维修记录	—	—	N	—	Y
送外维修	※	※			
本厂维修			※	※	
本车间维修					※

$A:w>50, B:w<20, C:20 \leqslant w \leqslant 50$

在化简的过程中还需要注意的是任意两个条件组合之间是不能有交集的，也就是说任意给定一个实例（某一台机器），在表中只能有唯一一列规则与之匹配。在这个例子中，还有其他的化简可能，请读者自行给出。

判定表虽然能清晰地表示复杂的条件组合与应做的动作之间的对应关系，但其含义却不是一目了然，理解它也需要有一个学习过程。而且，当数据元素的值多于两个时（如例子中的功率），判定表的简洁程度也将下降。判定树是判定表的变种，也能清晰地表示复杂的条件组合与应做的动作之间的对应关系。

判定树又称为决策树，是应用于数据分类的一种树结构。其中的每个内部结点（internal node）代表对某个属性的一次测试，每条边代表一个测试结果，叶结点（leaf）代表某个类（class）或者类的分布（class distribution），最上面的结点是根结点。判定树提供了一种展示类似在什么条件下会得到什么值这类规则的方法。图 6.5 是表 6.2 对应的一棵判定树，从中可以看到其基本组成部分：决策结点、分支和叶结点。

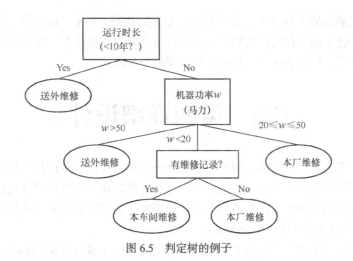

图 6.5　判定树的例子

给定一问题域及数据，最佳判定树的寻找是一个 NP 困难问题，经典的算法有 ID3 算法[①]，即决策树归纳（Induction of Decision Tree）。早期的 ID 算法只能就两类数据进行挖掘（如正类和反类），经过改进后的 ID 算法可以挖掘多类数据。

6.2.3　语言工具

程序设计语言（Programming Design Language, PDL）是一种用来进行详细设计的语言类工具，又称为结构化语言或伪代码。与自然语言相比，PDL 借用某种编程语言的语法构筑其逻辑流程；与编程语言相比，其中又使用了自然语言的词汇（如英语）。PDL 不能被编译或解释运行，主要是供开发人员使用的。除此之外，PDL 还具有以下特点：

（1）PDL 采用关键字的固定语法，具有结构化控制结构、数据说明和模块化的特点。

（2）PDL 程序中会有一些能够标明程序结构的关键字。

（3）PDL 仅有少量的简单语法规则，大量使用人们习惯的自然语言。

（4）使用 PDL 常常按逐步细化的方式写出程序。

（5）PDL 程序的注释行对语句进行解释，起到提高可读性的作用。

以下是一段使用 PDL 的设计内容：

```
    procedure: sort
1:      do while records remain
            read record;
2:          if record field 1 = 0
3:          then process record;
                store in buffer;
                increment counter;
4:          else if record field 2 = 0
5:              then reset counter;
6:              else process record;
                    store in file;
7a:             end if
            end if
7b:     end do
8:  end
```

① 具体算法请参考《数据挖掘概念与技术（第二版）》中的相关章节。

　　PDL 最大的优势是容易翻译成某种编程语言描述的代码，如 C、Java 等。同时，PDL 不是编程语言，因此不必过多担心存在语法错误，而是将精力集中在设计上。PDL 作为设计工具，没有图形工具形象、直观，但其表现是最接近代码实现的一种形式。

6.3　类的详细设计

　　类中存在某些部分其主要功能是对业务信息进行管理，这些业务信息包括通过实例变量的存储以及围绕这些实例变量的访问方法，它们可以进行简单的业务逻辑处理并返回其值。这些方法的返回值一般对现有的实例变量在取值上没有任何影响，通常把这些类的实例对象称为无记忆对象（memoryless）或无状态对象（stateless）。

　　第二种类型的类，其行为大多依赖于对象当前的状态，如一个进行远程连接的对象，在需要连接时通常对该对象只需要进行一次通知，只有已经建立起连接，该对象才可以通过对数据传输方法的调用进行数据交换，最后只能对已有的连接进行关闭。在这样的情况下，确定何时应该调用哪些方法是有意义的，并且这需要依赖于该对象的内部状态。通常把这类对象称为是有记忆的对象或者有状态的对象。

　　对象的状态以及状态变化可以借助状态图（State Diagram）或有穷状态机（Finite State Machine）进行描述。对于那些具有依赖类状态的行为，借助状态图能够对其进行清晰的描述；相反，对于那些只含有对实例变量的简单操作，而且其行为并不依赖于实例变量的行为，使用状态图对其进行描述则没有太大的意义，因为这样的类实际上只具有一个中心的状态，在这种状态下可对所有方法进行调用，而对其本身的状态没有任何影响。

6.3.1　状态图的基本结构

　　图 6.6 给出了一个状态图的例子，图中左侧描述的是状态的一般构成模板，右侧是一个具体的状态。每个状态图中应含有一个唯一的开始状态，使用一个实心圆进行表示，可以有多个结束状态，以半实心圆进行表示，开始状态和结束状态统称为状态。一般来说，状态图中的状态变化都是针对确定性行为的描述。也就是说，在状态一定、事件相同的情况下，该对象的下一个状态也是相同的。另外，如果图中只有一个结束状态，在较复杂的状态图中可能会有多条边交织指向同一结束结点，为了避免这种显示上的混乱，可以使用多个结束状态，以保持图形的整洁。

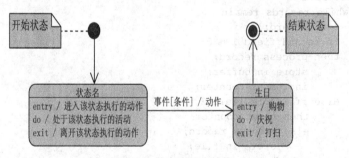

图 6.6　状态图基本结构

　　状态通过状态转换进行过渡（Transition），状态转换使用一条带有简单箭头的实线进行描述，连接源状态和目标状态。每个状态描述中除了状态名字外，还可以包含以下 3 个预定义事件的描述。

（1）Entry：给出当刚进入该状态时应该进行的动作（action）。这里，可以表示一个简单的赋值操作，也可以是对一个或多个方法的调用。

（2）Do：给出在保持该状态的过程中，对象应执行的活动。这部分一般对那些受时间控制行为的对象比较适用，因为它们通常要求能够持续地读取信息。

（3）Exit：这部分描述当离开该状态时应进行的动作。

这 3 部分描述的内容是可选的，可根据需要进行取舍。对状态转换的描述也是由 3 部分内容构成的，如图 6.6 所示，同样，它们也可根据需要决定取舍。这 3 部分的详细解释如下。

（1）事件部分：它是转换说明的主要内容，因为状态图主要是对所谓被动系统的描述，其对外界的刺激事件进行相应的响应。一个事件可以对对象的一个方法进行调用，也可以是一个内部状态的改变，如更改变量的最终值为 100。重要的是，要在状态图的说明或者文档中清晰地描述出那些事件。

（2）条件部分：状态间的转换只有在事件被触发并且满足某个特定条件的情况下才会进行。这个条件通常返回一个布尔类型的结果并且在状态图中使用方括号进行表示。当然，这个附加的条件是可选的内容，当没有条件存在时，表示这里返回的一直都是真值，意味着状态间的转换只要事件发生，就会进行。另外，布尔条件的指定通常是与对象中的实例变量相关的。

（3）动作：表示当转换发生时执行的一个动作，该动作执行的时机是在转换对应的目标状态的 Entry 事件被执行前，即还未进入到目标状态前。

图 6.7 是一个项目类对应的状态图。对其的具体解释是：当一个项目对象在被创建时，会进入"项目创建"状态并执行 entry 部分的初始化方法，如执行一些项目基本信息的 set 方法，然后状态发生自动转移，将状态过渡到"项目计划"，自动转移发生在没有任何触发事件和转移条件说明的情况下。在此状态下，存在 3 个具体的事件可能被触发，使得进行不同的转换。具体来说，如果事件"新建子项目"被触发，该对象将会进入到"子项目添加"状态，并加入其所包含的子项目。接下来的状态要看方括号中指定的条件决定哪个转换会被执行，这个条件用来判断该子项目是否具有前置项目。在活动图中使用一个小的菱形来描述可选的分支，状态图对于分支条件也可使用同样的描述方法，并且多个分支最后在菱形处汇集，但这里将菱形进行了省略，只是通过条件进行分支的表示，这是一种简化的表示方法。通过该状态图的其他描述，还可以了解到当该项目计划结束后，项目将由计划状态转移到项目执行状态，并且在这个状态下只能进行工作量更新和完成度设置。

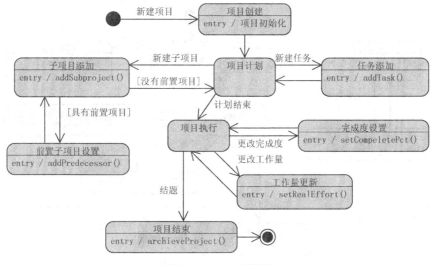

图 6.7　Project 的状态

在进一步的规格说明中，需要通过文档的方式明确具体事件被触发的时机，这对于状态图对应的代码实现是很必要的。通过正式方式描述的状态图，可以直接翻译成运行的程序。一种直接的翻译方法是将状态图中的状态定义为若干个枚举类型值，在类中使用一个实例变量，用以记录当前对象所处的状态。如果对象的状态可以较容易地由某单个实例变量的取值进行标识，则可以将表示状态的枚举类型和其状态变量省略。

6.3.2　状态图的扩展

由于状态图的可视化和直观性，所以非常适合用于开发小组的讨论，但如果图本身过于庞大，就容易让人陷入局部而丢失整体上的可理解性。因此，UML 的状态图在基本的状态图的表示方法上进行了扩展，加入了一些诸如复合状态或并行状态的描述机制，但 UML 能够保证每个扩展只是使用了已有的描述机制，并是对简单状态图进行的一种重塑。下面给出了几个常用的状态图扩展方式。

一种经常见到的情况是状态图中若干状态在同一事件作用下具有相同的行为，如对于异常的处理或者运行的停止。状态可以以一种层次化的方法进行组织，每个状态通过多个子状态细化，该状态称为复合状态。在图 6.7 的基础上，图 6.8 给出了一个对其进行改进的表示，其中状态"活动项目"为一个复合状态，它通过一个独立的带有起始状态的子状态图进行了细化，并且通过事件"结题"结束该"活动项目"状态。这里，外层状态"活动项目"有一个新的转换，其始于该状态边界，指向其结束状态，转换事件为"项目取消"，表示该复合状态中的每个子状态都可以在该事件的作用下转移到最终的结束状态。这样设计的好处是对于复合状态中的所有子状态，只需要一个转换来描述它们共同的行为，节省了转换的个数，同时使得图形的绘制保持整洁，不会过于杂乱无章。

另外，对象的状态也可能是由多个互不依赖的子状态构成的。以钟表对象为例，其可能有 12 小时制或 24 小时制的描述方式，同时与另外一个行为变化序列是互不相关的，如在另外一个窗口中显示的秒或日期的切换。对于每种可能的行为变化，可使用两个独立的状态图分别进行描述。

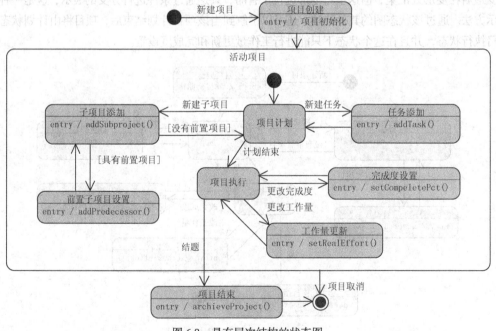

图 6.8　具有层次结构的状态图

一个状态图是在 12 小时制和 24 小时制之间进行切换，通过一个"up"按钮实现；另外一个状态图在另外一个窗口中在显示的日期和秒之间切换，通过一个"down"的按钮进行触发。

如果希望将两个行为描述的状态变化放在一个状态图中，则组合起来需要 4 个状态对该钟表的行为进行描述，它们是"12 小时制/日期""24 小时制/日期""12 小时制/秒""24 小时制/秒"。如果每个状态图中有 m 个状态，共有 n 个状态图，若要放在一个状态图中进行描述，则总共需要 $m \times n$ 个状态表示。

图 6.9 左侧的表示方法中没有并行的组合描述，而右侧的图是一个对左侧的简化，其中对组合状态使用了多个并行的子状态图分别对两个行为变化序列进行描述。每个子状态图相互独立，组合在一起又构成一个全局的状态。

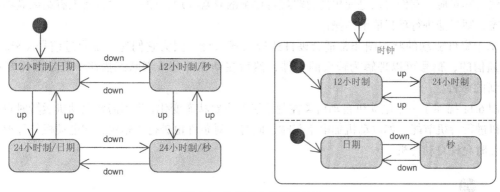

图 6.9　状态图中的并行结构

尽管并行的组合方式减轻了状态图的描述负担，但其在某些环境下的行为需要做进一步的思考。这里有几个重要的规则需要注意：

（1）如果一个事件在两个子状态图中都需要进行处理，为两个子状态图建立一个到各自结果状态的转换。

（2）从含有并行组合的状态出发的转换表示只有当其含有的所有子状态图都位于结束状态时，该转换才会被触发。

（3）如果某个复合状态中的一个子状态图的分支导致离开了此复合状态，则所有的子状态图都将结束。也就是说，如果离开其中的一个子状态，其他所有的都将自动结束。

图 6.10 是一个描述鼠标点击事件的状态图，在该系统中可以将间隔时间或发生的次数作为条件和动作执行的依据。比如，当一个对象被点击并且选中的对象在一个变量存储时，如果在 0.5s 内此对象又被点击，则被认为是一次双击操作；如果另外一个对象被点击或者同一对象在至少 0.5s 后被再次点击，则被认为是一次对上述对象的简单点击操作。

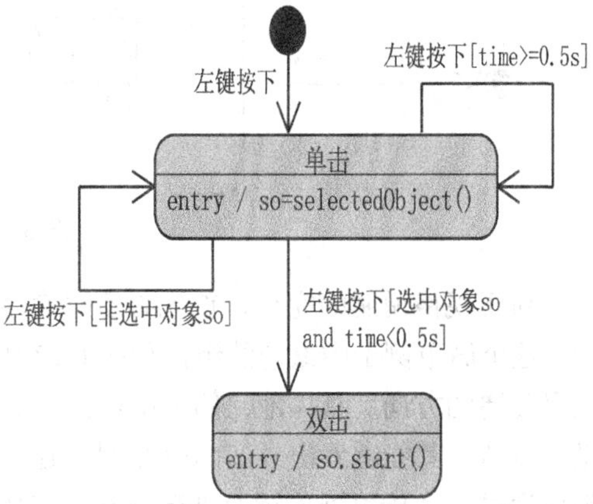

图 6.10　带有时间控制的状态图

6.3.3　状态图的应用

状态图在开发的过程中，根据不同的开发系统类型会有不同的作用。对于经济领域中的软件系统，如企业资源计划（ERP）系统，还有作为演示例子的软件项目管理系统，状态图的重要性并不是很突出，因为相对来说，这些系统中具有较少的复杂对象，而状态图对于复杂对象的行为描述是比较实用的。

在上述的示例系统中，一个对象中含有的方法几乎可以在任何时刻进行调用。比如，对于业务实体类 Employee，其修改员工名字的方法或者修改员工地址的方法一般可以不依赖其参数值进行独立的调用。但是如果系统中存在单独的业务中心类，则对这些类使用状态图进行规格说明将会十分有用，图 6.8 中的类 Project 的对象就是这样的情况。状态图可以较清晰地描述出它们的行为，如什么时间哪些方法可以进行调用的情况一目了然，其他类似的例子如订单、商品购物清单或者图书的借阅状态等。如果在一个状态中某个不允许的方法被调用，则一定要有一个错误处理的方法与其对应，它们可以是简单的忽略或者详细的异常处理，如一个项目还没有结束其项目计划状态，则只能进行项目取消的操作。

基于事件驱动的状态图非常适合硬件或嵌入式系统，因为它们通常是通过信号（Signal）进行通信的，信号可以理解为输入的事件，然后在动作部分或者状态描述中确定出需要产生哪些新的事件。

图 6.11 描述了一个电动机自动启停控制系统的主要状态变化，当不需要电动机运转时自动对电动机进行待机节能，如电动机加电空载时。同时，对条件也进行了指定，如电动机外部温度在3~30℃时允许自动待机。

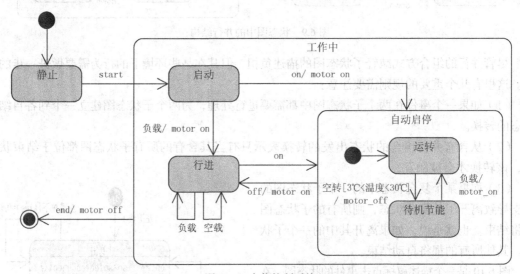

图 6.11　启停控制系统

对于规格说明的完善，首先必须明确存在哪些信号，然后对每个参与的组件使用状态进行说明。这个简单例子中参与的组件如图 6.12 所示。箭头处标明了相关事件的名字，箭头的方向表示信号传递的方向。具体地，例子中存在一个点火器的组件，其能够发出 start 和 end 信号；一个自动控制器，其能够发出 on 和 off 信号；还有一个离合器，能够发出空转或者负载的信号。外部的温度通过一个传感器连续地进行测量，其结果存于一个本地温度变量中。启停控制器本身会产生信号 motor_on 和 motor_off，并作为动作输入给电动机控制器。

在该状态图中，可以看出初始由点火器发出信号，然后自动控制器位于关闭状态。在没有自动控制的情况下，在离合器结合后，系统会发出 motor_on 的动作，使系统处于行进状态。如果在操作中将自动控制器从 off 置于 on，同样会发出信号 motor_on 动作，使得运行中的电动机能够继续行驶。这里，电动机有可能连续两次收到 motor_on 的信号，而中间没有 motor_off 的信号。这在开发电动机控制器时是需要注意的。同样，如果在自动控制状态下发出 end 信号，也有可能使得电动机先后两次直接收到信号 motor_off。

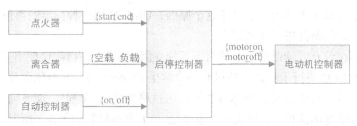

图 6.12 自动启停控制的架构

　　另外一个使用状态图的情况是用于对用户界面的控制描述。这里的状态用来表示每个独立的图形界面，事件是用户的输入，如某个按键的按下，进而弹出另外一个界面，即到达了一个新的状态。图 6.13 给出了一个示例，应用一开始从 start 状态开始，对应的是一个初始登录界面，当用户输入了他的用户名和密码并单击"登录"按钮，导致另外一个事件发生，但具体发生的事件依赖程序内部的验证结果：如果登录不成功，则"登录不成功"对应的界面显示，通过单击"回到开始"按钮，继续回到登录窗口；如果登录成功，用户将会进入一个复合状态"应用运行"中，该状态含有若干业务相关的其他状态，图中只是给出了其简单的示意性描述，层次结构也是帮助理解的，因为该状态提供了一个带有向外的"退出"事件的转换，表示任何在"应用运行"状态中的子状态都能够响应该事件并退出系统回到登录的开始状态，这种方式的描述使得这些子状态保持了统一的行为。

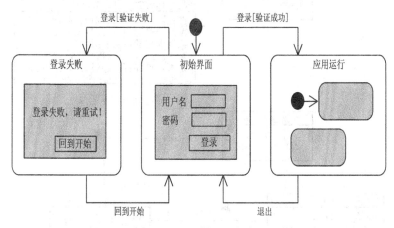

图 6.13 界面描述的状态图

6.4 对象约束语言

　　以类图为主的建模过程经常会遇到很多需求和规则无法利用现有的模型进行描述的情况，如一个典型的情况是项目类不能以自身作为其子项目的要求。UML 中提供了对每个 UML 对象进行具体条件的约束机制，通过将条件放置于一个花括号中进行表达，如不允许项目编号这个属性的取值为负值，可以在类图中对该实例变量约束为：

```
- projectnumber: int {projectnumber >= 0}
```

但是，这些补充的内容会使得类图的可阅读性变差，并且使得与其他对象间的复杂关系不能通过一种尽量简洁的形式表述出来。基于这个原因，UML 使用一种标准的对象约束语言（OCL）来对类和对象所依附的条件进行正式定义。

为使读者能够在没有阅读以前章节的情况下独立阅读本节的内容，这里用了一个全新的例子。相应的类图在图 6.14 中进行了描述。这里有一个学生 Student 类，其对象含有一些能够自解释的属性，如姓名、学号、专业以及是否休过学等。通过属性"所选课程"，能够确定出该学生当前学习的课程或者已经学过的课程。关联关系 "选课"是一个双向导航的关系，所以在课程类中也具有一个实例变量记录着每门课程至少有 3 个选课学生。每个课程除了课程名外，还有一个课程状态属性，其通过一个枚举类型进行定义。

在这个类图中，还可以看到一个新加入的表示方法，即对关联关系的属性进行更详细的描述方式：这是一个单独的关联类 "考试情况"，与所属的关联关系通过一条虚线相接。这些关联类在形式上是普通的类，可以像使用普通类一样对其进行使用。但是，需要注意的是，每个关联类只与其对应的一个学生对象和一个课程对象具有联系。对于一个关联关系来说，是否具有关联类是可选的内容。当然在此例中，这个关联类的存在还是有必要的，因为它对所属关联关系的特征进行了最好的表述。

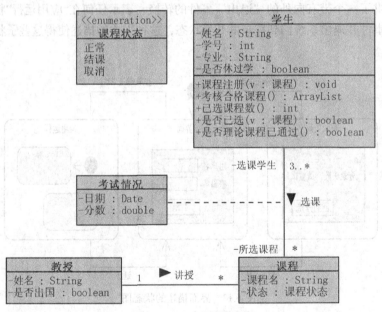

图 6.14　OCL 示例类图

另外，图 6.14 中还存在一个教授类 Prof，其与课程之间存在一对多的讲授关系。也就是说，一个教授可以讲授多门课程。该类中还有一个属性，用来记录本学期该教授是否正在国外进行访问交流。

如果要求学号长度至少为 5 位数字，并且构成学号的数字要大于或等于 10000，若使用 OCL 进行描述，则可以写成如下形式：

```
context Student inv regStudentId:
self.stuId >= 10000
```

通过关键字 context 表明此段 OCL 的描述与哪些 UML 对象或类相关。关键字 inv 表示这是不变的（invariant）。也就是说，所有的 Student 对象都要遵守这个约束。关键字 inv 后面的内容是一个可选的部分，表示本 OCL 约束的名字，大多数情况下都为缺失的，最后的冒号必须存在。

Context 描述的内容确定了哪些对象应该进行关注，这里的 self 关键字指的就是对这些对象的引用，正如 Java 中的 this 或 C++中的*this。在规则的描述中，可以直接对所有的实例变量和方法进行访问。如果对 self 的使用存在某些理解上的困难，则可以对目标对象赋予一个名字。下面的示例给出类似的实现，其语义上与前面的例子等价。

```
context s:Student inv:
s.stuId >= 10000
```

由于精确的规格描述经常需要很多 OCL 共同进行约束，这些约束往往以包中的类为单位进行分配，因此可以将 OCL 同样以包的形式进行组织，它们的结构可以按照对应包的包结构那样有意义地组织起来，其 OCL 的语法如下：

```
package com::myCompany::mySW
context Student inv:
context Student inv:
endpackage
```

除了实例变量的约束外，OCL 同样可以对实例的方法进行说明。这里并不是要去描述其具体的实现内容，而是针对在哪些前置条件下，或者一个方法运行后的后置条件又是什么。比如，对于约束：未在休学期的学生必须注册一门课程。OCL 对其约束可描写为如下形式：

```
context Student::selectedLectures(): Integer
pre stustatus: self.freesemester = false
post selectedLectures: result > 0
```

从 Context 中可以知道，此约束是针对类 Student 的方法 selectedLectures()的，这种标记方式类似 C++中的方法实现，然后给出了此方法的返回值类型。

关键字 pre 后的内容表示前置条件，其名字为 stustatus，名字为可选内容。前置条件明确了此约束只有当该条件为真时，才会进行检测，即该学生未在休学期。

关键字 post 后面紧跟的是后置条件的说明，其名字 selectedLectures 也是可以省略的。OCL 关键字 result 是指此方法的结果，即要求返回值大于零。

如果只能对实例变量或返回值在约束中进行访问，有时是满足不了要求的。下面的内容对如下的要求进行了约束，即当该学生选择了一门之前没有学过的课程时，该学生选课总数就加一。

```
context Student::registerLecture(v: Lecture)
pre: notSelected(v)
post: self.selectedLectures()@pre = self.selectedLectures() - 1
```

上式中，方法中含有的参数也一并在 context 中接收过来，而且在前置和后置条件中对目标对象中的其他方法都可以进行引用。其中需要注意一个问题，就是要清楚这些方法使用时是在 context 中给定的方法（registerLecture）执行之前还是之后相关。如果没有特殊的说明，默认指在该方法执行之后的状况相关联。如果需要执行之前的状态值，则需要如上述例子中那样，在方法的后面加上@pre加以说明。

OCL首先支持表6.3中描述的简单类型，并且同时给出了几个对应的方法。OCL能够支持的其他类型也包括一些扩展类型，如集合类型Collection将在后续进行介绍。

<p>表6.3　　OCL中的常用基本类型及相关方法</p>

类型名	取值示例	相关方法
Boolean	true, false	and, or, xor, not implies, if then else endif
Integer	1, -2, 50, 464646	*, +, -, /, abs()
Real	3.14, 42.42, -99.99	*, +, -, /, floor()
String	'Hello', 'Dalian', ''	Concat(), size(), substring()

对实例变量的访问，一般通过对变量名字的引用来实现。当类图中不存在某些角色名称，对这些变量的引用可以通过其关联类进行，类名在这里要写成小写形式。这个约定在单向导航的关联关系中一般是非常有用的，比如，用在关联关系的相反方向需要进行约束的要求实际上是很常见的情况。举例来说，一个项目任务一定不需要知道其所属的项目，但对于项目任务来说，其计算出的工作量一定要小于等于所属项目总的工作量，因此这样的约束描述是很有现实意义的。再如：某门课的授课教授在上课时是不能在国外的。

```
context Lecture inv:
self.status = Lecturestatus::running
implies
not self.prof.inForeign
```

关键字implies表示"if-then"的条件说明。另外，对教授对象的访问是通过self.prof的形式引用的，而且在OCL中对实例变量的直接访问通过句点的形式是永远有效的，如同对某个枚举类型值的引用。

通过类名的访问方式对于关联类同样也是适用的，而且它们可以通过连接对象的角色名字进行引用，如对于一个结课的课程成绩要求分数在1～5之间，可以进行如下描述：

```
context Examination inv:
self.selectedLecture.status = Lecturestatus::closed
implies
(self.note >= 1.0 and self.note <= 5.0)
```

到目前为止，我们只关注了实例变量的各种约束方法，它们通常只对一个分配的值进行存储。通过使用OCL，还可以对集合类型进行约束，OCL中目前只支持一些标准的集合类型，如Collection、Set、OrderedSet、Sequence以及Bag。一个集合类型的实例变量可以使用OCL中预定义的方法，如查找单一元素、查找多个元素、是否存在元素、是否具有某个特定的属性或者对集合类型的遍历等，它们与编程语言的类库中针对集合类型提供的方法类似。如果要使用某个集合collection的方法，可以通过如下的OCL表达：

```
collection -> method(parameter)
```

例如，一个学生在一个学期内最多可以选择12门课程的约束，可以通过如下方式进行描述：

```
context Student inv:
```

```
Student.selectedLecture
-> select (s | s.status = Lecturestatus::running)
-> size() <= 12
```

通过 Student.selectedLecture 返回该学生所选所有课程的集合，然后该集合的 select 函数被执行，返回的也是集合类型。具体地，Select 函数会根据输入的过滤条件对该集合中的数据进行筛选，那些正在运行状态中的课程将会作为结果返回。该方法参数中竖线前的 s 变量可以理解为一个循环变量，用于循环遍历集合 student.selectedLecture 中的每一个元素。也可以将 s 解释为 Java 或 C++标准类库 STL 中的迭代器的概念。

返回来的集合又进一步使用了 size()方法，其提供所含元素数量的整型值，这里的约束需求为大于等于 12。

如果在已考试的课程中存在"理论"课程，则方法 hasTheoryLect()返回真值。此约束可按照如下的写法进行描述：

```
context Student::hasTheoryLect():Boolean
post: result = self.examination
-> exists( p | p.note >= 60 and p.selectedLecture.title='Theory')
```

通过 self.examination，可以得到所有与该学生相关的考试对象。这样通过该学生对象，可以访问其所属的所有关联对象。通过 exists 遍历集合中的每个元素，并当其中至少存在一个元素满足 exists 中指定的条件时，返回真值。

还可以使用 OCL 对方法的返回集合类型进行约束。如要求方法 passedLectures()返回的所有课程必须是已经修过的课程，此约束对应的 OCL 可以按照如下方式进行构造：

```
context Student::passedLectures():Collection
post: result = self.examination
-> select( p | p.note>=60) -> iterate(p:Examination; res: Collection = Collection{} |
                                       res->including(p.selectedLecture))
```

对于结果，首先通过 self.examination 返回 Student 所属的所有考试对象，然后过滤留下那些考试及格的对象。接下来必须从这些对象出发与该学生所修课程进行对比。这里使用了集合对象具有的一个 iterate 方法，其具有两个必要的参数：一是一个枚举变量，用来遍历集合中的每个元素，其后面可以是该变量的具体类型；二是对集合的遍历结果，在指定其类型的同时必须还要给定它一个初始值，因为不同的集合类型在迭代中可能会存在多种不同的计算方式。这个例子中的结果变量名为 res，其类型为 Collection 并且初始值为一个空的集合。其条件指定了 res 在迭代后会含有与每个通过的考试对象对应的所有课程。方法 including 的作用是将给定的参数加入到结果集中。

以 OCL 作为约束的构建时，如果有一些编程经验，就会使这个构建过程变得简单些。OCL 是一种条件约束语言，因此并不能直接从 OCL 翻译到具体的代码实现；又由于 OCL 是一种描述性语言，因此对于建模来说可视情况进行指定，并不需要强制给出。

习　题

1. 给出下面代码段的程序盒图，并使用状态转换图对以上代码段中变量 n 的状态变化进行描述。

```
            n=0;
            for (i=0; 0<10; i++)
            for (j=0; j<i; j++)
            {
                n=n*j;
                switch(n)
                {
                    case 0: n=2;        break;
                    case 1:
                    case 2: n=n%8;      break;
                    case 3:
                    case 5: n=n+3;      break;
                    default:            break;
                }
            }
```

2. IP 长途卡的使用过程如下：未使用前，卡密封在塑料卡袋中，密码被遮挡住；一旦开始使用，使用者须打开卡袋、刮开密码，通过座机绑定使用长途卡；一旦卡上余额不足，或者超出长途卡的使用日期范围，长途卡将无法使用。根据以上描述，分析 IP 长途卡的状态，绘制其状态图。

3. 绘制该伪码对应的程序流程图。

```
Input n;  //输入数组大小
Input List;  //从小到大输入 n 元有序数组
Input Item;  //输入待查找项
Start = 0;
Finish = n-1;
Flag = -1;
while (Finish - Start > 1 && Flag == -1)
{
    i = (Start + Finish)/2;
    if(List(i) == Item) Flag = 1;
    else if(List(i) < Item) Start = i + 1;
    else Finish = i - 1;
}
if (Flag == -1)
{
    if(List(Start) == Item) Flag = 1;
    else if(List(Finish) == Item) Flag = 1;
    else Flag = 0;
}
Output(Flag);
```

4. 某公司承担空中和地面运输业务。计算货物托运费的比率规定如下：

空运：如果货物重量小于等于 2kg，则一律收费 6 元；如果货物重量大于 2kg 而又小于等于 20kg，则收费 3 元/kg；如果货物重量大于 20kg，则收费 4 元/kg。

地运：若为慢件，收费为 1 元/kg。若为快件，当重量小于等于 20kg 时，收费为 2 元/kg；当货物重量大于 20kg 时，则收费 3 元/kg。

请画出以上规则的判定树。

5. 画出下面用 PDL 写出的程序的 PAD 图。

```
        WHILE P DO
            IF A>0
                THEN A1
```

```
        ELSE A2
    END IF;
    S1;
    IF B>0
        THEN
            B1;
            WHILE C DO
                S2;
                S3;
            END WHILE;
        ELSE
            B2;
        END IF;
        B3;
    END WHILE;
```

6. 基于第 4 章的类图（图 4.7），使用 OCL 完善以下约束：

（1）每个项目的计划开始时间不得晚于 2014 年 3 月 5 日。

（2）每个项目不能作为自己的前驱项目添加到前驱项目列表中。

（3）每个项目的项目任务集合中不能同时有超过 3 个完成进度不足 50%的任务。

第7章
设计优化

前面的章节主要围绕类图模型的构建进行了阐述，并通过状态图对类的具体行为进行描述以及使用 OCL 约束机制在类图中补充较复杂的业务规则，这些内容将来都需要在代码实现中进行体现。

高质量类的建模一个基本的设计原则就是从小规模开始，可以从较小粒度的方法开始，本章首先讨论如何将不同的功能方法行之有效地分配到不同的类中，然后再确定在功能级别以面向对象的思维进行组织的策略。

20 世纪 90 年代以来，由于面向对象编程经验的大量积累与逐渐成熟，人们在开发实践中认识到很多经常发生的问题具有相同或相似的解决方案并在此基础上达成了共识——软件模式，这些模式也将在下面的章节中结合具体的例子详细介绍，包括与界面设计相关的"模型-视图-控制器"架构模式以及著名的"四人组（GoF）"设计模式。

7.1 小规模设计

一个好的设计存在两个一般性的原则可以作为基本的参考，它们分别是：

（1）KISS（Keep It Simple Stupid）：人们应该总是选择那些尽可能简单的实现方案，因为它们既能够全面解决问题，且具有较好的可理解性。这并不意味着"Quick and Dirty"的方式，而是对简单的开发方式的一种认可。

（2）YAGNI（You Ain't Gonna Need It）：这条原则的含义是"你不会需要它"，指的是开发者自以为有用的功能，实际上都不会需要。也就是说，我们不应该过多地从理论上考虑未来可能的扩展而对设计进行一厢情愿的泛化改进，如对每个集合类型的实例变量，并不是每一个都需要 add 和 remove 方法。

应用上述原则带来的一个直接结果就是在开发中期会得到一个相对清晰的设计，然而，此时的设计并没有进行任何动态的运行时优化。在这个方面一般的做法是先尝试通过性能分析识别出关键问题所在，如系统响应时间等关心的问题，然后在此之后应用一些必要的设计优化，从而提升整个系统的性能。好的设计规则的应用能够带来简化的设计以及可维护性高的系统，反之会带来冗杂的系统设计和可维护性较差的系统，这样的系统通常由以下原因造成：

（1）从来不碰一个运行的系统（Never Touch a Running System）：开发者在添加新功能时只是在现有代码的基础上"编织"新的代码，旧代码尽量保持不变。典型的例子是对扩展的功能只是在方法的开始处使用条件分支 if 进行分离，旧代码保持不动，而新代码放到 else 的分支中，这样就可以使得代码部分基本上能与原代码一样执行。

（2）副作用的产生（Side Effects）：对文档进行小的修正却导致不可预期的其他问题的产生。

（3）昂贵的细节性修改：对代码的某处局部的修改，如对文件的命名方式的改变，却导致很多地方大量级联修改，这可能是由于较差的代码模块性造成的。

（4）复制-粘贴：简单地把那些在功能上可以运行的代码使用复制和粘贴的方式使其在其他方法中运行，而不是对代码进行有意义的重构。这种方式与另外一种原则 DRY 是相悖的，即不要重复自我（Don't Repeat Yourself）。

7.2 设计结构的优化

在需求分析和类的概要设计过程中，我们以业务逻辑为主线，给出了分析类图。分析类图描述了将来要实现的业务目标。面向对象设计阶段的主要工作是从分析类图向程序实现的过渡，这个阶段的主要考虑是如何丰富类图的内容，以提供更贴近实现的可能。另外注重类图的结构，使其结构趋于稳定，以应对未来需求的变更。

在类的概要设计部分，我们也提到了得到的分析类图一般只能作为实现的参考，通常情况下，分析类图需要在后续的设计阶段进行细化和补充，设计类图应具有如下特点，才会对实现阶段产生帮助。

（1）设计类图应能够容易修改。设计类图中微小的改动不应该导致在实现中的多处修改。

（2）设计类模型应能够很容易地进行扩展。新加入的类，尤其是那些与已有的类具有某些相似内容的类，应能够很容易地集成到现有的类图结构中，而且也要同时保证类图的可读性，即使那些没有参与开发的人员，也能很容易地理解。

（3）类模型应以模块的结构进行组织。那些在一起工作的应该是联系紧密的类，而与其他类之间则具有尽量简单的关系，即追求包内的高内聚和包间的低耦合。

软件设计是一门艺术，是对"变化"的辩证处理：发现变化，隔离变化，以不变应万变。本节介绍几个最基本的设计原则，它们是对面向对象思维的深化和具体实施。基本设计原则的综合使用是产生高质量软件设计的基石。

7.2.1 基本的设计原则

1. 接口隔离原则

接口隔离原则（The Interface Segregation Principle, ISP）有两层含义：

（1）应尽量使用"接口继承"[①]，而非"实现继承"。接口关注对象的概貌，将对象中"不变"的信息抽象出来，不涉及细节，因此是"稳定"的。

（2）通过接口只将需要的操作"暴露"给客户类，而将不需要的操作隐藏起来。接口在这里充当类的视图。

图 7.1 描述了一个遵照 ISP 的设计，接口类 IManeuverable 是具体交通工具（如 Car、Boat、

---

① 这里的接口指的是广义上的抽象类，可以是面向对象编程语言中的 interface 或 abstract class。如 C++通过继承纯虚类来实现接口继承；Java 对接口继承具有单独的语言构造方式。

Submarine 等）的抽象，它提供了驾驶的接口，如加减速、转弯等。类 Client 在使用（drive）交通工具时，使用的不是具体类，而是其接口类。这样做的好处就是当业务需求变化时，更容易发生改变的是具体类，而这些变更可以通过稳定的抽象类进行隔离，使得 Client 不受变化的影响，从而提高了系统的可维护性。

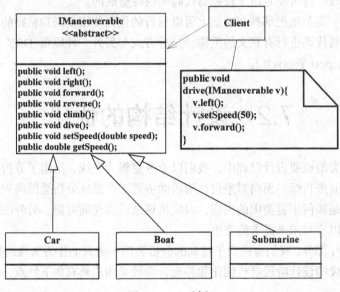

图 7.1　ISP 示例 1

上例中的 Client 专注的是驾驶，它对交通工具运转的原理是不关心的，因此通过接口 IManeuverable 暴露给它的只是与驾驶相关的操作。如果系统中还存在另一类使用者，如维修者，则他们专注的应该是这些交通工具的运转，而与驾驶相关的操作不应该暴露给这些维修者类，如图 7.2 所示。

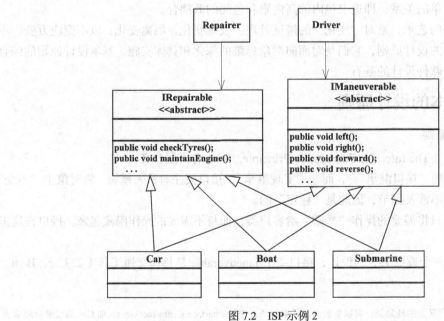

图 7.2　ISP 示例 2

面向接口的设计能够使 Client 只需关注如何进行业务活动（如驾驶等），而不必关心其使用对象的具体实现。一个对象可以很容易地被（实现了相同接口的）另一个对象所替换，这样对象间的连接不必硬绑定（hard wire）到一个具体类的对象上，因此增加了灵活性。这是一种松散的耦合，同时增加了重用的可能性。

2. 依赖倒置原则

依赖倒置原则（Dependency Inversion Principle, DIP）的宗旨是应依赖于抽象，而不要依赖具体。我们在接口隔离原则中已经提到，抽象（接口）描述的是对象的概貌，而这种概貌是我们从现实世界普遍规律中提炼出来的，因此能够做到最大限度的稳定。因此，很容易从抽象对对象进行扩展，可以这样认为：扩展的基础越具体，扩展的难度也越大，具体类的变化无常势必造成扩展类的不稳定。

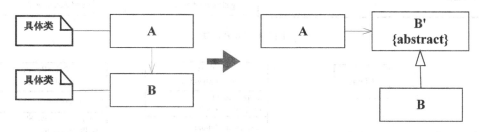

图 7.3　依赖倒置原则示例

依赖倒置原则使细节和具体实现都依赖于抽象，抽象的稳定性决定了系统的稳定性。从物理上也可以这样解释，如图 7.3 所示，一个基础稳定的系统要比一个基础不稳定的系统在整体上更"稳定"一些。

3. 开放封闭原则

开放封闭原则（The Open-Closed Principle, OCP）指的是一个模块对于扩展应是开放的，而对于修改则应是封闭的。这条原则是面向对象思想的最高境界。简单来说，就是设计者应给出对于需求变化进行扩展的模块，而永远不需要改写已经实现的内部代码或逻辑。具体地，它有两个基本特点：

（1）模块的行为可以被扩展，以满足新的需求。

（2）模块的源代码是不允许进行改动的。

从上面的分析中我们可以知道，OCP 是相对的，没有绝对符合 OCP 的设计，而且一个软件系统的所有模块不可能都满足 OCP，我们需要做的是要尽量最小化这些不满足 OCP 的模块数量。比如，图 7.4 中给出了一个满足 OCP 的设计，Client 很容易地计算所有零件的价格之和，并且当有新的零件加入时，只需继承 Part 抽象类即可，现有的代码不需要做任何修改。可是，一旦需求发生了变化，如在计算零件价格和的时候还需要考虑市场的价格波动情况，则可以修改代码，如图 7.4 中的注释部分，但这将导致该设计不符合 OCP。

作为对以上设计的一种改进，我们需要将波动系数的处理融入业务逻辑中，引入折扣（discount）属性。但这一属性放在什么地方？显然，它不是类 Part 的自然属性，因为这一属性是与价格策略相关的，为此我们引入了类 PricePolicy，与类 Part 呈关联关系，这样做的好处是零件对象与价格策略对象的对应是动态的，可以在程序运行时（runtime）动态改变。改进后的 OCP 设计如图 7.5 所示。

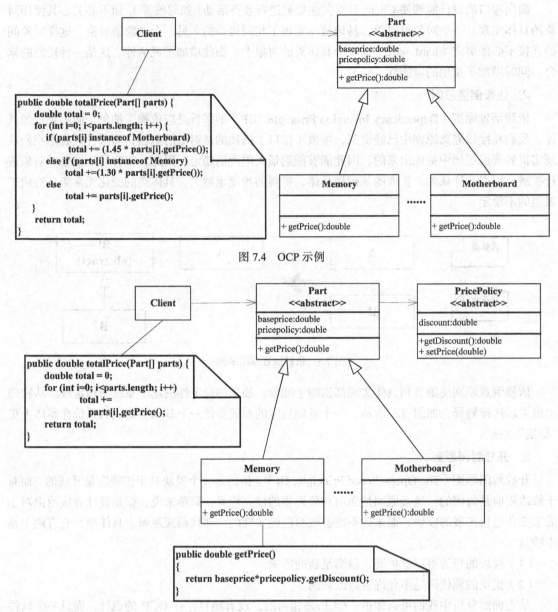

图 7.4　OCP 示例

图 7.5　改进后的 OCP 设计

OCP 法则是面向对象设计的真正核心，符合该法则便意味着最高等级的复用性和可维护性。

4. Liskov 替换原则

Liskov 替换原则（Liskov Substitution Principle, LSP）说的是任何出现父类的地方都应能使用子类对其进行无条件的替换，即当使用子类对其父类进行替换时，该组件仍像替换前一样正常工作。LSP 要求对象间的 "ISA" 关系既与静态属性相关，又与动态行为相关。通常规定，父类型在使用前和使用后都要具备必要的条件——前置条件和后置条件。当子类型替换父类型后，要求不能违反父类型中的前置条件和后置条件，即一个子类型不得具有比父类型更多的限制，这是因为可能对于父类型的某些使用是合法的，但是会因为违背子类型的其中一个额外限制，从而违背了 LSP。

一个简单的做法是不要将父类中子类不需要的函数暴露给子类。下面这段代码描述了无意中违反 LSP 的一个例子。

```java
//一个长方形类
public class Rectangle {
    private double width;
    private double height;
    public Rectangle (double w, double h) {
        width = w;
        height = h;
    }
    //这里省略了 getter 和 setter 方法
    public double Area() { return width*height;}
}

//一个正方形类
public class Square extends Rectangle {
    public Square(double s) {super(s,s);}
    public void setWidth(double w) {
        super.setWidth();
        super.setHeight();
    }
    public void setHeight(double h) {
        super.setHeight(h);
        super.setWidth(h);
    }
}

public class TestRectangle {
    //定义一个使用基类 Rectangle 的方法
    public static void testLSP(Rectangle r) {
        r.setWidth(4.0);
        r.setHeight(5.0);
        system.out.println("宽度为 4.0, 高度为 5.0, 面积: " + r.area());
        if (r.area()==20.0)
            System.out.println("'计算没问题! '\n");
        else
            System.out.println("'计算错误! '\n");
    }

    public static void main(String args[]) {
        Rectangle r = new Rectangle(1.0,1.0);
        Square s = new Square(1.0);
        //以下函数应该对长方形和正方形都是等效的
        testLSP(r);
        restLSP(s);
    }
}
```

5. 单一职责原则

单一职责原则（Single Responsibility Principle, SRP）中所谓职责，可理解为功能，就是设计的类功能应该只有一个，而不应为两个或多个。这里，职责是引起"变化"的原因：一个类中有

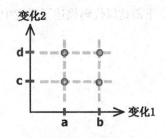

图 7.6 变化方向与变化点

两个以上的变化方向，会产生过多的变化点，如图 7.6 所示。

图 7.7 为一个 SRP 的例子。设备 Modem 的设计功能存在两个变化方向：数据线路（DataChannel）和连接方式（Connection）。为了能够应对可能的需求变化，需要在子类中产生 4 个不同的类型，分别是 TCPWaveModem，PPPWaveModem，TCPLineModem，PPPLineModem。从设计的角度分析，这样的设计结果是我们不愿看到的，原因很简单：如果有 n 个变化方向，每个变化方向上有 m 个变化点呢？而且很多子类存在浪费，如果用户在此变化点上根本没有需求！

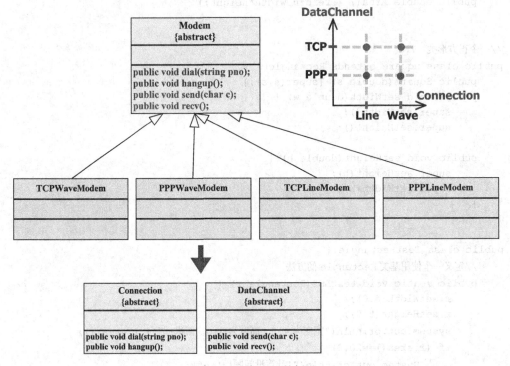

图 7.7 一个 SRP 的例子

如何应对这样的状况？答案就是拆分变化！如例子中所示，将 Modem 拆分成两个抽象类 Connection 和 DataChannel。需要说明的是，拆分后设计并未结束，两个拆分的抽象类肯定不是也不应该独立存在，读者在这里可以思考一下如何进行下一步的设计[2]。

单一职责原则要求的条件是比较苛刻的，一个类真要做到只能有一个功能而一点儿其他功能也不能具有？答案同样是否定的。多个功能在一个类中是可以同时存在的，但这里有一个前提：是否能够成为变化的方向。如果成为单独的变化方向，则应按照 SRP 进行类职责的拆分，否则可以保留功能共存[3]。

6. 合成/聚合复用原则

合成/聚合复用原则（Composite/Aggregate Reuse Principle, CARP）中的合成与聚合是两种特

---

② 可以参照设计模式之"桥模式"。
③ 具体请参照设计模式之"装饰模式"。

殊的关联关系，是以委托方式实现对象间功能的重用，除此之外，另外一种面向对象特有的重用方式是继承。委托重用与继承重用是两种本质上不同的重用方式，委托重用追求的是对象间的独立性即低耦合，而继承重用追求的是对象间应能尽可能的高内聚。

合成/聚合复用原则指的是应尽量使用合成/聚合形式的委托重用，尽量不使用继承重用。具体地，在一个新的对象里面使用一些已有的对象，使之成为新对象的一部分（关联）：新对象通过向这些对象的委托达到复用的目的。

图 7.8 中给出一个违反了委托重用优先的例子。在这个例子中，"乘客（Passenger）"和"代理（Agent）"分别设计成为"人"的子类，而且利用多重继承，我们可以得到具有多重身份的"特殊"人——"乘客代理者"，这一切看上去似乎没什么问题，但仔细分析一下，就会发现其中存在着诸多问题：

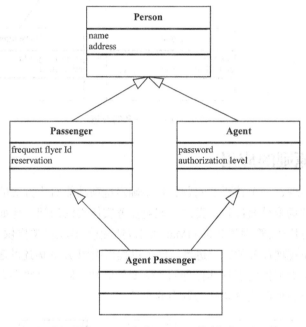

图 7.8　一个违反 CARP 的例子

● 多重继承中类型的确定是静态的，即人的身份已经确认，无法在运行时动态更改，而"乘客"的身份本身就是动态的。

● 多重继承需要生成大量的底层类，以适应具有不同身份组合的人群，如同时具有学生、代理、乘客、实习者等身份的人。

这些问题产生的原因就是类"人"和类"身份"其实是两个耦合性很低的实体，我们把他们生拉硬套放在一起，违反了事物的本质特性。一个改进的做法如图 7.9 所示，利用 CARP 原则降低两者之间的耦合，从而将两者之间的真实特性表现出来。因此，优先使用关联的聚合或组合可获得重用性与简单性更佳的设计。另外，配合使用继承，可以扩充可用的组合类集，加大重用的范围。

当然，在条件满足的时候继承也是推荐使用的。例如：
● 子类表达了"是一个父类的特殊类型"，而非"是一个由父类所扮演的角色"。
● 子类的一个实例永远不需要转化为其他类的一个对象。

- 子类是对其父类的职责进行扩展，而非重写或废除，因为这会增加违反 LSP 的可能性。

除前面提到的几个基本的设计原则外，还有其他一些规则同样能够导致好的设计，如其中的一个 GRASP 模式（General Responsibility Assignment Software Patterns）。由于篇幅原因，这里不再赘述，读者可自行查阅相关资料理解。

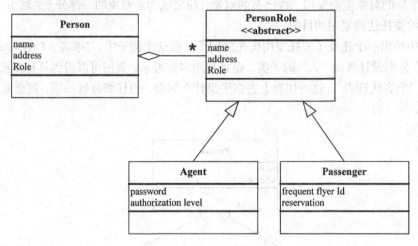

图 7.9　遵守 CARP 的改进

7.2.2　设计原则的应用

对于某项功能的实现，一个首要的问题就是要确定这项功能对应方法的实现位置。在概要设计类图中，一些典型的场景是通过管理类来实现对业务实体类的访问。比如，如果需要对一个项目任务的完成进度进行修改，管理类 ProjectMan 可以委托相关的项目类提供对其项目任务的引用，然后管理类进一步修正每项任务的完成进度，这个过程可由图 7.10 描述的顺序图进行表示。这种设计方式的缺点是一个类不仅要了解其自身的实例变量属性，同时也要熟悉其他已知类的实例变量，即需要了解所有以各种形式参与到场景中的对象。

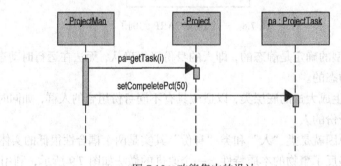

图 7.10　功能集中的设计

另外一种改进的方法，正如在聚集关系中已经说明的方式，一个对象本身不能直接处理的信息可由一个实例变量委托至另外一个对象进行处理。这时几个对象交互的流程可如图 7.11 所描述，图中假设第 i 个项目任务为 pa。这种方法的好处是每个类只需了解与其本身相关的子任务，避免了不得不去了解其他所有类的情况。

在这个具体示例中的主要要求就是类的功能应尽量在一个类中进行实现，使得类不需要了解更多的信息，就能完成该项工作，也就降低了类与类之间的耦合程度，遵守了单一职责的原则。

对于大多数的设计原则的应用，有时也存在一些例外，在设计中，由于某些原因，应避免对设计原则进行直接僵化的应用。即使是上面描述的例子，在某种情况下也可考虑不使用好的设计原则，这要根据具体情况具体对待。比如，若管理类是某个软件包中唯一的一个类，其主要职责就是实现各个软件包之间的通信。在这样的情况下，通过项目管理类将项目任务的引用传递给用户界面也许是合理的。当然，这里项目管理类是否应该对项目任务对象进行直接的操作还是值得进一步商榷的。

上面讨论的设计方案是要针对具体情况具体分析的，这里再给出一个例外情况，讨论一个具体的多米诺接龙游戏：一个多米诺牌可由一个对应的类来描述，其通过两个实例变量（左值和右值，分别表示该牌的两个牌面，如图 7.12、图 7.13 所示。

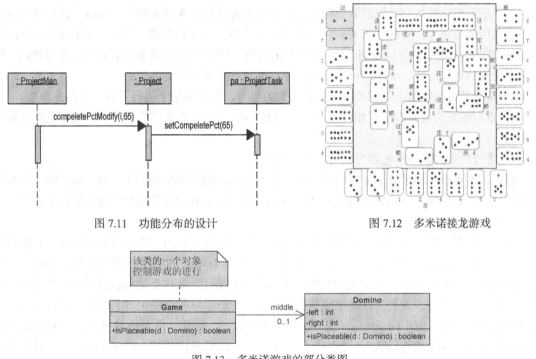

图 7.11　功能分布的设计　　　　　　　图 7.12　多米诺接龙游戏

图 7.13　多米诺游戏的部分类图

进一步，存在一个游戏控制类 "Game"，其中多米诺牌类型的实例变量 middle 用来记录当前可以连接的左、右牌值。也就是说，牌位 middle 含有当前已出牌的左侧和右侧的值。一种可能实现是出牌时向 Game 对象传递该骨牌对象并判断是否此牌可以在首或尾放置。对应的 Java 实现如下所示：

```
public boolean isPlaceable(Domino d){ // in Game
    return d.getLeft() == middle.getRight() || d.getRight() == middle.getLeft();
}
```

这种方法之所以不好，是因为 Game 类型的对象需要深入到多米诺牌对象的内部，以获得其需要的核心信息。更干净的一种实现方法是由牌对象本身进行验证是否另外一个牌对象可以放置在其旁边。

```
public boolean isPlaceable(Domino d){ // in Game Class
return middle.isPlaceable(d);
}
public boolean isPlaceable(Domino d){ // in Domino Class
return left == d.right || right == d.left;
}
```

对多米诺牌的上述实现，能够避免在 Game 类或其他的使用类中对放置位置的判断被重复实现多次。

上面代码中，类 Game 的 isPlaceable()函数通过对 Domino 类的 isPlaceable()函数调用完成，对于具体问题的处理，这种方法嵌套的方式其实也应该尽量避免使用。一个具有面向对象特点的程序设计方式可以考虑使用方法的多态特性。

多态的基本思想是仔细衡量每个变量，在保证业务成功执行的前提下，尽量保持最小可能的类型定义。多态性在结构上其实就是形成类的继承层次，如类 B 从类 A 继承，类 C 从类 B 继承，在对具体变量进行使用时，根据需要将某个变量定义为根类型 A 就足够了。这时，此变量对应的实际类型可能为类 C，按照类型 A 使用，则只有 A 中的方法是可用的，当然，A 中方法的具体行为是可以在 C 中重写的（overriding），在重写的过程中需要注意不能违背了 liskov 替换原则，即在父类出现的任何地方，子类都可以无条件地替换。重写的具体要求有：

● 重写的方法本质上与父类方法具有相似的行为，但在细节上进行了有针对性的调整。

● 重写的方法与原方法在相同的条件作用下工作，子类的方法不应具有比其父类更严格的条件限制。

● 重写的方法最高不能超出父类方法的状态。

根据以上要求，如果一个方法的输入范围是 1～10，返回的结果范围为 40～60，则一个对其进行重写的方法的输入范围需要包含原输入区间，如-10～10；结果输出区间应是原输出区间的子集，如 43～55。

接口的使用，能够更容易地说明以上思想的实现，如图 7.14 中的接口 GeoObject，此接口衍生出 3 个具体类的实现，每个类对于接口中的方法具有不同的算法解释和实现。Point 类和 Rectangle 类中的构造方法，其中的参数使用了默认值的描述。在该类的构造过程中，可以不具体指定相关参数的内容，该类会自动按照其默认值进行构造。与在 C++中方法的声明部分可以直接指定构造函数的默认值不同，Java 中是不允许这种方式的。因此，在 Java 中或者把 3 种构造情况都写出来（对应 3 个构造函数），或者使用 Java 版本 5 以后提供的可变长列表的类型。对应的实现结果如下面的代码片段所示：

```
public class Point {
private int x = 0; //默认值
private int y = 0; //默认值
public Point(int x){
    if(x.length > 0)
        this.x = x[0];
    if(x.1length > 1)
        this.y = x[1];
}
public static void main(String[] s){ // for Testing
    Point p1=new Point();
    Point p2=new Point(4);
    Point p3=new Point(5,42);
```

```
       }
     }
```

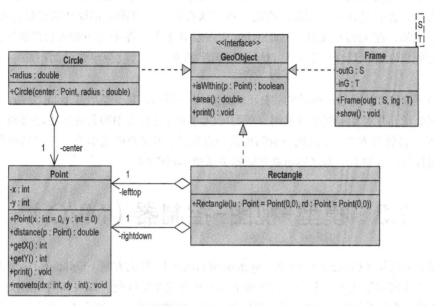

图 7.14   通过接口实现动态的多态特性

下面的代码片段对图 7.14 中与接口 GeoObject 相关的类创建了对应的对象，主要关注它们的重要属性内容。

```
package chapter07_DynamicPolymorphism;
public class Main {
    public static void main(String[] args) {
        Rectangle r1=new Rectangle(new Point(6,16),new Point(27,3));
        Rectangle r2=new Rectangle(new Point(12,13),new Point(19.5));
        Circle k1=new Circle(new Point(15,9),8,);
        Circle k2=new Circle(new Point(15,9),4,);
        GeoObjekt[] g={r1,k1,r2,k2,
            new Frame<Rectangle,Rectangle>(r1,r2),
            new Frame<Rectangle,Circle>(r1,k2),
            new Frame<Circle,Rectangle>(k1,r2),
            new Frame<Circle,Circle>(k1,k2)};
        for(GeoObject obj:g)
            System.out.println(obj.getClass() + "\t: " + obj.area());
    }
}
```

运行时的多态机制，使得对对象变量的某种方法的调用是动态的，并与该对象实际类型中对应的方法进行绑定，也就是说运行时实际执行的方法是该对象实际类型中的方法。

如果已经存在某个可用的类，但是该类不具有所有需要的功能，为了达到需求，需要对该类进行功能的补充，这也涉及到对现有类的重构。一般有两种方法可以作为调整类设计的合理参考。

第一种方式是借助继承的方式。从已有的类继承新类，在新类补充新功能的方法，并与父类提供的方法一起完成所有需要的功能。这种方式适合已有的类是自己开发完成的，或者是基于一个框架系统（见第 8 章）的开发。这种方式的正确实现需要注意一些特别的条件要求，如对父类的修改可能会对子类造成很大的负面影响：一个开发人员可能无意中修改了父类中的某个方法的名字，这时子类并不知晓，就会造成子类中本来要重写的方法作为一个新方法加入进来。另一方面，尤其是在具有较深深度的继承层次存在时，可能会错误地将已经存在的方法进行了重写。比如，在 Java 的 GUI 类库 Swing 中继承某个类，在子类中加入自己的方法 getX()，这时很有可能已在继承层次的某处具有了相同名字的方法，这就会导致界面布局一团糟而无法使用。

第二种可选的方法是通过所谓的委托（Delegation）进行，其基本形式是新类具有一个已有类类型的实例变量，并对其实例进行引用。新类可以对所有已有类中的公开方法进行调用（消息发送），由于是一种转发方式，所以执行时间可能会有延长，但是新的功能会非常容易地在新类中进行补充，而且与已有的上层类之间的紧密依赖关系也不再强烈。

7.3　模型-视图-控制器（MVC）

模式是表示周境（Context）、动机（System of Forces）、解决方案（Solution）3 个方面关系的一个规则，每个模式描述了一个在某种周境下不断重复发生的问题，以及该问题解决方案的核心所在。模式是一个经验提取的"准则"，并且在一次一次的实践中得到验证，在不同的层面上，模式提供不同层面的指导。根据处理问题的粒度不同，从高到低，模式分为 3 个层次：架构模式（Architectural Pattern）、设计模式（Design Pattern）和实现模式（Implementation Pattern）。

架构模式是模式中的最高层次，描述软件系统里的基本的结构组织或纲要，通常提供一组事先定义好的子系统，指定它们的责任，并给出把它们组织在一起的法则和指南，如 N-层架构、MVC 架构模式等。一个架构模式常常可以分解成很多个设计模式的联合使用。设计模式是模式中的第二层次，用来处理程序设计中反复出现的问题，如 GOF 总结的 23 个基本设计模式——工厂模式、观察者模式等。实现模式是最低，也是最具体的层次，处理具体到编程语言的问题，如类名、变量名、函数名的命名规则以及异常处理的规则等。

这里将着重介绍 MVC 架构模式，即 Model-View-Controller 模式，它能够很好地对设计的灵活性进行解释，后面的内容还将介绍几种比较重要的设计模式。

MVC 的核心思想是将数据本身与其修改的方式以及数据的展现形式进行分离。MVC 提供的模式，使得数据能够以各种不同的修改方式进行处理，而不影响对数据的管理和对外展现的形式。同时，系统中可以具有不同的数据展现方式，与其他组件是完全独立的。

图 7.15 描述了 MVC 模式主要由 3 部分的组件构成，分别是模型、视图和控制器，它们具体的内容和任务如下。

（1）模型（Model）：模型部分主要是对业务数据实际的组织与存储，通常也指类中含有的实例变量。模型知晓所有存在的展现视图，并在数据改变时通知它们更新各自的显示。

（2）视图（View）：视图用来向外界显示结果，但视图并不特指与外界信息交换的图形用户接口（窗口），因为也可以将数据传送给其他的第三方系统或类。我们经常将视图比作窗口，是由于对于初学者，这样比较好理解。比如，通过视图，可以将模型类中一个整型类型的成员变量通过不同的视图进行展示，展示的方式可以是将数字转换成文本的显示、通过使用一个饼状图或者柱状图的显示等。无论使用哪种视图，都需要事先将其在模型中登记，以便当模型发生改变时，能够通知到每个视图。

（3）控制器（Controller）：通过控制器，可以改变模型中的值。一个模型可与多个不同的控制器对应。每个控制器中必须具有对更改模型的一个引用。

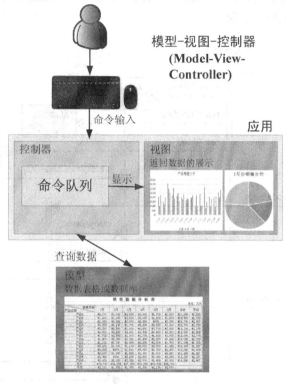

图 7.15 MVC 的构成

图 7.16 给出了 MVC 模式实现的一个结果。例子中的模型仅是一个简单类型的变量，为能够对该变量的值进行显示，上面的窗口作为一个视图用于以滑块的形式显示该变量的值。下方的窗口代表一个控制器，通过其中的两个按钮实现对模型中变量值的修改。

图 7.16 MVC 示例结果

对 MVC 的使用，是通过两个阶段进行的。第一阶段，与 MVC 模式相关的对象被创建并进行关联；第二阶段，实现对 MVC 结构的实际使用。在图 7.17 中的顺序图中，首先在第一个阶段创建模型类，然后可以创建任意多的控制器和视图，在此过程中必须要传递给模型类对它们的引用，以便在模型类中对它们进行注册和通知。此例中创建了一个控制对象，然后进行一个视图的创建，并随后在模型处进行了注册。

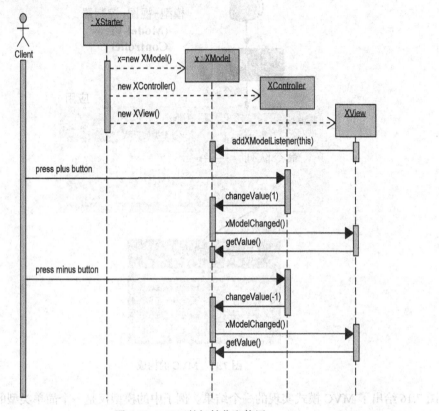

图 7.17　MVC 的初始化和使用

模型的修改从控制器开始，当然修改的来源可能多种多样，随后控制器将修改的需求发送给模型，然后模型将修改通知给所有事先注册的相关视图。这里有两种通知视图的基本方式：一是模型本身将修改的值在消息中直接传递，这种方式适用于较小数据量的修改信息；二是只通知相关视图修改的状态，然后由各个视图在合适的时机通过调用模型的访问方法获取实际模型的值，这种方式适合对大数据量的修改，而视图可能只关心某一小部分修改值的情况。

图 7.18 给出了一个适合 MVC 模式的类图。为了使得不同的视图能够在模型中进行注册，以便日后方便进行通知，所有的视图都需要实现一个统一的接口，通过此接口能够对所有注册的视图进行统一管理。一个模型类的实现代码可如下进行组织：

```
import java.util.*;
public class XModel{
private ArrayList<XModelListener>listener = new ArrayList<XModelListener> ();
private int modelvalue = 50;
//Management of Model Listeners.
public void addXModelListener(XModelListener x){
    listener.add(x);
```

```
}
//Notification to Listener
private void fireXModelChanged(){
    for(XModelListener x: listener)
        x.xModelChanged();
//Read from Model
public int getValue(){
    return modelvalue;
}
//Modification of Model
public void changeValue(int delta){
    modelvalue += delta;
    fireXModelChanged();
}
}
```

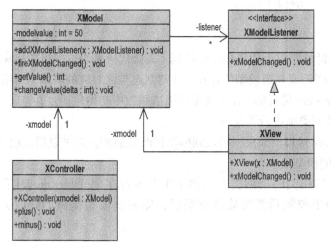
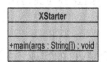

图 7.18　MVC 的类图

　　模型类含有的实例变量可以由两部分构成：第一部分是实现对已注册视图的管理，这里是通过一个 listener 类型的数组链表进行的；第二部分是实际的模型值，这里只是使用了一个数值类型的变量进行示意性的说明。对模型中含有的值来说，通常至少要提供其访问的方法，即 get 方法。然后是一个在模型中进行注册的方法 addXModelListener。如果要对模型值进行修改，可以在模型类中为控制器实现不同的更改方法，此例中提供了一个唯一的修改方法 changeValue()。如果模型值被修改了，就需要通知所有的注册视图，这是通过调用本地方法 fireXModelChanged() 实现的。为了能够使得模型和视图之间配合顺利，每个视图必须实现接口 XmodelListener。

```
public interface XModelListener {
public void xModelChanged();
}
```

相关的视图部分实现如下：

```
import javax.swing.*;
public class XView extends JFrame implements XModelListener{
private XModel xmodel;
```

```
private JLabel jlabel = new JLabel ("模型值: ");
private JSlider jslider = new JSlider(JSlider.HORIZONTAL,0,100,50);
public XView(XModel x){
        super("我是视图");
    xmodel = x;
    xmodel.addXModelListener(this);
    //Rest for display
    getContentPane().add(jlabel);
    getContentPane().add(jslider);
    setDefaultCloseOperation(EXIT_ON_CLOSE);
    setSize(250,60);
    setLocation(0,0);
    setVisible(true);
}
public void xModelChanged() {
    jslider.setValue(xmodel.getValue());
}
}
```

对于 MVC 的实现，主要借助的是以上阴影标注的代码，其余代码是 Java 图形包 Swing 中的一些辅助代码。实现中，每个视图需要知道模型的存在，并建立起与之对应的联系（引用）。例子中，这些信息是通过实例变量 xmodel 进行的，并在视图的构造函数中初始化。为了实现对修改的通知，接下来的步骤将视图在模型类中进行了注册。

视图必须实现 XModelListener 接口。如果视图接到模型修改的通知，它可以通过模型提供的访问方法 getValue()获取修改后的模型值。

每个控制器必须能够关联到相关的模型类上，例子中是通过实例变量 xmodel 存储的，并在构造函数中被初始化。如果控制器需要修改模型值，则通过模型提供的修改方法进行实现。

```
import java.awt.FlowLayout;
import java.awt.event.*;
import javax.swing.*;
public class XController extends JFrame{
private XModel xmodel;
public XController(XModel x){
super("我是控制器");
xmodel = x;
getContentPane().setLayout(new FlowLayout());
JButton plus = new JButton("+ Plus +");
getContentPane().add(plus);
plus.addActionListener(new ActionListener(){
public void actionPerformed(ActionEvent e){
    xmodel.changeValue(1);
    }});
JButton minus = new JButton ("- Minus -");
getContentPane().add(minus);
minus.addActionListener(new ActionListener(){
    public void actionPerformed(ActionEvent e){
        xmodel.changeValue(-1);
        }});
setDefaultCloseOperation(EXIT_ON_CLOSE);
```

```
    setSize(250.60);
    setLocation(0,90);
    setVisible(true);
    }
    }
```

模式能够提供一个一般性的解决方案,但本质上并不强求每种实际的解决方案是完全一样的。在模式的应用中,可以根据需要进行调整,加入一些必要的设计方案上的变化,从而更加适合业务场景的需要。对于 MVC 模式,同样也存在一些考虑,比如:

(1)如果确定只有一类视图对象在模型中注册,可以不提供接口 XModelListener 的使用。

(2)如果仅存在一个视图,使用 MVC 来对各模块进行组织也是好的设计习惯。在这种情况下,模型实例变量 listener 不再是一个集合,而是一个简单的对视图的引用。MVC 对各部分的划分,有助于厘清各部分的职责:模型的数据存储、控制器的控制以及视图的显示,从而为系统带来一个清晰的设计结构。

(3)有时某个控制元素,如按钮控件,也可以参与到输出的工作,如将结果输出为按钮的显示文本。这种情况下,控制器和视图就合二为一了。Java 的 GUI 库 Swing 中提供了所需的函数,如 JButton.setText()。

(4)对视图的管理可以不在模型中进行。经常会有这样的设计,即控制器负责所有视图的管理和模型值的修改通知,视图通过询问模型获取新的模型值。

7.4 设 计 模 式

四人组(Gang of Four)的一本书"设计模式:可复用的面向对象的设计基础"是一本较好地总结了基本的软件设计模式的书,可读性很强。设计模式提供了对相似的程序设计任务中经常出现的相同问题的解决方案。基于工程化的方法,能够保证这些相似任务被识别出来,然后通过对设计模式进行较小的调整,从而快速产生对问题有效的解决方案。设计模式提供了一种在设计层次上的重用机制,其特点是对解决方案的进一步抽象,一方面,模式针对的是抽象的设计思想的重用,而非代码的物理重用;另一方面,模式并不对具体问题提供完整的解决方案,而是提供方案的一种结构。

GoF 一书将 23 种设计模式总结为 3 类,分别是创建模式、结构模式和行为模式,它们的一览表总结见表 7.1。下面分别就 3 类模式中有代表性的若干模式进行具体介绍,分别是创建模式中的抽象工厂(Abstract Factory)模式和单例(Singleton)模式,结构模式中的适配器(Adapter)模式、门面(Facade)模式和代理者(Proxy)模式,行为模式中的观察者(Observer)模式、策略(Strategy)模式和状态(State)模式。

表 7.1　　　　　　　　　　　　　　　　　设计模式一览

		目的		
		创建模式	结构模式	行为模式
范围	类	Factory Method	Adapter	Interpreter
	对象			Template Method
		Abstract Factory	Adapter	Command

		目的		
		创建模式	结构模式	行为模式
范围	对象	Builder	Bridge	Observer
		Prototype	Composite	Visitor
		Singleton	Decorator	Memento
			Facade	Strategy
			Proxy	Mediator
			Flyweight	State
				Iterator
				Chain of Responsibility

7.4.1 抽象工厂模式

抽象工厂（Abstract Factory）模式的主要作用是实现了客户类在创建产品类时引入的耦合，如在对具体对象创建时使用的 new 操作，需要指定一个具体的产品类的名字，这样就在客户类和具体产品类之间引入了依赖关系，而这种依赖关系按照面向接口编程等原则是应该进行优化处理的。可是，产品的创建必须使用具体类的名字，如何让客户类中不直接出现具体产品类的信息呢？采用的方法就是将产品的创建过程从客户类中分离，通过使用一个类似系统服务的工厂类来解决这个问题。工厂类提供了一个创建一系列相关或相互依赖对象的接口，而客户类无需指定它们需要的具体产品类。

图 7.19 给出了抽象工厂模式的一种结构。在这个类图中，客户类对具体产品类没有直接的依赖关系，这是通过抽象工厂类进行了分离。另外，每个抽象工厂类提供了对不同系列产品的创建。图 7.20 是一个抽象工厂模式的具体应用，其中我们主要关注一个棋类游戏的包装盒对象，该包装盒中又含有棋盘和棋子两种产品对象。对于不同的棋类游戏（如中国象棋、跳棋或围棋等），包装盒应具有不同的大小和体积。为了减少包装盒对象与这些棋类对象间的耦合程度，设计中使用了棋盘接口（ChessBoard）和棋子接口（ChessPiece），同时利用一个抽象的棋类工厂（ChessFactory）来消除对这些棋类对象创建的耦合。

包装盒对象的部分代码如下：

```
public class PackBox{
private ChessFactory factory=null;
private ChessBoard board=null;
private ChessPiece piece=null;
public PackBox(ChessFactory cf){
    factory=cf;
    board=factory.getChessBoard();
    piece=factory.getChessPiece();
}
……
public int computeVolume(){
    return board.getArea()*piece.getHeight();
}
……
}
```

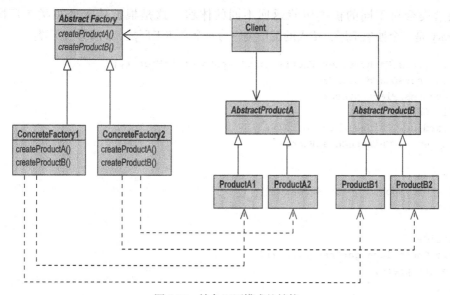

图 7.19 抽象工厂模式的结构

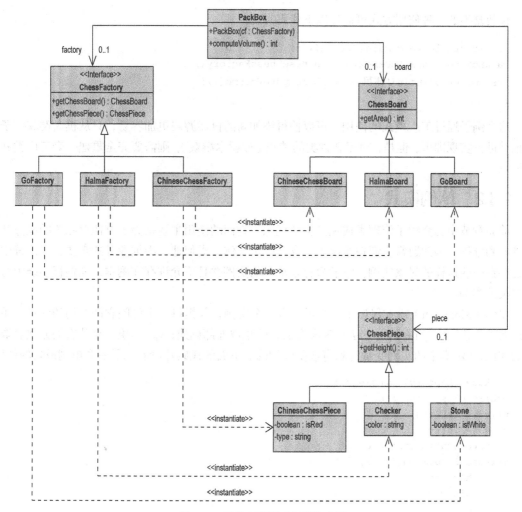

图 7.20 抽象工厂模式的具体应用

包装盒类会对不同的棋类游戏返回不同的体积，这是根据传入的棋类工厂决定的，ChessFactory 是一个抽象工厂，传入的工厂类应为一个具体工厂类，如象棋工厂类。

```
public class ChineseChessFactory implements ChessFactory{
ChineseChessBoard board;
ChineseChessPiece piece;
public ChineseChessFactory(){
    board=new ChineseChessBoard();
    piece=new ChineseChessPiece();
}
@Override
public ChessBoard getChessBoard(){
    return board;
}
@Override
public ChessPiece getChessPiece(){
    return piece;
}
}
```

包装盒类的一种使用方式可通过以下代码实现：

```
public static void main(String[] s){
PackBox pb = new PackBox(new ChineseChessFactory());
System.out.println("体积: " + pb.computeVolume());
}
```

这个例子通过工厂模式的使用，可以使得添加新的棋类游戏更加容易，只从棋盘类和棋子类继承并进行实现即可；但是，对于新种类的游戏（如积木游戏），则需要完全重建一套工厂类和产品体系。

7.4.2　单例模式

前面章节中已介绍了管理类或控制类的概念，它们的使用主要是为了方便对相关的业务类进行管理和维护，因此通常它们在系统中只存在一个实例。类似地，根据业务的需要，在系统中可能还存在一些这样的对象实例，它们只存在单一的实例并且不允许存在副本，如银行系统中每个账户类的实例。

单例（Singleton）模式保证了一个类仅有一个实例，并提供一个访问它的全局访问点。单例模式要求：① 类的所有构造方法都为私有的，防止被外部创建；② 提供一个公有的方法获取该类的实例；③ 类中的实例变量为私有或受保护的。下面的代码片段展示了一个单例模式的使用：

```
package Chapter07_Singleton;
public class Singleton{
private int x=0;
private int y=0;
private static Singleton pt = null;
private Singleton(int x, int y){
    this.x=x;
    this.y=y;
}
```

```
public static Singleton getPoint(){
    if (pt == null)
        pt = new Singleton(5,39);
    return pt;
}
@Qverride
public Singleton clone(){ //不允许自我复制
    return this;
}
public void output(){
    System.out.print("["+x+", "+y+"]");
}
public void move(int dx, int dy){
    x+=dx;
    y+=dy;
}
}
```

该单例模式的类的实现如下：

```
package Chapter07_Singleton;
public class Main {
public static void main(String[] s){
    Singleton pl=Singleton.getPoint();
    Singleton p2=Singleton.getPoint();
    //Singleton sing=new Singleton(); 该使用被禁用
    p1.output(); p2.output();
    if(pl == p2)
        System.out.println("\n same");
    p1.move(3,5);
    p1.output(); p2.output();
    Singleton p3 = pl.clone();
    if(p2 == p3)
        System.out.println("\n same");
}
}
```

请读者验证以上代码的输出，并体会单例模式的作用。

7.4.3　适配器模式

适配器（Adapter）模式把一个类的接口变换成客户类期待的另一种接口，从而使原本因接口原因不匹配而无法一起工作的两个类能够一起工作。适配器一般有两种工作方式：一种是通过委托的方式；另一种是通过继承（接口实现）的方式。无论哪一种方式，适配器都可以充当被适配对象参与与客户类的交互，并可以对基本的适配功能做进一步的扩展，而这个功能扩展的作用又可以通过另外的"装饰模式"进一步描述。有关装饰模式，请读者参考 GoF 一书。

适配器模式的结构如图 7.21 所示。上面的子图是通过接口实现的方式进行的适配，而下面的子图是通过委托的方式，并加入了详细的代码注释和说明。

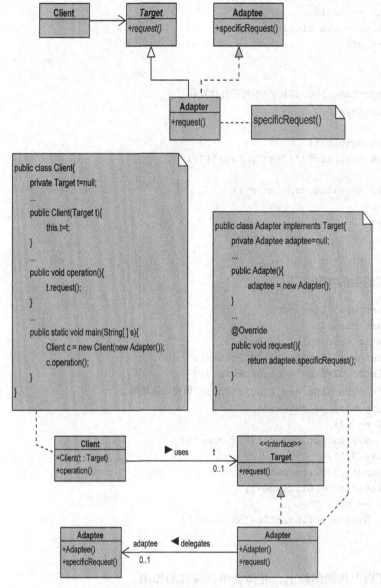

图 7.21　适配器模式的结构

7.4.4　门面模式

门面（Facade）模式要求外部与一个子系统的通信必须通过一个统一的门面对象进行。门面模式提供了一个高层次的接口，使得子系统更易于使用。另外，每个子系统一般只要求具有一个门面类，而且此门面类只有一个实例。也就是说，它是一个单例模式。这时的门面类作用相当于前面介绍的适配器，负责对外部请求的转发，并且可以在此基础上进行功能的扩充，如对传递进来的参数的验证等。整个系统可以有多个门面类。门面类的作用如图 7.22 所示。

更常见的做法是系统并不提供一个门面类，而是提供一个或多个门面接口。这对于系统内部的开发者来说是非常实用的，他们可以较为自由地实现内部功能，只要保证它们的行为具有门面接口中约定的行为即可。在大型的软件开发中，我们可以事先将各个子系统的外部行为确定下来，即门面接口，然后按照上述方法逐渐完善内部设计和开发，这种方法被称为"基于契约的设计（Design by Contract）"。

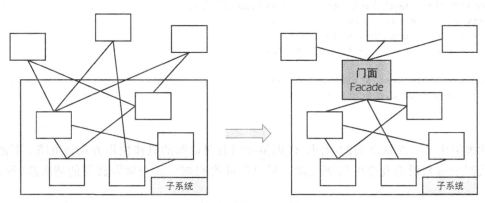

图 7.22　门面类的作用

同时，我们也注意到，门面类中集成了子系统中不同的内部功能，这是否违反了单一职责的设计原则呢？门面类虽然具有多种功能，但它每次为外部提供服务时一般只涉及其中一类功能，几乎不会做各种功能的联合使用，也就是这些功能多独立变化，不会形成组合在一起形成的多个变化点，因此本质上并不违反单一职责原则的精神。由此可见，面向对象的设计不能生搬硬套，应视具体情况做具体分析。

7.4.5　代理模式

代理（Proxy）模式一般用于对有价值（稀缺）资源的管理，如数据库的连接等，目的就是为了提高这些资源的利用率或者系统性能。它给这些资源对象提供一个代理对象，并由代理对象控制对资源对象的使用，起到中介的作用。代理对象的存在使得客户类分辨不出代理对象与真实的资源对象。代理模式的结构如图 7.23 所示。

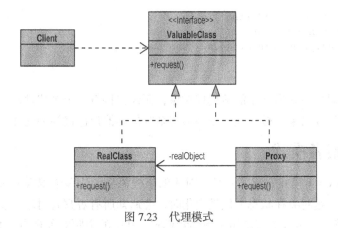

图 7.23　代理模式

代理模式的实现可使用下面的代码片段进行说明：

```
public interface ValuableClass{
public int request(String details);
}
```

对于类 RealClass，这里只是提供了一个简单的示意，我们假定它含有某个对外部系统的连接，并通过该连接实现某些资源的请求。

```
public class RealClass implements ValuableClass{
private Connection conn;
public RealClass(String conndata){
    conn = new Connection(conndata);
}
public int request(String details){
    return conn.execute(details);
}
}
```

代理类中持有对资源类的引用，代理类控制着对资源的具体使用方式和策略。下面的说明性代码中虽然没有复杂的资源控制，但也能够说明如何实现对资源类的请求进行控制和转发。

```
public class Proxy implements ValuableClass{
private static RealClass realObject;
public Proxy(){
    if(realObject == null)
        realObject = new RealClass("ConnectionString");
}
public int request(String details){
    return realObject.request(details); //这里可以加入对资源使用的控制
}
}
```

客户类的代码可以按照如下方式实现对代理类的使用。

```
public class Client{
public int proxyUse(String s){
    ValuableClass v = new Proxy();
    return v.request(s);
}
public static void main(String[] s){
    Clinet n = new Client();
    System.out.println(n.proxyUse("whatever"));
}
}
```

代理模式也可以并不知道真正的被代理对象，而仅仅持有一个被代理对象的接口，这时代理对象不能够创建被代理对象，被代理对象必须有系统的其他角色代为创建并传入。

7.4.6 观察者模式

观察者（Observer）模式定义了一种一对多的依赖关系，让多个观察者对象同时监听某一个主题对象；当这个主题对象在状态上发生变化时，会通知所有观察者对象，使它们能够自动更新自己。MVC 架构模式在实现上就使用了观察者模式，其中的主题对象相当于 MVC 中的模型，观察者对象相当于 MVC 中的视图。

图 7.24 给出了观察者模式的结构和部分代码说明，每个观察者对象为了得到主题对象的及时通知，需要事先在主题对象中进行订阅，并且在不需要时进行退订。每个具体的观察者需要实现自己的更新方法 update()。

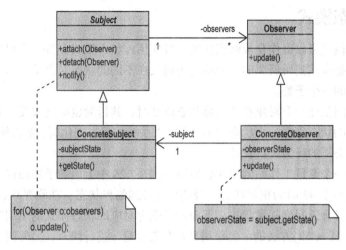

图 7.24　观察者模式

7.4.7　策略模式

工程实践中经常会求解针对复杂问题的解决方案，而这些方案经常使用某种算法进行描述，而且同一问题在不同的情况下可能会采用不同的算法，如排序问题就有冒泡排序、快速排序、合并排序等，它们有着各自不同的特点，应用于不同的需求中。策略（Strategy）模式针对一组算法，将每一种算法封装到具有共同接口的独立的类中，从而使得它们可以相互替换。策略模式的好处是能够使得算法可以在不影响到客户端的情况下进行切换，而且将算法的行为和环境分开，环境类负责维持和查询行为类，各种算法在具体的策略类中提供。由于算法和环境是独立开的，所以算法的增减、修改都不会影响到环境和客户端。图 7.25 给出了对策略模式的描述和代码说明。

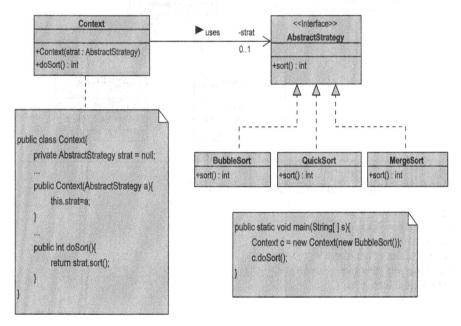

图 7.25　策略模式

7.4.8 状态模式

状态（State）模式可以看作是策略模式的一种应用。状态模式允许一个对象在其内部状态改变时改变行为。状态模式把所研究的对象的行为包装在不同的状态对象里，每一个状态对象都属于一个抽象状态类的一个子类。

状态模式的意图是让一个对象在其内部状态改变时，其行为也随之改变。状态模式需要对每一个系统可能取得的状态创建一个状态类的子类。当系统的状态变化时，系统便改变所选的子类，从而对类在不同状态下的行为进行管理。

下面的例子是一个测量工作站的工作状态描述。图 7.26 中上面的子图描述了该工作站的状态图，其中当 x 的值小于 42 时为正常状态，否则会过渡到临界状态；在临界状态下如果 x 回到 22 及以下，该工作站又会返回到正常状态。下面的子图为对应的状态模式的应用结构，这里存在一个抽象类"状态"，其 setX() 方法的主要作用是对状态变量 x 进行修改，另外两个具体的状态分别对应正常状态和临界状态的实现。该系统对应的代码如下所示：

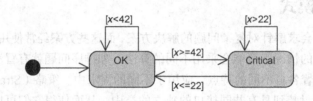

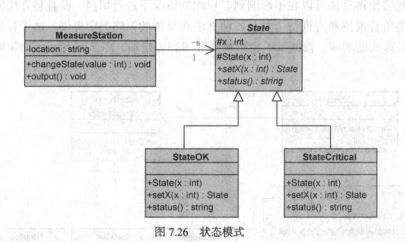

图 7.26　状态模式

首先是抽象类"状态"、具体状态类"正常"和"临界"：

```
package chapter07_State;
public abstract class State{
protected int x;
public abstract State setX(int x);
public abstract String status();
protected State(int x){
    this.x=x;
}
}
```

```java
package chapter07_State;
public class StateOK extends State{
public StateOK(int x){
    super(x);
}
@Override
public State setX(int x){
    this.x=x;
    if(x>=42) return new StateCritical(x);
    return this;
}
@Override
public String status(){
    return "ok";
}
}
```

```java
package chapter07_State;
public class StateCritical extends State{
public StateCritical(int x){
    super(x);
}
@Override
public State setX(int x){
    this.x=x;
    if(x<=22) return new StateOK(x);
    return this;
}
@Override
public String status(){
    return "critical";
}
}
```

一个简化的测量站对应的代码实现如下所示:

```java
package chapter07_State;
public class MeasureStation{
private String location = "DL";
private State s = new StateOK(0);
public void changeState (int value){
    s = s.setX(value);
}
public void output (){
    System.out.println(location + " State: " + s.status());
}
}
```

使用过程如下所示:

```java
package chapter07_State;
public class Main {
public static void main(String[] args) {
    MeasureStation m = new MeasureStation();
    int[] values={18,42,38,20,45};
    for(int i:values){
```

```
            m.changeState(i);
            m.output():
    }
}
```

在学习本章内容的过程中，建议各位读者不仅要从理论上理解每个模式的原理，为了加深印象，为每个模式对应写出一个小的示例性的代码实现也是很有必要的。另外，除了推荐的 GoF 的设计模式之书籍外，其他一些含有对设计模式介绍的参考文献也是非常有帮助的，如《敏捷软件开发：原则、模式与实践》等书籍。

习　　题

1. 以下类图的设计使用了观察者设计模式，每个券商（Broker）关注的是股票的价格，它们可以将感兴趣的股票设定为自选股，并通过方法 newStock 购买指定的股票。

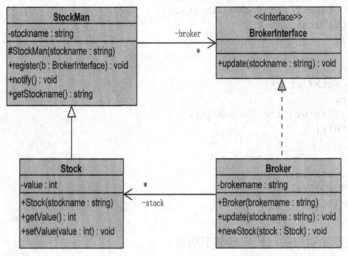

如果股票的价格发生了变化，所有选定该股票为自选股的券商将会得到通知，包括该股票的名字，这里假定每支股票有唯一的名字。使用 Java 语言对该类图进行实现，要求券商得到股价改变的通知后输出该券商的名字、股票的名字以及股票的最新价格。请将该系统的界面设计为如下形式：

2. 下图是合成（Composite）模式的结构图。合成模式把部分与整体关系用树结构进行表示，使得用户对单对象和组合对象的使用具有一致性。

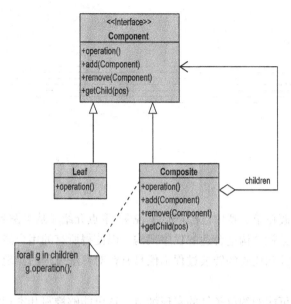

请给出一个合成模式的具体应用，并使用 Java 语言（或其他面向对象语言）进行实现。

3. 熟悉和掌握表 7.1 中给出的其他设计模式。

第8章
实现

从类图到代码的过渡在第 5 章中已经进行了说明,重点介绍了从类图到程序架构的产生过程。实现阶段的一个首要任务就是构造合适的程序架构,以使得所有的用户需求能够在未来的系统中得到满足和体现。从设计到代码的转换过程不仅具有针对算法过程的实现,同时还要考虑到每个具体项目的约束条件。

本章不去讨论每种可能的约束条件的实现细节,这可能够撰写几本相关的专业书籍了,这里首先重点关注那些与实现相关的关键技术以及需要注意的问题。需要强调的是,一些边界条件和约束可能会对整个项目的成败起到决定性的作用,如选用的某种技术或者程序设计语言等。

除了边界及约束条件,软件实现中还存在一些决策需要在项目进行的过程中抉择,如在实际的应用中对数据管理方式的不同选择,就会带来不同的实现策略和方法。对数据进行持久化的不同方案将同样在本章中进行介绍,包括一种对半结构化数据进行描述的 XML 及其相关概念。

本章还要介绍软件函数库、构件以及框架的概念,它们使得程序代码可以被进一步抽象,进而与具体的编程语言尽可能分离。另外,领域特定语言(Domain Specific Language)和模型驱动架构(Model Driven Architecture)的相关内容在本章中也有相应的说明。

本章的最后还介绍了对软件进行重构的方法(Refactoring)。重构是对已经能够运行的程序代码进行进一步的调整和优化,以提高其可读性和可重用性。

8.1 非功能性需求的实现

需求分析的章节中已经提到,非功能性需求对于项目的成功具有重要的作用。如果项目中忘记了某项非功能性的需求实现,将令客户非常懊恼,如新开发的系统最终不能在合同约定的硬件平台上运行将会是一个很严重的问题。由于非功能性需求涉及的范围广且类型不尽相同,因此需要在设计和实现中根据具体的要求区别对待。下面举例说明几种非功能性需求及其对实现的影响。

1. 硬件方面的需求

项目在开始阶段一般是通过一个原型系统的开发实现对系统的模拟,用以获取用户需求和消除沟通上的壁垒,从而释放开发风险。原型系统一般不太注重性能上的表现,但性能表现一般是用户最看重的非功能性需求,而提高系统性能最直接的因素就是硬件资源。对于硬件资源的需求,要根据项目的实际情况进行选择,如果系统经常处理单一的数据记录,通过图形界面对输入或输出进行简单的格式或合法性校验,则硬件的计算能力和基础构架就显得不是太重要;

但是在复杂计算的需求下，如对海量数据的分析或者数据的实时处理，则需要在开发中更加重视性能的表现。

另外，在没有使用任何专门的软件库的地方要在开发过程中关注系统运行时间和存储优化的重要性，尽量降低程序中对资源浪费的可能性，否则会显著提高开发的成本。从实现的方面可以引入一些性能度量的工具，以对系统运行剖面进行分析，如利用工具对语句的执行频率进行测量，并确定系统的瓶颈。

2. 质量方面的需求

对于某些应用来说，可能关乎人员的财产和生命安全，这就要非常注意软件的质量，即系统的正确性。质量涉及整个软件开发过程，包括一系列对于质量保证相关活动的应用和组织，这将在第 10 章中具体介绍。

质量的需求在不同的应用领域对于系统的实现具有不同的影响。除了可测试性的要求，也可能对程序的结构提出限制，如在一些要求比较严格的应用中可能不允许动态地对内存区域进行分配。为了满足不使用动态数据结构的要求，如链表或递归程序的使用，需要在实现的开始阶段就要确定出每项功能需要的存储空间大小，从而估算出最大的存储要求，以避免存储空间的溢出。

3. 安全方面的要求

如果需要处理个人隐私数据以及其他安全方面的敏感信息，就需要特别关注数据的保护措施。当信息通过不安全的外部通道（如 Internet）进行传输，尤其要注意数据的安全性。采取的方法可以借助数据的软件加密或者硬件加密机制，但这些手段都会不同程度地降低程序的运行效率。如果能够利用分布式计算等相关技术充分利用网络提供分布的信息加密与压缩服务，则可以在一定程度上减少附加的运行时间。

将各种需要的安全措施转换到系统的实现中可能需要引入一些特殊的硬件（如指纹识别器等）或者在管理方面引入必要的配合措施，如需要对所有计算机房间进行监控。

8.2　分布式系统

典型的程序设计往往都是集中式的程序流程控制方式，虽然涉及新对象的创建或者对各种方法的调用，但通常程序中都存在唯一的控制点，决定了下一步实现什么以及对其他方法的调用。

分布系统中存在多个这样的控制点，因为有多个子程序需要同时工作。例如，分布式操作系统的进程，它们能够对不同的硬件单元进行控制和管理。系统将任务划分为多个进程分别处理，这些进程之间多相互独立，较少进行信息的交换。

进程间信息交换的方式和规则是计算机领域中一个较复杂的问题，解决的方案与很多其他的条件要求密切相关。比如，数据库领域中使用了事务的概念来描述一组逻辑密切的操作，保证其执行不会对其他事务产生副作用。银行账号间的转账操作，通过事务的使用保证在任何情况下数据的一致性，即扣款和入账的同时成功，或者如果失败后全部回到扣款前的状态，进而保证事务的特性[①]之一———原子性。

[①]事务具有 ACID 特性，即原子性、一致性、隔离性和持久性。

理论上，我们将这样的要求称为关键区域，其限定了一个不能被其他进程中断的操作范围。比如，存在两个进程对全局变量 X 进行使用，每次使用对 X 增加一，就会出现下面的情况：如果计算过程没有原子性，两个进程对 X 的访问实际上都要先获取 X 的值并在本地副本中进行保存然后加一，最后再回写全局的 X。由于对副本的操作在两个独立的进程中进行，所以就会造成先写回的值会被后写回进程的值所覆盖，即变量 X 只被增加了一次。

进程间的通信也存在多种不同的形式，一些形式也可能只被某些编程语言所支持。例如，一种简单的开发方式是通过所谓的远程过程调用（RMI）协议实现分布进程的通信，通过一个对开发者透明的控制进程来实现对远程系统中方法的调用，此过程可以按照上一章中介绍的 proxy 模式进行设计和实现。从开发的角度看，首先这是一个同构的系统，由于存在着网络间的调用，效率上有一定程度的折扣。另外，我们还可以思考如何在实现的层面上进行远程对象调用的管理，这里存在两类方式：一种方式是每个对象只在其原始被创建的进程中进行管理，所以对此进程中这个对象的方法调用都需要进行转发；另外一种方式是将对象及其副本在不同的网络结点上分布，这样对该对象的调用都是本地调用，副本间的同步由副本本身负责。

当发生跨越进程边界的功能调用时，通常存在两种基本的调用形式：同步调用和异步调用。

（1）同步调用是指消息发送者处于等待状态，直到接收者准备好提供服务，然后接收者执行需要的计算，发送者仍然等待，直到获得接收者返回的结果。对于接收者来说，它需要保持等待状态，直到某个服务请求到达。

（2）异步调用中，发送者将请求信息发给接收者，然后自己不中断地继续后续工作，并在某个时刻（如空闲）检查请求的服务结果是否已经返回。对方的接收者接收到请求后会将信息进行处理，并将结果放置在一个缓存的空间进行管理。如果没有任何服务请求，接收方通常处于等待状态。

同步调用具有的最大优点是所有的进程相互了解各自在通信过程中所处的状态，缺点是需要实现相对复杂的同步通信。由于发送方和接收方需要相互等待，所以会使两个进程在总体上的执行速度变慢。

图 8.1 描述了一种典型的分布系统中存在的问题，尤其是在同步调用的过程中可能更容易出现，即死锁的现象。图中，进程 A 请求 B 的服务，同时进程 B 也正在请求 A 的服务。在同步调用中，会出现两个进程相互等待的情况，这就导致了死锁的产生。

异步调用的执行速度通常比较快，因为发送方和接收方可以互相独立地工作。异步调用容易出问题的地方是当缓冲区满的情况，这时整个系统运行变慢或者信息可能发生丢失。另外一个问题如图 8.2 所示。从图 8.2 中能够清晰看出发送方和接收方以及它们的进程彼此调用的顺序。图 8.2（a）中，进程 B 假设进程 C 的调用先于进程 A 的调用，但实际上并不一定是这样的。在下面的子图 8.2（b）中，进程 A 假设其调用 C 的方法早于来自 C 的调用请求被处理之前完成，而在进程 C 中则假设其调用 A 的方法早于来自 A 的调用请求被处理之前完成，我们将两种执行流程称为进程的竞争。

除了死锁问题，在分布系统中可能还存在活锁问题。活锁问题是指两个处于活动状态的进程都在执行新的指令并更新自己的状态，但系统总体上的状态和进度并没有前进。这好比两个人在一个狭窄的走廊里相遇，两个人都同时礼貌地回避让对方先行，但每个人仍处于原地，两人步调一致地反复进行下去，但谁都没有能够前行。这就是活锁的例子，又被称为饿死（starvation）的情况。

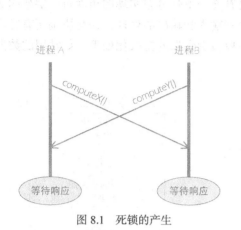

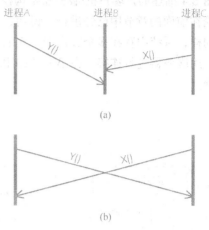

图 8.1　死锁的产生　　　　　图 8.2　进程竞争

相互竞争的进程如果都满足对某一关键资源的占有条件，采用排队机制的先来先服务原则相对最公平，但有时会导致某一进程占用一种资源的时间过长，致使出现其他资源长期闲置的现象。适当地将资源释放并分配给那些等待时间长、占时少，而重要的进程，这样则更为公平。因此，对于进程的执行一个更具体的问题是进程的调度问题。在操作系统中，我们一般采用进程优先级的方式来解决此问题，即具有高优先级的进程具有被选中并执行的优势，而且优先级一般是动态设定的，随着进程等待时间的延长，进程的优先级也要进行一定的调整（增加）。如果优先级设置不当，就会造成某些进程永远处于阻塞状态而产生死等。死等是不公平调度引起的。解决的办法是改变某些进程优先级的设定算法，在公平性和合理性上做出折中。

除了对分布系统中进程执行的细节控制外，还需要明确哪些任务由哪些进程负责完成，这对于在不同计算机上分布的多进程的系统或软件尤其重要。一个设计不佳的进程方案中可能会存在某个中心进程，当某些进程依赖此中心进程的计算结果时，就可能使得这些进程无法继续执行，即并发性不强。

比如，在传统的客户机/服务器系统中，其进程分布的结构一般是存在一个中央协调者（服务器进程）与多个在不同计算机上分布的程序（客户端）进行通信。在这样的进程结构中，中央服务器的选择通常要具有较强的计算能力，以便不会给客户端带来处理上的瓶颈；同时，还要对业务逻辑功能部署的位置做好规划，如哪些放置在客户端，哪些放置在服务器端。

图 8.3 中描述了两种可能的选择，在左边的"瘦客户端"的方案中，所有的复杂业务计算都在服务器上实现，客户端只负责数据的输入和输出，即与用户的交互。这种方式的优点是客户端的功能负载不大，因为只有简单的输入和输出处理。还有一个好处是开发者对于服务器端的应用具有最大控制权，能够确定哪些功能以何种方式被执行。另外，客户端可以很容易地进行替换，因为它们不负责主要的业务功能实现。这种部署的缺点是会带来服务器和网络的高负载，因为每一次客户端与服务器的交互，都需要服务器端参与计算和控制。

潜在的网络负载是产生另外一种方案"胖客户"的主要因素。客户端的功能除了基本的输入和输出外，还将一些业务逻辑功能放置在本地，这减轻了服务器的负担，不再需要服务器具有很强的计算能力。由于业务功能的本地化，客户端可首先尝试在本地进行计算，只有需要时，才与服务器进行通信，这样网络负载也得以降低。

图 8.4 描述的是客户机/服务器架构模型的一种扩展模型，加入了第三个层次。对三层架构的讨论在前面的章节中已经进行了说明，这里只是补充一下从分布实现的角度对三层架构的理解。同样，系统中存在多个客户端，它们一般只负责输入和输出的处理，并与协调所有客户请求的应用服务器进行连接。在第三层的服务器端主要负责数据的持久化处理，如常用的数据库服务器。

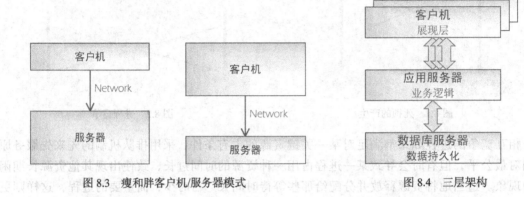

图 8.3 瘦和胖客户机/服务器模式　　　　　图 8.4 三层架构

这种方法的好处是应用服务器可以从业务的角度精确控制用户对数据库的访问，而客户端不能直接对数据库服务器进行交互，这就降低了服务器被攻击的可能，并提高了系统的安全性。另外，与数据库的连接数量也可以进行限定，尤其是对有一定数量限制的连接许可的系统很重要。

总之，三层架构实现了视图、业务和数据的分离，在提升系统的可维护性的同时，也为系统的分布提供了更好的选择，因此在实践中，尤其是在 Internet 应用中广泛应用。

8.3　XML

XML 是由 W3C 委员会定义的一种标准化语言，用来描述数据模型和数据。标准化使得对不同领域的数据按照统一的数据交换格式进行定义，可以将不同厂商开发的不同工具基于共同的数据模型更加容易地进行集成，基本原理是将每个领域的数据使用某种 XML 数据格式进行描述，不同领域的数据可自由进行 XML 格式的转换。本节着重介绍 XML 相关技术的原理。

```
<? xml version="1.0" encoding="utf-8" ?>
<team>
<Employee>
    <empno>42</empno>
    <name>Dirk Ohst</name>
    <deptno>40</deptno>
</Employee>
<Employee>
    <empno>46</empno>
    <name>Marc Moneck</name>
```

```
    <deptno>50</deptno>
</Employee>
</team>
```

以上代码片段描述了一个 XML 文档的层次结构，起始处是 XML 版本号以及语言编码的说明。每个 XML 元素包含一个开始标签 \<team\> 和一个对应的结束标签 \</team\>，其中可以嵌入其他 XML 元素和文本内容。在最外层的元素中存在唯一的元素，即根结点。在上例中根结点 team 之间嵌入了两个 Employee 结点，每个元素又由 3 个子结点构成。XML 结构的确切描述是由两种形式进行限定的：DTD（Data Type Definition）和 XSD（XML Schema Definition）。如果 XML 文档对其标准的 DTD 或 XSD 进行了说明并进行了约束，则称该文档为 well formed，它们指定了该 XML 文档的有效性，说明了文档中可以以什么形式出现哪些元素。

```
<project department="Development" contract="Fixedprice" >
<projectname>Storage Module</projectname>
<customer bankno="75566445" accountno="35634534" />
    <projectleader cost="1000" >
        <empno>49</empno>
        <name>Udo Kelter</name>
        <deptno>50</deptno>
    </projectleader>
</customer>
</project>
```

上述的例子中给出了 XML 元素另外一种信息描述的方式——属性。属性在元素的开始标签中按照如下格式进行定义：

```
<Name of attribute> = <Value>
```

Value 值的内容都要放置在双引号中，元素中包含的属性以及值的范围同样可以在 DTD 或 XSD 中进行限定。如果一个 XML 元素只有属性而没有任何子元素，则可以使用如下的简化描述方式，省略了其结束标签。

```
<project department="Development" contract="Fixedprice" />
```

XML 中的注释与 HTML 中的写法一样：

```
<!-- this is a comment -->
```

对于 XML 文档的存储和处理，目前已经出现了很多可用的软件包或系统，使得每种编程语言都具有了处理 XML 文档的能力。XML 的处理方式一般有两种：文档对象模型（DOM）或用于 XML 的简单 API（SAX）。DOM 是复杂对象处理的首选，如当 XML 比较复杂时，或者当需要随机处理文档中的数据时。SAX 则是以流的方式从文档的开始通过每一结点进行移动，以定位一个特定的结点。

DOM 为载入到内存的文档结点建立类型描述，表现为按照 XML 文档的层次组织的树结构。如果 XML 很冗长，DOM 就会显示出无法控制的扩展，占用巨大的内存资源。而 SAX 文档根本就没有被解析，它也不会有大量数据常驻内存空间中。因此，SAX 是一种"更轻巧的"XML 处理技术。

如何选择 SAX 或 DOM？如果处理涉及较为复杂的操作，如高级 XSLT 转换，或者 Xpath 过滤，建议使用 DOM 方式；如果需要建立或者更改 XML 文档，也建议选择 DOM。相反，可以使用 SAX 来查询或者阅读 XML 文档。SAX 可以快速扫描一个大型的 XML 文档，当它找到查询内容时就会立即停止，然后进行处理。在某些情况下，方案中最佳的选择是使用 DOM 和 SAX 分别处理不同的部分。例如，可以使用 DOM 将 XML 需要的部分载入到内存并改变它，然后通过从 DOM 树中发送一个 SAX 流而转移最后的结果。

8.4　程　序　库

有经验的 IT 工程师的一个首要能力是擅于在前人工作的基础上开展工作，而不是每次都重新探索已做的工作。这意味着应该多利用现有解决方案的知识积累，尽量缩短复杂而冗长的开发过程。

对于大多数经常出现的问题，我们可以将它们常见的解决方法通过库函数的形式提取出来作为一种公共资源共享。库函数可以是免费或者收费的，这与具体编程语言和产品相关。应该尽量选取那些使用者较多的函数库，因为它们的维护比较频繁和及时，存在的缺陷也会少些。对应用进行测试时，通常在假设函数库正确的基础上进行，并没有对库函数直接进行测试的必要。

C++的标准模板库（STL）和 Java 的类库是两个较为熟知的公共程序库，两个类库都提供给使用者某些可以直接使用的动态数据类型，如链表和集合，免去了独自进行实现的麻烦。当然，在实现上两者都具有各自的特点，如对于链表 List 类型，Java 的 List 能够直接以下标的形式访问第 i 个元素，而在 C++中则不可以，类似这样的不兼容性给使用两种语言的程序员带来了不便。

Java 的类库中存在大量的程序包，其中含有较为丰富和强大的功能供开发者使用，如经常使用的网络通信功能所在的程序包以及相对较少使用的针对音频数据以及三维对象的基本功能所在的软件包。对于开发者来说，首先必须要明确是否存在能够满足任务的相关类库，然后再学习其如何使用，只有对相关的类库做到深入的理解，才能认识到类库的不足在哪里，建立起一系列的开发动机来实现自己的解决方案。类库存在的不足可能包括以下几个方面：

（1）类库不够稳定。

（2）没有支持的保证。

（3）某个重要的子功能缺失或者不能简单地加入。

（4）较高的购买价格或维护费用。

（5）没有适合的商业使用许可。

所有的类库都提供给开发者相关的类以及它们含有的方法。在开发过程中，开发者根据需要自由地使用这些功能。Java 类库中，有些简短的、相似的命名可能会在编码过程中引入一些问题，这在使用中应引起注意，我们用下面的例子说明。考查类 java.awt.Graphics 以及其子类 java.awt.Graphics2D 中共同包含的以下方法：

（1）drawRect(int x, int y, int w, int h)：根据指定的点(x,y)以及宽度 w 和高度 h 绘制矩形。

（2）drawOval(int x, int y, int w, int h)：根据矩形绘制一个椭圆或圆，该矩形由与上述方法中类似的形式指定。

（3）drawString(String str, int x, int y)：输出某个字符串，其开始位置以及该字符串的基线由点(x,y)指定。

以上定义中，前两个方法的参数形式都是首先在前两个参数中指定 x 和 y 的坐标，第三个方法却不是这样，字符串参数先于点(x,y)被说明，而位置坐标却在后面。3 个函数具有相似的名字，但方法的参数风格却不尽相同。类似特性化的内容需要开发人员在编码过程中逐渐熟练和掌握。

8.5　组　　件

组件可以理解为一种特殊的对象。组件是对数据和方法的简单封装。使用组件可以实现拖放式编程、快速的属性处理以及真正的面向对象的设计。组件是对类库思想的进一步提升，不是仅提供单一类的功能，而是将某个子应用封装提供使用。组件可以对接口进行实现，从而提供实现了这些接口的一类对象。使用现成的组件开发应用程序时，组件一般可以工作在设计时态和运行时态两种模式下。

在设计时态下，组件显示在窗体编辑器下的一个窗体中。设计时态下组件的方法不能被调用，组件不能与最终用户直接进行交互操作，也不需要实现组件的全部功能。

在运行状态下，组件工作在一个已经实际运行的应用程序中。组件必须能够正确地将自身表示出来，它需要对方法的调用进行处理，并实现与其他组件之间有效地协同工作。

设计时态下所有组件在窗体中都是可见的，但在运行时态下不一定可见。如 Swing 中的 JTable、JLabel 等，在运行时态下就可以设置为不可见，但它们均完成了重要的功能。

8.5.1　组件的设计与使用

创建组件就是自行设计制作出新的组件。设计组件是一项繁重的工作。自行开发组件与使用组件进行可视化程序开发存在着极大的不同，要求程序员熟知原有的类库结构，精通面向对象程序设计。

设计组件是一项艰苦的工作。对于组件的开发者，组件是纯粹的代码。组件的开发一般不是可视化的开发过程，而是用 C++ 等工具严格编制代码的工作。实际上，创建新组件使我们回到传统开发工具的时代，虽然这是一个复杂的过程，但也是一种一劳永逸的途径。创建组件的最大意义在于封装重复的工作，其次是可以扩充现有组件的功能。

组件的使用是一个相对轻松的工作，除了可以使用组件提供的大量功能外，还可以对它们进行定制。组件的定制通常可以通过配置文件的形式进行，当然，经常通过一个提供的配置界面，能够通过交互的方式对组件中需要改动的属性进行指定。

一个组件的例子就是使用 Java 中 AWT 和 Swing 类来描述用户界面的各种构成的小单元，如按钮、文本框等。在 GUI 的集成开发环境中，这些小的组件都是可以配置的，如改变某个按钮的文本提示等，这些相关的属性通常都列于开发工具的某个属性窗口中。图 8.5 显示了开发环境 Netbeans 中的一个 GUI 设计界面的部分截图，当按钮组件被选中后，右下边部分是该按钮属性的配置列表。

组件的概念在本节中并没有给出准确的定义，原因是组件本身是一个较为宽泛的概念，其具体含义与开发的业务领域相关。在分布式的系统中，除了组件外，还可以通过其他方式对外界提供服务，如 Web Service 等。

图 8.5　Netbeans 中的组件

8.5.2　Java Bean 组件

Java 领域中存在具体的组件支持机制，即所谓的 Java Beans。Java Beans 是一种特殊的类，其在组织上要遵照一定的设计规则，以能够对其进行配置以及较容易地与所处环境连接，类似的还有微软的 ActiveX 等。组件与系统以及组件之间的通信一般是按照观察者模式的方式进行组织的。

在介绍 Java Beans 的具体使用方法前，这里先简短介绍一下其基本的设计和可能的应用方式。Java Beans 必须存在一个默认的构造函数，即无参数的构造函数。对于每个含有的实例变量，必须存在其简单的 get 方法和与其类型相符的 set 方法。

该类必须实现接口 Serializable，该接口没有任何函数。一般只能由那些需要对数据进行序列化的类来使用，这样的类通常要求其中的实例变量和类变量（静态变量）的类型也必须实现 Serialization 接口。

按照这些要求设计的一个 Java Bean，如果其具有图形化的描述能力，则可以直接在 GUI 设计中作为一个可视的组件进行使用。另外，Java 允许 Java Bean 以一种十分方便的方式对类的对象进行存储和载入。这里以一个图形系统中的 Point 类为例进行简单说明，此类的定义如下所示：

```
package chapter08_JavaBean;
public class Point implements Serializable{
private int x;
private int y;
public Point() {
    this.x=0;
    this.y=0;
    }
public Point(int x, int y){
    this.x=x;
    this.y=y;
    }
public int getX() {
```

```
        return x;
    }
    public void setX(int x){
        this.x=x;
    }
    public int getY() {
        return y;
    }
    public void setY(int y) {
        this.y=y;
    }
    @Override
    public String toString(){
        return "[" + x + "," + y + "]";
    }
    }
```

下面的程序片段通过一个简单的例子来说明如何使用这个 Bean 类的 Point。

```
package chapter08_JavaBean;
import java.beans.XMLDecoder;
import java.beans.XMLEncoder;
import java.io.BufferedInputStream;
import java.io.BufferedOutputStream;
import java.io.FileInputStream;
import java.io.FileNotFoundException;
import java.io.FileOutputStream;

public class BeanClient {
public static void main(String[] s){
    Point p1= new Point();
    Point p2= new Point(3,4);
    Point p3= new Point(1,1);
    Point p4= new Point(2,2);
    String data="point.txt";
    try {
        XMLEncoder out= new XMLEncoder(
            new BufferedOutputStream(
                new FileOutputStream(data)));
        out.writeObject(p1);
        out.writeObject(p2);
        out.close();
    } catch (FileNotFoundException e) {}
    try {
        XMLDecoder in= new XMLDecoder(
            new BufferedInputStream(
                new FileInputStream(data)));
        p3= ((Point)in.readObject());
        p4= ((Point)in.readObject());
        in.close();
    } catch (FileNotFoundException e) {}
    System.out.println(p3 + " " + p4);
    }
    }
```

上面的例子程序中，首先创建了 4 个 Point 对象，然后使用了类库中用于对文件进行处理的 XMLEncoder 类及其他辅助类。然后将 p1、p2 两个 Point 对象以 XML 格式写入文件 point.txt 中。

在第二个 try-catch 程序块中又将刚才存储到文件中的两个 Point 对象以 XML 格式再次读出，并以基本的表达格式[0,0]和[3,4]的形式输出，从而从结果中可以进行确认是否确实是刚才存储的两个 Point 对象。

通过对 Java Bean 对象的使用，可以提供给我们一种很简便的方式，实现对该对象的存储。除此之外，对 XMLEncoder 和 XMLDecoder 两个类的使用，使得程序具有了将对象以 XML 格式进行保存的能力和优点。这样的文本文件对人们来说具有很好的阅读性，同时能够方便地使用其他第三方的 XML 工具进行进一步的处理。生成的 point.txt 文件具有以下内容：

```xml
<?xml version="1.0" encoding="UTF-8"?>
<java version="1.6.0_02" class="java.beans.XMLDecoder">
<object class="Point"/>
<object class="Point">
    <void property="x">
        <int>3</int>
    </void>
    <void property="y">
        <int>4</int>
    </void>
</object>
</java>
```

现在我们仔细地考查一下上面的例子。其实，在写入和读出两个过程中不仅仅应用了组件的思想，因为除了对方法的简单调用外，还有更深层次的内容。对于 XMLDecoder 对象进行数据读出时，其能够自动使用与 XML 文件元素中的属性（property）名字对应的 set 方法对实例变量进行赋值，这个过程的控制流程实际上是反转的，不再是对应用中方法的直接调用，如 wirteObject 的情况，而是对组件方法的间接调用。

Java 中可以使用一种被称为是反射机制的技术，以在运行时决定一个对象的哪些方法可以被使用。上例的 XMLEncoder 对象中就使用了这种反射机制，其首先在 writeObject 中寻找与传递对象中属性名字相符合的 get 和 set 方法，然后利用它们以 XML 的形式编码对应的属性。如果将 Point 类中的 getX 方法注释掉，程序将不再对属性 x 进行处理，而只能自动存储 y 的值。

8.6 框   架

前面章节中介绍的从类图和最终的状态图生成程序代码的过程只是对整个软件系统进行实现的一个初始步骤。在程序实现上，人们一直追求一种更为系统化的实现方法。在这种方法中，我们并不需要亲自从零来开发构成程序的一些组件，不必按部就班地完成开发的每个环节，而是能够更快速、高效和正确地将很多原始的工作积累合成到一个更大粒度的、半成品式的系统中，程序员只需对它进行必要的参数定制，就能够将其打造成符合用户需求的真实系统，即框架。

8.6.1　框架及其应用

类库和函数库试图提供一套完整的功能，但这些功能通常都是分散的，需要开发人员根据需要进行选择和拼凑。一个组件也试图提供一个完整功能，不过，此功能通常只限定在某个类中，因此具有较小的范围和粒度。除了上述两种可以进行重用的技术外，人们也在寻找基于两者基础之上的，由逻辑上相关的若干类在一起能够完成某种统一功能的子系统，如负责对象在数据库中的持久化以及从数据库中读取并重建对象（Object-Relation Mapping，ORM）的一个相对独立的功能体。

上述要求是很难通过组件方式实现的，因为这要求组件必须能够处理任意对象类型。在实际的开发中通常是通过规格说明要求需要的具体业务对象以及它们应具有的某些特定的性质，进一步确定必须实现的方法，并通过这些共同的方法来保证整体的功能。

这些规格说明就是所谓的框架。框架定义了对对象的要求，这些要求在面向对象的领域中一般都是通过定义的接口实现或者通过对给定类的继承进行具体指定。当框架中嵌入了满足要求的业务对象后，框架的功能则会融入具体的业务类，并使得提供的功能得以展现。框架实际上是某种应用的半成品，是一组供选择的组件，用以嵌入并定制具体的系统。简单说，框架是别人搭好的舞台，由使用者来做表演。框架一般是成熟的、不断升级的软件。

组件与框架最主要的差别就是控制权在框架中要进行转移。也就是说，框架中的类会调用那些由用户补充实现的对象中的方法，而不会反过来，但这在组件中是会发生的——反射。

8.6.2　Java 中的框架

Enterprise Java Beans（EJB）和 Spring 是两个功能非常强大的框架，其主要功能是使得对象与数据库的交互管理更加容易。EJB 能够管理与数据库交互过程中的整个事务控制，分布式应用中存在的大部分问题通过此框架都可以得以解决。此种框架的方法在 Java 的类库中也有部分使用，将库的方法、组件的方法以及框架的方法进行了统一。

图 8.6 中关于项目、子项目以及前置项目等信息以层次结构进行了展示。Java 语言中提供了使用树结构进行描述的若干个类和接口的支持，它们可以对树结构进行直接的显示或操作控制，如对树的某个结点展开或合并等。

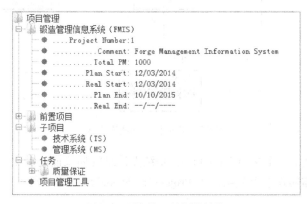

图 8.6　项目管理的树状结构

为了能够使用树的框架，在 Java 中需要一个类对接口 TreeModel 进行实现，此接口的主要内容在表 8.1 中进行了概括，来自 Java 的 API 文档。

表 8.1　　　　　　　　　　　　Java 类 TreeModel 中的主要方法

方法一览	
void	addTreeModelListener(TreeModelListener) 为树改变后的事件 TreeModelEvent 添加监听器
Object	getChild(Object parent, int index) 返回对象 parent 的孩子数组中索引为 index 对应的孩子
int	getChildCount(Object parent) 返回对象 parent 的孩子数
int	getIndexOfChild(Object parent, Object child) 返回对象 parent 中孩子为 child 的索引值
Object	getRoot() 返回树的根对象
boolean	isLeaf(Object node) 返回对象 node 是否为树的叶子结点
void	removeTreeModelListener(TreeModelListener l) 删除某个之前使用方法 addTreeModelListener 加入的监听器
void	valueForPathChanged(TreePath path, Object newValue) 用户已将 path 标识的项的值更改为 newValue 时，进行通知

图 8.7 通过类图描述了该接口的具体使用方法。首先，图 8.7 中存在一个类 ProjectTreeModel，对接口 TreeModel 进行了实现，这个模型类与 ProjectMan 具有关联关系，该类是一个管理类，完成对所有项目的管理。注意到两个类之间的关联是双向导航的，即项目管理类也能识别类 ProjectTreeModel，这里实际使用的是一个观察者模式。

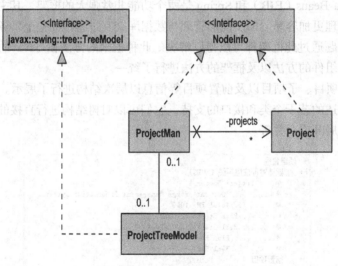

图 8.7　Tree 框架的使用方式

另外，图 8.7 提供了一个接口 NodeInfo，是结点信息的抽象描述，项目管理类和项目类分别对其进行了实现。具体实现上首先给出类 ProjectTreeModel 的主要片段。

```
public class ProjectTreeModel implements TreeModel {
private ProjectMan pm;
private List<TreeModelListener> listener=new ArrayList<TreeModelListener>();
public ProjectTreeModel() {
```

```
        pm = new ProjectMan();
    }
    public Object getRoot() {
        return pm;
    }
    public Object getChild(Object arg, int i) {
        return ((NodeInfo)arg).ithElement(i);
    }
    public int getChildCount(Object arg) {
        return ((NodeInfo)arg).numElements();
    }
    public void addTreeModelListener(TreeModelListener arg){
        listener.add(arg);
    }
} //部分代码
```

类 ProjectTreeModel 的主要任务是对接口 TreeModel 中方法的实现。因为项目管理类中存有项目真正的树状层次信息，所有 TreeModel 接口中相关的方法都是通过访问 ProjectMan 的对象获取相关的内容。对于项目来说，一方面受项目管理对象的控制和管理，另一方面又是项目树结构中的内容，所以，对于 ProjectTreeModel 的几个调用请求，会被 ProjectMan 转发给 Project 类。为了使得 ProjectTreeModel 的职责尽量简单化，树描述中的所有类都需要实现一个统一的接口，即 NodeInfo。这个接口保证了 ProjectTreeModel 对于树中所有的结点以统一的形式进行处理。此接口的代码可如下实现。

```
public interface NodeInfo {
public int numElements(); //返回所有元素个数
public NodeInfo ithElement(int i); //返回第 i 个元素
public boolean isEmpty();
public int atPosition(NodeInfo ni);
public String title();
}
```

项目管理类包含以下的实现内容：

```
public class ProjectMan implements NodeInfo {
private List<Project> projects = new ArrayList<Project>();
public int numElements() {
    return projects.size();
}
public NodeInfo ithElement(int i){
    return projects.get(i);
}
public boolean isEmpty(){
    return false;
}
public String title() {
    return "项目管理";
}
@Override
public String toString(){
    return title();
}
} //部分代码
```

项目 Project 类大概包含以下的代码片段：

```
public class Project implements NodeInfo{
private Attribute[] attr = new Attribute[8];
private TreeList<Project> subprojects = new TreeList<Project>("子项目");
private TreeList<Project> preprojects = new TreeList<Project>("前置项目");
private TreeList<ProjectTask> tasks = new TreeList<ProjectTask>("任务");
public int numElements() {
    return attr.length+3;
}
public NodeInfo ithElement(int i) {
    switch(i){
        case 0: case 1: case 2: case 3: case 4: case 5: case 6:
        case 7: return attr[i];
        case 8: return preprojects;
        case 9: return subprojects;
        case 10: return tasks;
    }
    return null;
}
} //部分代码
```

类 TreeList、Attribute 和 ProjectTask 为简单起见，没有给出对应的代码实现。这里可以认为 Attribute 类为一个包含有所有项目属性的 Container 类。因为每个项目任务和信息属性都需要在树中进行显示，所以它们也同样需要实现接口 NodeInfo。

另外一种可选的方法是相关的类不去实现 NodeInfo 接口，而是都直接实现 TreeModel 接口，这可以使得设计更为灵活。但是由于并不是所有该接口的方法对这些类以及属性都会需要到，因此这里还是补充了一个单独的接口 NodeInfo。为了能够将类 ProjectTreeModel 信息展现出来，需要配合使用一个与显示相关的视图对象 JTree。其相关的程序代码包含以下内容。

```
ProjectTreeModel ptm = new ProjectTreeModel();
JTree tree = new JTree(ptm);
JScrollPane scroller = new JScrollPane(tree);
add(scroller, BorderLayout.CENTER);
```

上述例子中给出的每一个类和接口主要配合对组件和框架概念的介绍。多数实际的组件和框架含有非常多的功能，无论是在规模上，还是在算法上都会比上面的例子复杂得多，因此，选取合适的组件或框架是一项非常重要的设计决策，因为它们对整个系统的实现具有较深远的影响。

8.7 数据的持久化

数据是软件不可分割的一部分，当业务系统停止运行后，需要将相关的业务数据存储起来，以对未来的使用需要提供支持。相对于应用运行时存在于内存中的"瞬时"数据，我们称那些永久保存的数据为"持久化"的数据。

数据的持久化存储总的来说有两类方式，实际采用的方式可根据项目的特点和要求进行选择。一种方式是应用将数据直接存储于物理文件中；另一种则是通过专门的存储系统对业务数据进行保存，如数据库系统。使用数据库系统最大的好处在于不同的应用可以在同一时间对同一数据并发使用，提供了很好的数据共享性和安全性。很多在分布系统中存在的大部分问题都可以通过数据库系统的使用而解决。

8.7.1 文件持久化

对于直接使用文件的方式进行数据的持久化，不同的程序语言提供了不同的技术支持。其中的一个基本功能支持是能够让开发人员将数据以二进制的原始数据形式存储于文件中。基于这个基本的存储功能，可以衍生出更多的、方便的文件存储服务。这里主要以 Java 语言为例，对使用文件存储的方式进行简单讨论。下面的程序代码描述了使用 Java 语言对数据以二进制流的形式直接在文件中写入的方法。

```
FileOutputStream o = new FileOutputStream("c:\data.txt");
String s = "Hello again";
for (int i=0; i<s.length(); i++)
o.write(s.charAt(i));
o.close();
```

直接使用比特位开销非常大，而且只有 256 个不同的值可以使用。同时，直接向文件中写入数据也是非常慢的，因为每一位比特都需要一次对存储媒体的 I/O 操作。改进的方法可以考虑首先将需要存储的数据在缓存中收集一下，然后一次性地进行磁盘的写入。在 Java 中，可以使用缓冲类来达到这个目的，如下所示：

```
BufferedOutputStream o = new BufferedOutputStream( new FileOutputStream("c:\data.txt") ,4);
String s="Hello again";
for (int i=0; i<s.length(); i++)
o.write(s.charAt(i));
o.close();
```

更进一步，类似 DataOutputStream 的类还提供一些对标准数据类型的完整值的写入操作，如方法 writeInt 或者 writeString 等。这对于对象意味着，如果要对其进行读写操作，需要对其所含有的每一个实例变量单独进行。如下所示的 Point 类：

```
public class Point {
private int x;
private int y;
public Point( int a, int b) {x=a; y=b;}
public void save(DataOutputStream o) throws IOException{
    o.writelnt(x);
    o.writelnt(y);
}
public static Point read(DatalnputStream i) throws IOException{
    return new Point(i.readlnt(), i.readlnt());
}
}
```

创建文件对数据的存储方式具有的一个好处是可读性比较好，可以方便地通过手工编辑或者其他程序进行读取。这种方法显著的问题是开发者必须为每个需要持久化的类编写存储或读入的方法，这是一项很繁琐的工作。所以，基于此一种更直接的想法是，能够将类作为一个整体进行存储。在 Java 中，为了能够进行此项工作，对进行持久化的类必须实现接口 Serializable，尽管此接口不含有任何方法，只需实现之即可。持久化类要求含有的所有实例变量的类型也都实现了

Serializable。下面的代码片段给出了此方法的一个示例。

```
public class Person implements Serializable{
private String lname;
private String fname;
}
……
Person p = new Person ("Ohst", "Dirk");
ObjectOutputStream out = new ObjectOutputStream (new FileOutputStream("test"));
out.writeObject (p);
……
ObjectlnputStream in = new ObjectlnputStream (new FileInputStream ("test"));
p = (Person) in.readObject();
……
```

这个方法的缺点是，存储的文件是二进制形式的，只能由该类所在的应用所识别和读取。而且，当程序中的类发生某些改变时，如增加了一个新的实例变量，再次读取时就会出现问题。为了能够继续从存储的二进制文件中读取数据，必须通过一个辅助程序将该对象转换为新形式的类型。

除了二进制文件的存储外，Java 语言还提供了上一小节中提到的使用 XML 文件的形式进行数据的存储。大数据量的存储一般情况下都要借助数据库系统来进行。如果一个应用需要通过某个已经存在的数据库系统进行访问，则首先需要确认使用的开发语言提供了与该数据库进行交互的支持，这些支持一般包括读取、写入或者查询等命令，它们最终都会转化为在数据库服务器上运行的标准 SQL 指令。

8.7.2 数据库持久化

还有一种经常使用的与数据库交互的方式是直接将 SQL 指令作为字符串从 Java 发送到数据库执行。下面给出了一个简短的程序片段，主要说明了 JDBC 的使用方式。

```
//Load Oracle JDBC driver
DriverManager.registerDriver(new oracle.jdbc.driver.OracleDriver());
//Connect to DB
Connection conn = DriverManager.getConnection(
    "jdbc:oracle:thin:@192.168.1.120:1521:DBName", "user", "passwort");
//Create a class for DB operation
Statement stmt = conn.createStatement();
//Query DB
ResultSet rs = stmt.executeQuery("SELECT * FROM EMP");
//Output
while(rs.next()){
int id = rs.GetInt("EMPNo");
String name = (String) (rs.getObject());
System.out.println("Num " + id + ": " + name);
}
```

上面的程序片段中分为两个主要步骤，第一步建立与数据库的连接，这个连接的建立需要在每次使用数据库之前进行，接下来是运行一个 SQL 指令，然后使用 Java 将查询后的结果显示出来。这里主要的类是 ResultSet 类，通过它的辅助逐步将数据库系统返回的结果读出。这个类的工作方式类似于迭代器 Iterator，每次迭代通过检查是否存在后续的元素并步进当前记录的指针，然后逐条读出数据。JDBC 的具体使用方法依赖于每个数据库厂商提供的 JDBC 版本，一些简单的功能，如 INSERT、UPDATE、DELETE 和 SELECT 指令在所有的版本中都是支持的。在一些高版本的 JDBC 中，处理 ResultSet 对象的方式可能会更灵活一些，如可以在结果中的任意位置实现对数据的随机访问和操作。

另外，JDBC 也支持通过方法 conn.commit()和 conn.rollback()实现对数据库中事务的控制。对于新系统的开发，大多会选择关系型数据库实现对数据的管理，因为对于关系型数据库而言，其经过了多年的实践考验并具有较大的市场份额以及能够适应不同的开发需求。关系型数据库较明显的缺点是，业务存储的模型需要事先在数据库端设计和构建，在数据持久层需要在应用中进行一些程序设计工作以及对象数据与关系型（表格数据）的兼容性处理等。

针对上述阻抗失配（Impendence Mismatch）问题的一种解决方式是使用单独的功能软件实现对应用中存在的对象与数据库存储过程的自动化管理，即所谓的对象关系映射（OR Mapping），其目的是让开发者尽可能少地关注数据库的关系模型及其实现细节。一些存在的类似框架包括EJB、Hibernate、Spring 以及 JDO 等，它们的共同点是能够高效地管理业务实体类与其持久化形式间的转换，包括对它们参与的事务的管理，使得开发者可以专心地致力于业务功能的开发，而不必受对象关系转换这样繁琐事情的拖累。

8.8　领域特定语言

编程语言的发展趋势是新一代的语言通常具有较高的抽象程度以及多种结构构成方式。高级语言具有的优势是抽象级别的提高以及对软件工程概念的支持，如高级语言扩展了现有的指令集，加入了模块和类等新的程序构造结构，使得更为复杂的程序开发成为可能。但是，对高级语言经常的抱怨是编译器转换后的最终代码不能全面考虑到运行时间和存储空间的优化，这些挑战正在由编译器的日趋成熟而逐步解决。

如果人们只是希望使用某种编程语言来实现某些特定的相似任务，则可考虑构建更复杂的命令对其进行实现。一个例子是对于菜单结构的描述，第一层是主菜单，其内具有二层菜单项并对它们进行类似的嵌套组织。尽管一些典型的编程语言大都通过类库和框架等机制对菜单进行了支持和实现，但要应用到实际中还是要做一些代码上的编程工作。为了能够减少菜单的开发时间和开发成本，可以使用某种抽象语言来改进这些设计，使程序员能够不依赖某种编程语言而快速得到类似菜单的结构描述。

这就是领域特定语言（Domain Specific Language, DSL）的初衷，为不同的领域补充进特定的不依赖具体编程语言的抽象指令。或者说，针对某一特定领域具有受限表达性的一种计算机程序设计语言。比如，对上面的菜单结构，可以使用如下的表达方式：

```
<Menu Level> ::= Menu( <Name1> <Submenu>, ……, <NameN> <Submenu> )
<Submenu> ::= <Menu Level> | <Action ID>
```

这是对菜单这个特定的领域设计的一种特殊的表达结构。受限性是相对通用的编程语言而言的，即以上的 DSL 只是为"菜单"这个领域服务，不具有通用性。下面的语句则可以用来构建一个具体的菜单结构：

```
M = Menu("Data" Menu("Load"·1,·"Save" 2, "Save as…" 3),
"Format" ("Font" ("Larger" 4, "Smaller" 5),
"Alignment" (."Center" 6, "Left" 7), "Standard" 8), "Help" 9);
```

对应的菜单以及所有各自展开的子菜单如图 8.8 的布局。Action ID 指的是对每个菜单项的点击所触发的动作标识,它们可以对应到某些方法的调用。实践中一般使用 DSL 用作概念上的构建,而在使用上常采用 XML 具体实现。

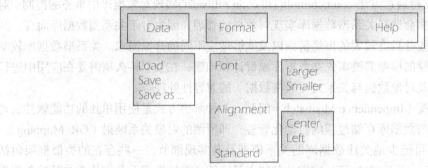

图 8.8　使用 DSL 建立的示例菜单

　　DSL 的核心价值在于,它提供了一种手段,可以更加清晰地就系统某部分的意图进行表达和沟通。软件项目中最困难的部分,也是项目失败中最常见的原因,就是开发团队与客户以及软件用户之间的沟通。DSL 提供了一种清晰而准确的概念性的语言,可以有效地改善这种沟通。

　　DSL 另外一个比较常用的业务领域是对 Web Service 的描述,因为除了对实际服务的开发外,还存在很多需要配置的任务,如使用 UDDI 和 WSDL 等与编程语言无关的服务描述语言对编译后的程序在何处存放以及这些程序如何通过登记服务进行注册等的说明。这种情况下,我们希望将代码运行于不同的环境,这类理由也是使用 DSL 常见的驱动力之一,即满足平台无关性的要求。

　　对于领域特定语言来讲,其应用方式可以通过两个不同的工作流程进行,分别为 DSL 的建立过程和 DSL 的使用过程,如图 8.9 所示。首先,具有领域经验的开发者针对业务进行抽象并通过DSL 概念化,尽可能将相似的业务步骤抽象为简单的 DSL 指令,这个过程中重要的是对每个命令的语义能够进行精确的描述。当然,重新定义一个全新的语言体系是比较困难的(外部 DSL),因此另外一种可能性是借助某种已经熟悉的语言对每个业务命令进行组织和定义(内部 DSL)。

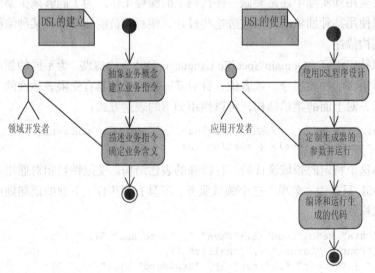

图 8.9　使用 DSL 的工作流程

外部 DSL 是一种"不同于应用系统主要使用语言"的语言。外部 DSL 通常采用自定义语法。不过，选择其他语言的语法有时也很常见（如 XML）。宿主应用的代码会采用文本解析技术对使用外部 DSL 编写的脚本进行解析，一些传统 UNIX 中的小语言就符合这种风格。可能经常会遇到的外部 DSL 的例子包括正则表达式、SQL、Awk 以及像 Struts 和 Hibernate 这样的系统使用的 XML 配置文件。

内部 DSL 是一种通用语言的特定用法。用内部 DSL 写成的脚本是一段合法的程序，但是它具有特定的风格，而且只用到语言的一部分特性，通常用于处理整个系统一个小方面的问题。用这种 DSL 写出的程序有一种自定义语言的风格，与其所使用的宿主语言有所区别。这方面最经典的例子是 Lisp。Lisp 程序员写程序就是创建和使用 DSL。

8.9　模型驱动架构

前面章节中介绍的类库和框架的概念中包含了可重用的思想。这里所指的可重用性主要针对程序代码的重用。模型驱动架构（MDA）的基本思想是提供一种正式的解决方案，其与具体编程语言，甚至是架构无关。

8.9.1　MDA 原理及开发过程

使用 MDA 进行开发的过程可以分为 4 个阶段：

（1）CIM（Computation Independent Model）：聚焦于系统环境及需求，但不涉及系统内部的结构与运作细节。

（2）PIM（Platform Independent Model）：聚焦于系统内部细节，但不涉及实现系统的具体平台。

（3）PSM（Platform Specific Model）：聚焦于系统，落实于特定具体平台的细节，如 EJB、J2EE 或.NET 都是一种具体平台。

（4）Coding：最后程序员依据 PSM 的 UML 模型内容，按图施工，编写出适用于特定具体平台的代码。

MDA 描述的软件开发生命周期和传统生命周期没有大的不同，主要区别在于开发过程创建的工件，包括 PIM、PSM 和代码。PIM 是具有高抽象层次、独立任何实现技术的模型。PIM 被转换为一个或多个 PSM。PSM 是为某种特定实现技术量身定做的模型，例如，EJB PSM 是用 EJB 结构表达的系统模型。开发的最后一步是把每个 PSM 转换为代码，PSM 同应用技术密切相关。

传统的开发过程从模型到模型的变换，或者从模型到代码的变换是手工完成的。但是，MDA 的变换都是由工具自动完成的。从 PIM 到 PSM，再从 PSM 到代码，都可以由工具实现。PIM、PSM 和 Code 模型被作为软件开发生命周期中的设计工件，而在传统的开发方式中是文档和图表。重要的是，它们代表了对系统不同层次的抽象，从不同的视角来看待我们的系统，将高层次的 PIM 转换到 PSM 的能力提升了抽象的层次，能够使开发人员更加清晰地了解系统的整个架构，而不会被具体的实现技术所"污染"。同时，对于复杂系统，也减少了开发人员的工作量。

在这个转换的过程中，模型间转换规则的定义也是非常重要的，即要对模型间的过渡进行形式化的描述。比如，在 PIM 中的某个集合类型 Collection，可以对应 Java 中的 ArrayList

或者 C++的 std::list 类型。MDA 希望能制定出各式独特的具体平台专属的 PSM 转换规则,并且最好可以由厂商配合设计出 MDA 开发工具,以便能够将中立的 PIM 自动转出特定平台的模型 PSM。

图 8.10 对正式的转换过程做了一个总结。图 8.10 将 PIM 和 PSM 的转换描述为模型 1 到模型 2 的过渡。所有模型和转换规则需要正式的语义定义,因此,OMG 组织出台了一系列的规范将 MDA 方法标准化,其中最重要的语义描述包含在规范 Meta Object Facility(MOF)中。

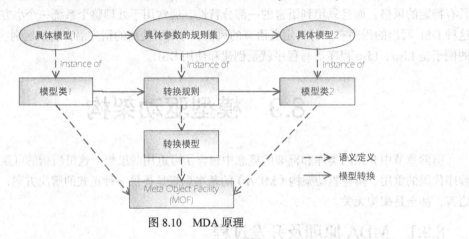

图 8.10　MDA 原理

MDA 具体的开发路线如图 8.11 所示。对具体问题的解决,一开始要尽可能地通过中立的方式进行构建,然后在接下来的步骤中逐步对抽象的元素进行具体化,这是一个迭代的过程,直到最终得到能够运行的程序。

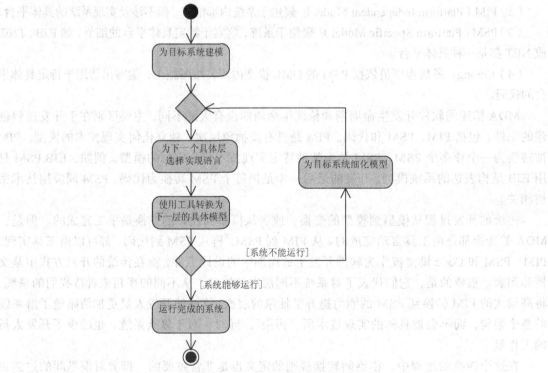

图 8.11　MDA 具体的开发路线

8.9.2 MDA 应用

MDA 的一个具体应用是在数据库设计工具 Power Designer 中针对实体关系图（ERD）的构建。数据库模型的设计依次分为 4 主要阶段，分别为概念设计模型（Conceptual Design Model, CDM）、逻辑设计模型（Logical Design Model, LDM）、物理设计模型（Physical Design Model, PDM）和数据库代码，分别对应 MDA 中的 CIM、PIM、PSM 和 Coding 4 个层次。CDM、LDM、Oracle PDM 3 个模型如图 8.12 所示，其中模型 CDM、LDM 是与具体数据库平台无关的模型，其中含有的字段类型也是中立类型，并由设计工具负责维护到具体数据库平台的映射规则。PDM 是在 Oracle 10g 平台上对应的物理模型，包含有具体的实现信息，如平台相关的列类型及约束信息等。

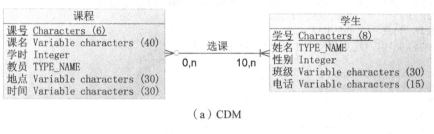

（a）CDM

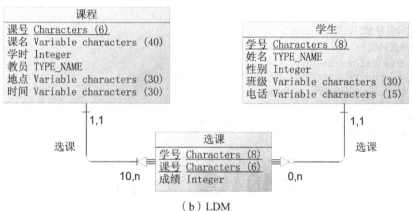

（b）LDM

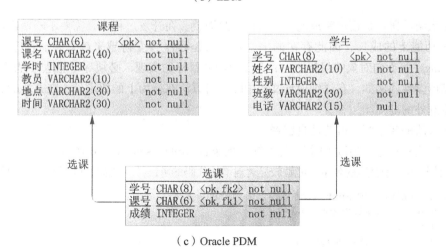

（c）Oracle PDM

图 8.12　数据库模型设计的 MDA 应用

对应生成的 Oracle 模型代码如下：

```
create table Course (
    CNo         CHAR(6)         not null,
    CName       VARCHAR2(40)not null,
    Hours       INTEGER             not null,
    Lecturer    VARCHAR2(10)not null,
    Room        VARCHAR2(30)not null,
    Time        VARCHAR2(30)not null,
    constraint PK_COURSE primary key (CNo)
);
create table Student (
    SNo         CHAR(8)         not null,
    SName       VARCHAR2(10)not null,
    Gender      INTEGER             default 0 not null
    constraint CKC_GENDER_STUDENT check (Gender in (0,1)),
    Class       VARCHAR2(30)not null,
    TelNumber   VARCHAR2(15),
    constraint PK_STUDENT primary key (SNo)
);
create table slcourse (
    SNo         CHAR(8)         not null,
    CNo         CHAR(6)         not null,
    Score       INTEGER             not null,
    constraint PK_SLCOURSE primary key (SNo, CNo)
);
/* ...... 此处省略索引的创建 ...... */
/*以下为外键约束*/
alter table "slcourse"
add constraint FK_SLCOURSE_STUDENT foreign key (SNo)
    references Student (SNo);
alter table slcourse
add constraint FK_SLCOURSE_COURSE foreign key (CNo)
    references Course (CNo);
```

8.10 重　　构

一个系统的研发是逐步完成的，不可能一蹴而就。在开发过程中，需要不断地进行决策上的选择以及功能上的成长，因此存在的一个趋势就是程序会变得越来越复杂。程序的可重构性（Refactoring）是面向对象的目标之一，为了保证此目标的实现，必须尽可能地对程序进行简化，以增加其可读性。例如，在详细设计文档中除了对方法在行为上的要求外，在方法的具体编码上还可约定额外的准则。

（1）方法的名字要尽可能地自解释。

（2）方法最长应不超过 12 行，尽可能少地包含 while、switch 和 if 逻辑块。

为方法指定一个合适的名字，能够较显著地增加代码的可读性。比如，以下列方法为例进行说明：

```
public int risikCompute(int age, boolean smoker){
int result = basisCompute(age);
if (smoker)
result += smokerExtra(age);
    return result;
}
```

当然，将方法分割成较小的方法可能会失去对这些小方法的全局视图。可以将它们法尽可能地放置在被大量频繁使用的小方法附近来改善这种不足，而且一个好的软件开发环境能够提供在调用位置和被调用位置间方便地进行跳转。

这里存在一个问题，就是如何对复杂的方法进行简单化。为此，代码重构发挥了作用，它给出了一些系统化的针对方法级别的简化方法。在方法的级别上，主要考虑的是如何将一个语法正确的程序片段整合为一个新的方法。下面通过一个 Java 例子进行说明。

```java
public int ref ( int x, int y, int z) {
int a=0;
if (x>0) {
    a=x;
    x++;
    --y;
    a = a + y + z;
}
return a;
}
```

上述代码块中被标记的部分应该提取出来放入一个新的方法中，通过对新方法的调用返回一个结果，并使用一个本地变量进行记录。新的方法需要返回给定类型的返回值，上例中此变量为 a。如果需要返回的不止一种信息，则不能通过 return 语句直接返回结果。对于 C++或 Java 中的对象，这就不是什么大问题，因为它们可以将方法参数使用地址引用方式对变量内容进行直接的修改和返回。重构后的结果如下所示：

```java
public int ref ( int x, int y, int z) {
int a=0;
if(x>0){
    a = doit(x, y, z);
}
return a;
}
private int doit (int x, int y, int z) {
int a;
a=x;
x++;
--y;
a=a+y+z;
return a;
}
```

下面的方法则不建议使用 Java 通过重构的方式进行简化：

```java
public int ref2 (int x){
int a=0;
int b=0;
int c=0;
if(x>0){
    a = x;
    b = x;
    c = x;
}
return a+b+c;
}
```

因为标记部分的代码块将要对 3 个本地变量同时进行修改，这在分离的方法中不能直接进行实现，但在 C++ 中这个问题可以很好地得到解决，可通过如下形式进行重构：

```cpp
int Computation::ref2 (int x) {
int a=0;
int b=0;
int c=0;
if(x>0){
    abcModify(a,b,c,x);
}
return a+b+c;
}
void Computation::abcModify(int& a, int& b, int& c, int x){
a=x;
b=x;
c=x;
}
```

重构允许在程序首次构造后对其结构进行改造，使其能够按照希望的形式进行构造。重构后代码的可读性和可重用性更强，其思想可同样扩展到对类的再造（reconstruction）和改造（outsourcing）上。

习 题

1. 以下 XML 文档是 well-formed 的吗？请指出错误并加以改正。

```xml
<?xml version="1.0" encoding="GB2312"?>
<user id=1>
<Name>John</name>
<password>123
<roles><role>admin</roles></role>
</user>
<user id=2>
<name>Mike</name>
<password>abc
<roles has="guest" has="buyer"></roles>
</user>
```

2. 对于以下给定的 XML 文档，编写一段 Java 程序，分别采用 DOM 和 SAX 两种方式计算所有书目的价格之和。

```xml
<?xml version="1.0" encoding="utf-8"?>
<BOOKLIST>
<ITEM>
    <CODE>16-048</CODE>
    <CATEGORY>Scripting</CATEGORY>
    <RELEASE_DATE>2008-06-20</RELEASE_DATE>
    <TITLE>Instant JavaScript</TITLE>
    <PRICE Currency="USD">43.56</PRICE>
</ITEM>
……
</BOOKLIST>
```

3. 对上题中使用 XML 格式的数据设计关系模型并保存在数据库中，使用 Java 通过 JDBC 计算上题中要求的结果。

第9章
交互设计

在前面的章节中，我们把主要精力放在了对功能性需求的设计和实现上。本章主要围绕非功能性需求展开讨论，考虑非功能性需求对系统开发的影响，并对一些可以采用的方法和框架进行介绍。总体上，软件的最终目的是能够直接为人类服务，即软件应具有可用性，但在开发过程中有时这个根本的要求也经常会被人们所忽略。

软件的可用性决定了整个项目的成与败，即使一个在功能上正确的软件但不具备直观的可操作性，通常用户也是很难接受的。到底什么是软件的可使用性和可操作性？类似的概念，对于IT技术人员往往过于抽象和难以理解。本章的目的就是针对这些概念进行介绍性的讲解，以使人们能够在某种程度上对它们进行理解并能够对其进行验证。本章首先对可用性的背景从不同方面进行了概述，然后逐步细化地讨论了可用性需求的形成及其描述，最后给出对可用性进行验证的方法。

9.1 交互设计的背景

交互设计对于软件可用性的影响起初并未得到IT人员足够的重视，计算机科学的核心领域也未涵盖可用性的内容，因为可用性涉及的范围较广，涵盖到多个不同学科的内容。可用性涉及的主要领域包括心理学、人机工程学和软件人机工程学。

1. 心理学

设计心理学中有一项任务是研究颜色和形状带来的影响。颜色和形状的选择总是要结合具体环境来进行考虑的。例如，黑色通常可以表示严谨或严肃的气氛，但网页中的黑色背景也可以传达一种哀思。另外需要注意的是，颜色在不同的文化中也可能有着完全不同的含义，比如，白色在西方国家的文化中多代表纯洁之意，但在亚洲大多数国家中则多表示哀悼之情。除了单一的颜色，还需要留意一些颜色的组合情况，如绿色背景上使用桔黄色的字迹读起来要比白色背景上使用蓝色的字迹不舒服得多。除颜色外，形状及其布局在界面设计中也有着重要的影响。相同的颜色以及边框能够将逻辑上相近的功能拉近或进行视觉上的分组，与其他功能形成对比并区分开来。另外，形状也可以对观者带来情绪上的影响，如粗线条会使得人们具有粗糙的感觉，而细线条则显得高贵和细致。总之，设计心理学最初为广告设计领域提供了一些指导和规则，其中大部分在软件的界面设计中也同样适用。

2. 人机工程学

人机工程学的一部分工作是对工作空间进行设计，其中一项最主要的需求就是使得工作环境和工作设备要适合工作。软件的使用者来自不同的领域，他们的职业和角色也不尽相同，软件对于他们来说是工作中不可或缺的工具，但由于软件使用者往往并不直接参与软件系统的开发，因此必须要提供给他们迈入 IT 大门的直观方式——界面。我们已经通过对业务工作流的分析，完成了软件的需求分析工作，这是一个非常重要的环节，通过需求分析明确了开发的具体任务，而现在我们要围绕这些业务流程设计出合理组织的图形界面，用以组织这些实实在在的具体功能，这也是交互设计的主要内容。另外，还要注意软件中的主要设置功能应能容易访问，并且错误能够得到很好的捕捉并给出提示，使得用户不会淹没在信息的海洋中。

3. 软件人机工程学

作为计算机科学的一个学科，软件人机工程学主要是对以上提到的想法在实际软件中的实现，可以认为是在已有的设计思想上加入了特殊的边界条件。如果通过某人机交互的类库来实现交互的界面，则可能不是所有理论上可行的交互技术都会得到支持和使用。软件人机工程的目的就是在进行人机工程的实现过程中在技术上和经济上提供保证。

另外，进行界面设计时可能还需要考虑一些对软件人机工程有影响的细节，如客户的公司可能要求在界面中以某种方式嵌入其商标 logo 或者使用其公司的颜色等，这是市场的要求，虽然在技术上可能认为红色背景下的白色文字让人阅读起来不是最佳搭配，但对很多使用者来说，会将这样的组合与具体公司联系起来，并成为公司文化的一部分。

另一个不容小觑的界面设计因素是时尚。从 20 世纪 90 年代开始，视窗系统非常盛行，窗口提供了一种图形化的信息展现形式，其右上角设置了一些直接受操作系统控制的按钮，如窗口的最大（小）化、关闭等。在标题栏一般设置一个能够展开的菜单，每级菜单项可以继续包含子菜单或子菜单项，通过对它们的点击执行具体的功能。多年来，视窗系统得到了广泛的应用，但也受到了一些人机工程方面的批评，而且窗口的千篇一律会给很多用户带来审美疲劳，影响了用户体验。因此，在窗口的设计上又发展了一些多样性的处理方式，如圆角的窗口和半透明的窗口，由此也出现了一些专门的窗口设计工具供有经验的开发人员使用。还有衍生出了另外一种基本的界面设计理念，就是允许用户动态地根据喜好来改变界面元素的布局或形状等，又称为"皮肤"。总之，桌面的定制使得用户体验在上升，给用户带来了亲切感，从而拉近了用户与软件的距离。

9.2 可用性的概念

对于"可用性"的理解，很大程度上依赖于每个软件使用者的知识背景和专业技能，因此，对可用性有一个正式的并且对所有使用群体都适合的定义是不现实的。因此，我们考虑首先将不同的用户进行分组，然后针对具体类别的用户对可用性进行更一般性的定义。

很多标准和规范也是以这样的方式对可用性进行阐述的。在以下的章节中，主要考虑广泛使用的 ISO 9241 中的 110 部分。总体上，ISO 9241 规范中针对可使用性做了描述，其包含的主要部分和各自的作用如图 9.1 所示。ISO 9241 是关于办公室环境下交互式计算机系统的人类工效学国际标准，由 17 部分组成。根据人类工效学和可用性原理，分别对各种硬件交互设备属性和软件用户界面设计问题作了详细的规定和建议，并且可以对一个产品设计符合该标准的程度进行评估和认证。

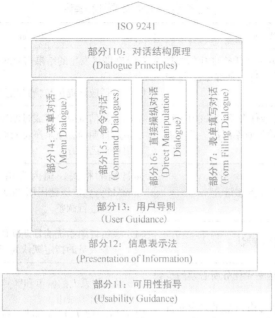

图 9.1　ISO 9241 体系中的软件部分

与其他部分的名字比较起来，图 9.1 中的"110 部分"的名字有些与众不同。ISO 规范一般 5 年修订一次，部分 110 的由来是因为它是早期版本 10 的修订版本。其余 7 个部分没有进行大范围的本质上的修改，只是在旧版本的基础上进行了细化和具体化。这些子规范在实现中总是相互依赖的，所以，一个实现结果可能会对多个规范产生正面或者负面的影响。另外，依赖于项目类型，不同的项目中可能会侧重不同的子规范。以下是关于 110 对话原则的描述和说明。

9.2.1　任务适合性

交互系统在支持用户完成任务时应适合任务。也就是说，功能和对话是基于任务特征，而不是基于用于实现任务的技术。当交互系统能够高效地支持任务的完成，不需要用户来关注界面的特性，则该交互界面是任务适合的。比如，在录入一个新的项目数据时，并不需要用户必须使用鼠标在需要录入的数据项点击，以获取录入的焦点。交互系统可以提供快捷方式迅速地在数据项间切换，如使用常用的 Tab 键。

一般来说，任务的适合性需要软件能够支持业务的工作流程，为此每个单一的工作步骤都需要进行详细分析。比如，若要支持项目管理中在项目间进行差异比较的功能，就应该在工作流中加入多个项目概况的显示列表，并进行项目选择的步骤支持。

另外，关于任务适合性的重要方面是界面的复杂程度，更准确地说，是界面上显示信息内容的多少。这里一个基本的要求是应该只显示那些为本次功能操作需要的内容，从而降低界面的复杂度。但是在较复杂的系统中，业务需要显示的信息量依然会使得界面过度"饱和"，这时可以继续考虑进一步对信息进行合理的编排和构造，如使用标签页的显示形式。

如果在工作步骤中存在一些不需要改变的重复内容，对话设计中必须能够支持对这些内容的默认录入。比如，为一个项目添加多项新的任务，则这些任务在录入时不需要重复输入该项目的编号。表 9.1 总结了任务适合性的具体原则和解释。

表 9.1   任务适合性的具体原则和解释

具 体 原 则	解 释
（1）对话应该为用户提供成功完成任务的相关信息。 注：任务需求决定了所需信息的质量、数量和类型	（1）在即将发生的结果与时间非常相关时，对话应展现剩余的时间。 （2）对话应该提供与情景相关的帮助，如工作步骤
（2）避免提供与用户成功完成任务不相关的信息。 注：展示不恰当的信息会导致效率降低，并增加用户的认知负担	不相关的信息应隐藏或过滤掉，如飞机订票系统中应只显示指定日期尚有空余座位的航班，其他航班应过滤掉，除非用户自己要看
（3）输入和输出的格式要与任务相符合	如日期的格式，国内常用"yyyy/mm/dd"，美国用"mm/dd/yyyy"，德国用"dd.mm.yyyy"，界面应能根据任务种类进行调整
（4）录入的典型值应自动设为默认	（1）飞机订票系统的日期默认为当天。 （2）业务人员的指定默认为当前登录用户
（5）对话要求的步骤应包括完成任务所必须的步骤，省略不必要的步骤。 注：① 不必要的步骤包括可由系统来完成的行为；② 用户执行常规任务时，对话要帮助用户最小化任务步骤	（1）录入联系人的城市和区号两个输入框，会根据输入的区号自动显示城市。 （2）选择对金融行业不感兴趣后，界面应自动屏蔽关于金融行业的相关内容
（6）当一个任务需要源文件时，用户界面应该与源文件的特征兼容	保险公司的纸质文档是计算机的输入源。填入窗口的对话框应与纸质文档的结构一致，无论是在元素安排，还是在分组和输入值的单位方面
（7）输入和输出的通道应与任务相符	（1）工业现场由于噪声而不使用声音作为提示。 （2）工业现场通过触屏方式进行输入便于执行任务

9.2.2   自我描述性

一个界面被称为是自我描述的，如果从其结构上，能够清晰地知道什么时间哪些交互可能发生，为什么以及哪些可能的结果会产生。相应的需要给出每个可能步骤的解释，并清楚地说明为什么某个控件无法继续工作。

对话应能自我描述到这样的程度：任何时候，对话对用户都能够明显地给出状态提示，如用户目前所处哪段对话、在对话的哪一阶段，可采取什么操作、操作将如何实现等。

对话过程中一种典型的做法，是将当前未满足条件而无法提供服务的元素置成灰色不可用的状态，使得用户意识到当前的操作无法进行。至于具体原因所在，系统应该提供某种机制来自我解释。一种具体的实现方式是借助上下文相关的"气泡帮助"机制，其一般的工作原理是当用户的鼠标指向某个控件时，系统会弹出一个很小的带有一段说明的气泡，解释了该控件的作用和目的及其使用方法。上下文相关是指依赖于当前的工作步骤和状态，交互系统能够动态地并且有针对性地给出有意义的提示。

为使用户能够快速地熟悉和习惯对话的界面，系统采用的术语应尽量与用户熟悉的业务领域保持一致。若某种操作（如较复杂的计算）会耗时过长，系统应提示给用户该操作处理的时长和进度。如果用户需要手工录入某个字段的数据，系统应提示数据的格式，或者给出一个示例。同样，也可描述出期望的输入格式，如"TT.MM.JJ"，使用户清楚符合要求的输入结构。

在嵌套的菜单控制中，给用户展示出如何到达菜单的层次位置有时也是非常方便和有用的。一些 Web 页面的导航设计中经常应用，如显示出当前页面的位置以及在网站中的层次，如"主页->专业->计算机科学->课程列表"，并且配合超链接的使用可以很清晰地显示出所处的位置以及方便地浏览网站内容。自我描述性的原则见表 9.2。

表 9.2　　　　　　　　　　　　　　　　　　自我描述性的原则

原　　则	解　　释
任何对话步骤出现的信息应帮助用户完成对话。 注：信息包括向导、反馈、状态信息等	飞机订票系统允许用户输入所需信息并用"下一步"和"上一步"按钮在对话步骤中导航
在交互中，尽可能避免查用户手册或其他信息	通过气泡或底部信息栏中的内容提示鼠标所指内容的解释
用户应该了解交互的状态，如"需要输入时"和"即将涉及的步骤"	电子商务程序清楚地显示给用户完成购买所需的所有步骤及当前所处步骤
需要输入时，系统应呈现给用户所需的格式	电子商务程序中，需要用户输入信用卡到期日时，应展示出期望的格式"mm/yyyy"
对话与系统的交互应透明化	带有图标的命令按钮或菜单项，如保存图标▉，重做↻，退出◀▉等
交互系统应说明对格式和单位的规定	燃料类型如果为"煤"，则单位提示"吨"；如果为天然气，则单位提示"立方米"

9.2.3　可控性

对话具有可控性是指用户能够初始化并控制输入的类型以及交互过程的走向、步骤和速度，直到达成目标为止。

具体地，如果输入的数据没有彼此依赖关系的存在，则它们的输入顺序不是强制性的。另外，应提供多种方便的交互控制方式，如借助键盘或鼠标等。如果输入过程被中断，如需要读取另外菜单项中得到的信息，那么会话应能从中断处恢复并完成余下的处理，已经录入的数据并不需要重新录入。可控性的原则见表 9.3。

表 9.3　　　　　　　　　　　　　　　　　　可控性的原则

原　　则	解　　释
用户交互不应被交互系统的操作所决定，应在用户控制之下，由用户根据自己的需求和特点进行调整。 注：（1）特定的交互系统可能会包含明显的要求，在特定情况下不允许用户控制，如在测试环境下，时间约束也是测试的一部分。（2）在特定场景下，任务本身决定了交互步骤的最小值和最大值。（3）用户交互步骤可能受公司政策的限制，如"空闲 2 小时后离线"	手机允许用户要发送的短信呈编辑状态并可见，直到用户决定发送、存储或删除该信息为止。不管用户写完这条信息要花多长时间。 教师在教务系统录入考试成绩时，应有足够的时间进行录入，完全不会受到系统对话期限的限制
用户应控制如何继续对话	当在账务系统中登记一笔支付时，系统自动选中最早未付订单来支付，但也允许用户选择其他订单来支付
如果对话被打断，用户应该有能力决定从何处重新开始——对话被打断之处	在线视频播放应允许用户选择从上次停止处继续观看，还是重头观看

9.2.4 与用户期望一致性

交互系统与用户期望一致是指对话行为与用户的期望相符，用户的期望来自用户对其他交互界面的经验以及用户的业务领域，与任务适合性具有清晰的联系。对话如果与用户可预见的场景需求及普遍沿用的管理保持一致，则称为"与用户期望一致"。

首先，交互界面在相同的条件下应该具有相同的行为，如错误提示都在屏幕中间弹出的窗口中进行显示以及系统的当前状态都在窗口下部的状态栏中进行提示。以比较常见的办公软件为例，其主要功能就是用来做字处理，在窗口的上部分通常都是一个将各种任务以树状结构组织起来的菜单条控制。

作为一种时尚，有趣的是微软的 Office 套件在最近的版本中将菜单项的形式由传统的菜单控制转向了所谓的选项卡的方式 Ribbon，通过将每个任务领域中所有重要的功能显示在窗口的上部，以提供更直接的选择。图 9.2 显示的是传统的 Word 2003 中一个窗口的上部片段，其中下面的工具条是可以配置的。图 9.3 给出的是 Word 2013 中选项卡风格的部分窗口内容。

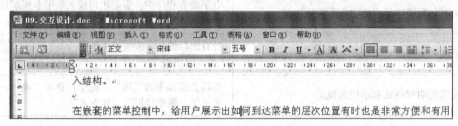

图 9.2　传统风格的 Office 界面

图 9.3　Ribbon 风格的 Office 界面

另外一个期望一致的要求是交互系统能够快速提示用户是否可以录入以及录入的数据是否合理正确。比如，在一个聊天程序中，聊天室的内容显示背景与输入聊天内容的背景应不同，以区分哪里允许或禁止输入。与用户期望一致性原则见表 9.4。

表 9.4　　　　　　　　　　　　　　与用户期望一致性原则

原　　　则	解　　　释
交互系统应使用用户熟悉的词汇，基于用户已有的知识	财务系统应采用专用的术语，如"借方""贷方"等
应给予用户及时、恰当的反馈，符合用户期望	当安装软件成功时，用户能得到成功的提示
如果反应时间与用户期待的时间差距较大，应告知用户	当用户进行复杂的计算处理时，系统可提示计算的进度或者处理的速度
对话展示的数据结构和组织表格应尽量以用户觉得自然的方式展示	在线商店以近似于商店里实际布局的方式展示产品

续表

原　则	解　释
格式应遵循正确的文化和语言惯例	文字的显示在英文版采用左排序，对阿拉伯文则采用右排序
反馈和说明的长度应基于用户的需求	根据用户实际的需要选择反馈的长度和方式，如图纸设计系统中，除了显示出最终的工业图纸外，还要给出一份计算说明书
一个交互系统中贯穿任务始终或是相似任务的对话行为和外观应保持一致	（1）软件界面风格、按钮位置等应一致。 （2）数据备份与还原界面应采用相似设计
如果基于用户期望的一个特定输入之处是可以预期的，那么当对话要求输入时，该处应准备好作为输入	在软件包安装过程中，每一步要求用户动作的对话均可由按键盘上的"回车"来实现
给用户的反馈或信息应规范化，并以客观、建设性的风格展示。 注：特定的应用领域可例外，如娱乐软件，其中会采用更主观、更感性的风格	如果用户输入的日期不合规格，错误信息应写成请"输入 dd/mm/yyyy 格式的日期"

9.2.5　易学性

对话的易学性意味着对话应支持和指导用户学习使用该系统。我们在前面提到的一些原则也属于该范畴的要求，交互系统重要的是要使用用户的业务术语并且提供给用户认识和学习该系统的机会。比如，允许用户在对话中尝试可能的工作步骤并能够回到之前的状态。另外，与易学性直接相关的还有系统提供的文档以及附属的培训材料。系统在可能情况下应提供一些具体的实例，用户可根据这些实例举一反三，产生出相似的解决方案。比如，在项目管理的例子中，系统可默认提供一个虚拟的项目，它可以被用来进行下载和实验等学习目的，并且作为各种用户使用手册中的基本示例。

系统的易学性还要兼顾用户中不同的学习群体，有的用户善于通过具体的示例学习，有的习惯于通过可控的选择对话，又被称为 wizard 对话学习。学习的形式不仅在界面的开发中要进行支持，在系统的培训中同样起到重要作用。易学性的原则见表 9.5。

表 9.5　　　　　　　　　　　　　　　　易学性的原则

原　则	例　子
应该展现给用户"有助于用户学习的规则和隐含的概念"。 注：这允许用户形成记住活动的自身模式和策略	一个压缩文件的软件应该解释清楚"文档"（archive）的概念
如果是不常用该系统的用户或是不常见的使用情况，应提供适当的帮助	财务软件应提供引导用户按规定走完要求的对话步骤（Wizard），以创建年度资产负债表
提供适当的支持，帮助用户熟悉系统。 注：不同的用户对帮助有着不同的需求	当用户按下指定的帮助键时，软件应能解释每个不同菜单项的使用
反馈或解释应该有助于用户对整个交互系统形成概念性的认识。 注：最好把对话设计成能适合不同经验的用户需求	如 Office 系统中的所见即所得（WYSIWYG）

原 则	例 子
对话应提供对于任务的中间结果和最终结果足够的反馈,以便用户能从成功完成的任务中学到东西	用户使用旅馆预订系统预订房间时,用户能接收到每一步的反馈,指引他改善其查询和成功预订的细节
如果对任务和学习目标不妨碍的话,交互系统应允许用户探索对话步骤,而不会受到负面反馈。 注:要根据实际情况决定是否支持	生产计划排产应提供预排产功能,针对不同的资源优先级尝试不同的排产方案
交互系统应做到让用户需要学的东西最少,只要输入最少量的信息,系统就会按要求提供附加信息	生产计划排产功能应提供"一键排产"按钮,减轻计划人员的工作负担,并可在结果上进行手动微调

9.2.6　容错性

交互系统被称为具有容错性是指即使有错误的输入,在系统错误及其类型的提示下,只要进行很少的修改,就能够得到正确的工作结果。容错性对于对话最基本的要求是错误的输入不会导致数据的丢失或程序的崩溃。

容错性要求软件系统能够检测出用户操作的关键步骤中的一些非典型情况。一个常见的例子是用户在关闭系统前,对用户进行提示是否要对尚未保存的数据进行存储。另外,对用户录入的数据要能够进行实时验证和过滤,以保证数据的正确性。比如,在一个要求填入数字的输入域如果填写了其他符号,可以将输入域的背景颜色置成红色以示提示。

容错性还要求具有一个对发生错误上下文敏感的帮助系统,如果可能,这个帮助系统能够指示出成功完成该项任务的步骤和条件。错误提示要求具有较好的可读性和建设性。另外,交互系统的容错性也允许用户在某种程度上对任务的执行进行尝试,并且能够返回到测试步骤前的状态。

9.2.7　可定制性

交互系统是可定制化的,如果其具有根据不同用户的能力和喜好进行设置的能力。许多软件在选项设置中提供了很多用户自定义的功能,如显示字体大小、颜色等。除此之外,提供对显示颜色的配置能力也是非常有实际意义的,如对于色盲用户来说,可以帮助他们解决此类视觉上的问题。

可定制性同时也体现出以前已经讨论过的可控性原则,如用户可以将多个工作步骤定制合成到一个大的步骤来完成。自我描述性的原则中已经提到气泡式的帮助是一种有意义的实现方式,但对于有经验的使用者来说,如果系统经常性地给出这样的提示,反而会对工作产生干扰,因此可定制性要求交互系统能够提供开启和关闭这种提示的设置。总之,交互系统的可定制化的实现提供给个体工作风格和品位完全可定制的服务。

9.3　人机工程与软件过程

界面交互设计不仅对项目结果的接受程度具有较大的影响,其对整个软件开发过程同样具有影响。需求分析的主要目标就是为了识别和了解哪些业务需要在待开发的软件中进行实现。这个阶段确定下来的在软件中支持的业务流程同样也是进行界面设计的根据。因为针对主要功能的设计是面向最终用户的，所以，在设计的过程中应充分考虑到如何尽量减少用户的操作步骤，以完成工作。

需求分析的另外一项工作是做数据的建模，即了解主要业务步骤中都需要哪些信息。这个工作一方面是理清数据之间的逻辑关系，为业务功能做好准备；另一方面，通过对数据流的分析，了解如何对数据的处理过程进行分解。

另外一项分析阶段的目标是决定典型终端用户具有的特征。这可以通过对有经验的用户进行问卷调查，询问哪些条件需要在操作中进行考虑。一个具体的例子是确定未来系统的使用地点，尤其是在一些工业现场，计算机屏幕可能会很容易变脏或者用户需要戴手套进行操作，还有可能现场噪声较大，用户无法听到系统默认的提示音等。这些都需要在需求分析中进行识别和了解，除了在硬件的选择上要符合要求，在软件的交互设计上同样需要满足实际操作的需要。

如果是对已有软件系统的重新开发，那么就需要考虑如何将旧系统中用户已有的工作流程在新的系统中进行迁移。一个简单的方法是，以原系统的界面为基础来熟悉并保持已有业务的实现方式，并做进一步的扩展。

软件的设计阶段包含了对系统界面的设计，建议采用一些比较重视接口和包的使用的设计方式，使得实际的核心业务功能与界面间的接口尽量相对狭小。即便如此，也必须了解清楚哪些信息需要管理并且需要在交互中进行显示。

在界面设计过程中，初步的设计工作一般绘制在纸上或者白板上，以方便考虑每个业务步骤粗略的图形界面及其布局。类似卡通片制作中的故事板，可以为每个工作步骤勾勒其大概的界面轮廓，并将各阶段使用箭头进行连接。

然后对这些界面的轮廓进行原型化的实现，可以借助一些 GUI 开发的软件辅助工具，它们支持方便的控件拖拽等可视化的界面组合。最后就界面的原型与客户在一起继续讨论和优化，这是一个非常重要的过程，客户不懂技术，开发人员不懂业务，可视化的界面原型能够在其间搭建起两者沟通的桥梁。这个过程还能够纠正一些客户对软件开发的误解，如界面并不是软件的所有开发工作。另外，开发人员必须预见到，当客户看到初始的界面原型后，思路可能会被进一步启发和拓展，从而会产生额外的功能需求，进而造成需求的变更。

在界面的实现中一般只关注使用的类库、组件和框架的特点并进行选择，如果使用了 MVC 等架构模式，在软件的设计上也需要做相应的考虑。

9.4　可使用性的验证

软件开发中一个核心的任务就是确保期望的功能在未来的系统中能够得以实现。如何验证软件的功能实现将在下一个章节中进行描述。人机交互的测试需要在软件功能开发后进行，但一般采用不同的方法，因为对于每个人机交互的测试，一般不能简单地单独自动运行。本小节主要针对人机交互的验证方法进行说明。

对人机交互的测试，一般采用两种方法：一种是以领域专家为中心的方法，主要依赖人机交互专家的经验进行评估；另一种是基于最终用户的方法，通过跟踪和调查最终用户对系统的使用情况进行分析。具体给出以下 5 种基本的考查方面，它们通常可以联合使用，并可根据项目的具体情况进行调整。

在介绍验证的方法前，首先要确定人机交互测试的主要目的。除了对最终用户进行业务操作的工作流程进行最优的支持外，还有下面的目的：

- 界面整体上是否具有统一的设计，是否适合界面开发的软件或软件包？
- 新的软件系统是否能够体现出边做业务边学习的特点？
- 用户重点强调的特征是否在交互系统中得到了贯彻和实现？

1. 启发式评估

在基于领域专家的评估方法中，主要借助外部的人机交互专家们的能力。这些专家应该在相应的领域具有较好的专业知识和经验，并且对交互设计未来的发展趋势具有较好的前瞻性。具体的做法一般是将多个专家按照不同的评估方面进行分组分别评估，然后将他们的评估结果汇总形成一份总的评估报告。

这种方法的好处是能够利用专家的经验给出比较中立的结果，但寻找并且聘请专家进行评估的过程需要相对较高的投入。

2. 准则和检查表

基于专家的方法评估的对象一般是针对系统的规格说明文档。我们还可以借助与可使用性相关的一份检查表进行辅助的评估。

如表 9.6 形成对软件的一个期望列表，并对每个期望给出其权重值。期望的评估值范围可以为 0～4，0 表示未能满足，4 表示非常满足。这个评审可由不同的人分别完成，他们可以是精心挑选出来的不同利益相关者的代表，如没有参与界面设计的开发人员、其他项目的同事、内部专家、客户代表等。评审的结果会被收集和分析，并为界面设计的下一次迭代开发指明方向。

表 9.6　　　　　　　　　　交互评估检查表示例

序　号	目　标	权重系数 g 重要程度（4→1）	评价结果 b 满足程度（4→0）	综合值 g*b
1	项目便于添加	3	4	12
2	项目便于比较	4	2	8
3	进度估算容易进行	3	3	9
4	估算结果容易理解	4	4	16
5	系统错误提示统一	2	2	4
合计				49

这种方法的好处在于给出的评估标准清晰、明了，可以对评估结果做出细致的分析。不足之处在于，该方法需要针对每个项目对评估标准进行调整，尤其是每个评估标准中的权重值的选择是比较困难的，因为要力求发现所有的潜在交互问题。

3. 用户调查

这是一种基于用户的评估方法，通常提供给用户一份调查问卷，其形式多是一些客观选择题，内容类似于检查表的形式，也可以补充少部分自由回答的问题。

除了关于可使用性的问题外，对于被调查者的人机交互知识的了解程度、对交互系统的期望以及改进建议等也可以设计相应的调查问题。总之，要求问卷的创建者要至少具备一些社会调查方面的经验，不仅能够对问卷的结构进行设计，而且能够对调查结果进行分析，以确定结果的影响。

4. 基于任务的测试

这是一种基于使用者的测试方法，主要针对系统提供的典型功能的最终用户。为此，我们需要选择一组作为系统最终使用人员的参与，他们可以是实际的客户，也可以是其他具有相当业务领域知识的人。

在测试过程中，这些参与者将被分配某些业务任务，并通过目标系统来完成。每个人完成任务使用软件的情况将会通过屏幕录制或其他记录方式保存下来，如鼠标和键盘的使用情况。随后，交互开发人员将会对这些记录进行操作人员行为的分析，以寻找有潜在优化机会的地方。当然，如果能够有机会与实际的测试人员一起座谈，了解他们对新系统的印象和感觉，也会为交互的改进提供直接的帮助。

实践经验表明，基于最终用户的测试方式只需要较少的测试人员，就可以得到需要的结果，根据系统的复杂程度，一般可以安排 4~10 人进行测试。该方法存在的一个问题是，相应的测试人员难以寻找，尤其对业务较熟悉但不需要太多培训就能参与测试的人员。

5. 基于想法的测试

这是基于任务测试的一个变种。此方法的测试除了要求记录每个测试人员的行为外，还需要他们能够解释他们做每一个步骤的确切想法。该方法最大的好处在于，除了观察到测试人员的动作外，还能够洞察出他们的工作方式。这一切能够直接告诉开发者他们在寻找什么，这对改进对话界面或者帮助功能的结构是非常有价值的。

该方法的一个主要问题是合适测试人员的寻找。除了需要具有最终用户的业务经验外，测试人员必须能够准确描述他们的想法，并且以一种他们习惯的方式完成测试任务，也就是要求他们有头脑，而且知道每一步的目的和想法。

习　题

1. 本章描述的 ISO 9241 对话原则适用于所有软件系统中的界面设计。请针对每个对话原则，根据自己对某软件系统（如腾讯 QQ、新浪微博、淘宝商城等）的使用体验，分别给出 2 个正面的应用示例并简单描述。

2. 扁平化设计（Flat Design）就是在进行界面设计的过程中，去除所有具有三维突出效果的风格和属性，即去除掉下落式阴影、梯度变化、表面质地差别，以及所有具有三维效果的设计风格。很多流行的系统都采用了扁平化的设计元素，如 IOS、Android 和微软 Metro 风格的系统，请结合交互设计的原则，解释扁平化界面设计的优势和不足。

第10章
质量保证

第 9 章的结尾处提到，要保证开发的系统在功能上满足用户的需求是非常重要的。对于软件的纯功能实现，软件工程领域中已经提供了多种不同的验证方法，以保证功能实现能够满足用户需求。这些方法将在本章中讨论。

本章首先介绍如何来保证系统的正确性，然后针对断言机制和单元测试两个测试实现相关的方面进行具体说明。接下来讨论如何应对测试系统化（方法）的问题，重点是在对测试内容的选择上做到既要简略，又要尽可能地发现多的缺陷。这里所说的测试内容即测试用例，它给定了一个运行场景的状态，包括待输入的数据、期望的运行方式以及期望的结果。

除测试外，与质量相关还可以有其他影响因素，这部分内容主要针对质量的度量进行讨论。度量与过程是紧密相关的，根据度量的结果针对开发过程的问题可以采用一定的措施进行改进，从而易于显著提高软件生产的质量。

测试策略即对测试活动的组织。测试活动是对软件实现后的活动步骤的扩展。测试首先从程序层开始，一般是由开发者本人进行的小范围测试，接下来是逐步集成的测试，以及针对用户需求的系统测试等。

10.1 形式化的正确性

软件测试除穷举的尝试外，还存在一些系统化的方法，能够大大提高软件测试的效率以及软件质量。软件质量即软件的正确性，它是用户需求的具体体现。但应如何对正确性进行评价，参照又在哪里？软件测试的基本原理就是：用户需求是否被准确地表示并实现，我们可以回答出该软件正确与否，即高质量或低质量。因此，对于一个软件系统来说，我们总是可以事后对其进行验证，检验其是否达到了用户标准。为此我们可以根据不同的需求，准备一系列的测试，让其以某种形式运行起来，以实现对系统的检测。当然要注意到，测试的顺利通过并不能用来证明整个系统是正确的，因为我们的测试数量通常是有限的，测试内容的选择策略通常是对系统可能的缺陷进行分类，并有针对性地让其表现出来，但并不能代表全部可能的情况。

对于正确性的验证，一种直接的方法就是通过编写一个验证程序，将待测程序和需求传入，然后该程序给出需求是否被满足的结果。但是由于可计算性理论对于停机问题进行了研究并且给出的结果证明这样的程序是不存在的。也就是说，不可能用一个单独的程序来判定任意程序的执行是否终止，也就避免了人们为编制这样的程序而无谓地浪费精力。

如果能够限制需求的类型，则验证过程是能够得以进行的。这样的思想实际上是建立在模型检测

（Model Checking）的基础上，通过一个确认程序对模型的语言和需求描述同时进行处理，可实现自动对模型是否满足某个具体的需求进行判断。模型检测的基本思想是用状态迁移系统（S）表示系统的行为，用模态逻辑公式（F）描述系统的性质。这样"系统是否具有所期望的性质"就转化为数学问题"状态迁移系统 S 是否是公式 F 的一个模型？"。对有穷状态系统，这个问题是可判定的，即可以用计算机程序在有限时间内自动确定。模型应使用某种模型语言实现对目标系统尽可能简单的表示。

基于这样的思想可以进一步考虑，如果给出若干有限的逻辑条件和结果，则可以对模型表示的所有可能的情况进行检测。这可以通过一个简单的例子进行说明。这里实现了一个返回类型为布尔值的方法，其包含了一种 if-then 的逻辑形式，对应的具体需求见表 10.1。根据此要求实现的具体程序片段如下所示：

表 10.1 逻辑条件与结果的对应需求

a	b	逻 辑 结 果
true	true	true
true	false	false
false	true	true
false	false	true

```
public static boolean implements (boolean a, boolean b) {
return !a ‖ b;
}
```

现在可以对所有可能的情况进行检测，对照表 10.1 中的规格说明，看是否满足了要求。

```
public static void main(String[] args) {
boolean values[]={true,false};
for (boolean a:values)
    for(boolean b:values)
        System.out.println("a=" + a + " b = " + b + " result: "+implements(a,b));
}
```

程序的输出如下：

```
a=true b=true result: true
a=true b=false result: false
a=false b=true result: true
a=false b=false result: true
```

这个很小的例子也同时说明了一个准确的需求描述对于测试的重要性。当然，这个模型检测例子中的 implements 方法可能还有其他形式不同的逻辑表达方式。

如果想对任意的编程语言和逻辑进行正确性的证明，则需要使用证明系统。其主要思想为：通过对较小的已经被证明的程序的使用及其证明的规则推导出较大的正确的程序。需求在这里作为程序的一种性质以逻辑的方式体现。作为一个例子，如某程序 P1 在具有性质 E 及其逻辑 B 满足的情况下，可实现性质 F 的要求；程序 P2 在满足性质 E 以及 not B 的逻辑下，也实现了性质 F 的要求。然后我们就可以通过证明的规则得到以下隐式结论，如果性质 E 得到满足，通过实现可得到以下规则：If (B) then P1 else P2 满足性质 F 的要求。当然，实际程序的证明和推理步骤是比较繁琐的，其核心是一个定理证明系统。

模型检测的方法在 20 世纪 70 年代末被人们应用在计算机硬件系统。这是一个较大的应用领域，因为硬件相对软件来讲不容易改变。模型检测方法的高效应用需要专家的参与，其是否可以或者如何在传统的软件开发中进行应用，还是一个开放的问题。前面章节中介绍的对象约束语言（OCL）可以作为一个很好的切入点，因为它允许在类模型中融入对需求的表达，这是未来证明系统可以利用和处理的内容。

<h1 style="text-align:center">10.2　断　言</h1>

当前很多高级编程语言都提供一种用来进行断言的指令，如在 Java、C#和 C++中，它们的一般形式为 Assert <Boolean condition>。这些断言方法可以在不同的程序场景中使用。但需要注意的是，虽然它们提供了一种对异常进行检查的能力，但只能在开发阶段使用，并且不能替代常规的异常处理。

断言的主要作用是提供给程序员在某些关键的位置能够确认某种假设在程序中是正确的。因为断言要占用存储和运行时间，因此很多编程语言都提供对断言的一些编译开关，使其能在编译时处于有效或无效状态。某程序开始处的一个断言指令如下所示：

```
public void analyse(int a, int b){
assert a>b && exemplar>5;
……
}
```

这个断言表示：调用该方法要求其参数满足相应的条件并且该对象需要处于某种状态，即实例变量 exemplar 的值需要大于 5。这种假设不要与异常相混淆，断言的加入使得方法必须要满足既定的条件，即具有了需求的程序特性。如果对输入的内容不能确定其是否满足既定的要求，如在防御性程序设计[①]（Defensive Programming）中要求方法总是可用，则必须要使用异常处理，而不能使用断言。Java 中的断言指令在上面的基础上进行了扩展：

```
assert <boolean condition>: <any object>
```

上述表示如果断言不能得到满足，给定的对象<any object>将被输出。通常，该对象为一个 String 类型或者是实现了 toString()函数的对象。

位于函数尾部的断言可用来检验是否该方法的计算是期望的结果，或者说，可以用来检验计算出的结果是否具有期望的某些属性。下面的例子便用一个乘法的过程进行说明，其两个参数必须为正整数。

```
public int multiplication(int a, int b){
int op1=a;
int result = b;
int rest = 0;
assert(a >= 1 && b >= 1): "not positive parameter";
while (a > 1) {
    result = result*2;
    if( a%2 == 1 )
        rest = rest + b;
    a = a/2;
}
```

---

① 防御性编程是一种细致、谨慎的编程方法。通过对未来问题的预见，设置环境进行捕获和处理。.

```
result=result + rest + b;
assert result == op1*b: "false computation";
return result;
}
```

上面的方法中加入了两个断言，目前为止我们还没有对这个方法进行测试。对方法的测试需要对其传递合适的参数并执行之。如何针对测试系统并确定合适的测试用例是后续章节中需要解决的问题，这里只是给出一些实际的参数进行验证。首先假定该方法已经在某个类（如 Computer）中进行了实现。

```
public static void main(String[] args) {
Computer r = new Computer();
Systemout.println("7*9="+r.multiplication(7,9));
Systemout.println("6*8="+r.multiplication(6,8));
System.out.println("6*0="+r.multiplication(6,0));
}
```

对应的输出如下：

```
7*9=63
6*8=48
Exception in thread "main" java.lang.
AssertionError: not positive parameter
at Computer.multiplication(Computer.java:8)
at Computer.main(Computer.java:24)
```

如果断言的编译开关被关闭掉，断言相当于被注释，它们也不再占用任何附加的资源。但这也不是绝对的，因为那些只在断言中使用的信息往往还要占用一定资源。比如，上面的例子乘法功能中的变量 op1，它只在最后一个断言中被使用。

断言不仅在方法的头部、尾部可以使用，在中间的位置也可以应用。一个使用断言的小技巧：assert false; 这个断言好像没有什么用处，因为其永远都不会通过，它的作用在于放置于认为不应该到达的地方，以确保此处不可达。如下面的例子，确保只有 65 岁以下的人可以参与到折扣计算中。

```
public int discount(int age){
int result=0;
if(age>=0 && age<18)
    result=10;
else
    if(age>=18 && age<65)
        result=5+(age/2);
    else
        assert false: "false age";
return result;
}
```

另外，对断言的使用，要确保不会带来任何副作用。也就是说，不会改变实际类的状态。比如，对以下迭代器 iter 的断言是不合适的，因为该断言检测后会导致迭代器状态的改变，使其指向了下一个对象。

```
assert iter.next()!=null;
```

10.3 单 元 测 试

软件测试一个非常重要的任务就是设计能够尽可能发现问题的测试用例。下面的章节中还要介绍几种不同的设计测试用例的方法，这里先从测试用例以及测试的一般方法开始说起，并主要介绍测试初期的单元测试，更多的测试内容在 10.7 节中进行说明。

10.3.1 测试方法

测试的一般方法就是针对待测试系统（System Under Test，SUT）进行尝试和分析，并确定它是否按照期望的方式运行。测试用例来自于已经建立的规格说明。规格说明必须能够清晰地描述出期望的行为。同时，规格说明又源自用户需求，因此通过测试用例可以逐步完成用户需求的测试。在这个过程中，活动图对于测试是非常有帮助的，因为其能够展示出业务的执行路径。

文本形式的需求需要尽可能的精确，同样各个需求之间的联系也要准确建立，这对于测试用例的设计是非常重要的，因为每个测试用例在执行前都要确定出它的前提条件或应用环境。比如，对某个类中的简单方法进行单独测试，可能搞清楚方法的每个输入参数的说明即可，但如果该方法引用了其他实例变量或其他对象，则在测试前需要确定好相关变量的正确取值。测试设计中把这样的工作称为测试配置，它描述了测试时其他相关部分应具有的状态。测试配置主要关注的内容包括：

（1）目标系统运行的硬件，从硬件上的操作系统到硬件层本身与测试环境都是相关的。

（2）与目标系统在运行环境中并行执行的软件，这个与系统的性能分析会有重要的联系。

（3）目标系统将会与其他软件的什么版本一起工作，这些具体的版本应在测试环境中准备好。

测试环境的搭建与未来用户的使用现场情况越相近越好，因此，如果具有一个综合的测试实验室，能够实现各种用户环境的配置并快速实施测试将是非常有意义的，但在现实中，需要对各种约束做出实际的妥协以模拟用户环境，尤其是对网络环境中集群式环境的模拟。近年来出现了虚拟机的概念，使得人们不再需要大量的实体计算机，并且可以省去各种软件安装的麻烦，可在操作系统级实现对虚拟机高效的管理，如借助 hyper-V 技术的使用。

同样，测试的过程也需要进行精确的描述。这种描述最简单的形式就是对过程调用的顺序进行安排。复杂一点的系统可能还要经常考虑时间条件，如被测系统在某个事件后需要在指定的时间间隔内做出响应等约束。

最后，在测试用例中需要准确地给出期望的运行结果，以便能够比较容易地判断出测试是否发现了某个缺陷。当然，有时对结果的描述也会花费较大的精力，这依赖于系统的复杂性。比如，需要进行数据库连接过程的测试，就需要描述出每个数据库操作的目标状态。

上一小节的例子中已经介绍了如果实现对断言的测试，必须将其置于一个测试小环境中，如建立一个 main 方法，实现对目标函数的调用。但是，即使这样，我们已经发现对于测试环境的创建将会随着测试需求以及测试用例的增加变得更复杂和难以管理，因此作为另外一种可选的方案，人们使用测试工具对测试用例进行管理并执行。这种方式的缺点是为了能够使用它，必须事先熟悉和学习测试工具。

10.3.2 测试框架

正是由于上述问题，首先由 Kent Beck 提出并完成了一个尽量简单的测试框架，它允许使用各种程序设计语言来创建测试，而不需要人们花费过多的精力在整个测试环境的创建上。这种想法首先在 Smalltalk 平台上——SUnit 框架进行了实现，后来又在不同的语言平台上（如 Java、C#、C++等）进行了移植，它们被称为单元测试框架。这里我们对 Junit 的测试框架进行重点说明，主要基于其 3.8 的版本。虽然写作时 JUnit 的最新版本是 4.12，但版本 4 的 JUnit 主要特点是增加了对 Java5 及以上的支持，即加入了 Java 的 Annotation 机制，这种形式在其他语言的单元测试框架中也不常见。Kent Beck 也曾表示 JUnit 3.8 中的基本概念和使用形式将在其后版本中继续得到支持。当然，我们在最后针对 Junit 4 也进行了说明。

1. JUnit

JUnit 的基本思想是对不同的测试用例创建与其对应的测试方法，测试用例的执行和评价由 JUnit 接管。在 JUnit 3.8 中，这些测试方法的基本形式为：

```
public void test<furtherNamepart>(){ …… }
```

每个测试用例具有自己不同的名字。JUnit 可以使用反射机制在测试环境中调用传递过来的方法，所有的 test 测试方法都放在一个测试类中，这个类需要从 JUnit 提供的系统类 TestCase 继承而来。如果该类需要测试的内容为 X，其命名一般情况下采用 XTest 的形式。

JUnit 负责执行所有的测试用例，版本 3.8 中还提供了一个附加的图形界面，其中显示出所有执行的测试数、通过的测试数以及失败的测试数等，这个状态显示的界面现在已经在很多大型开发环境中得到了支持和无缝的集成，并且当有某项错误发生时，相应的错误信息也会显示出来，Junit 也逐渐不再需要自己的界面了。

JUnit 的测试类也是一个普通的 Java 类，含有自己的实例变量和方法。对于测试来说，重要的是其测试方法的确定性，即对于相同的输入，一定会有相同的输出结果，测试执行的顺序不应对测试的结果造成影响。为了营造这样的重要环境，Junit 测试类需要重载以下两个方法。

```
protected void setUp(){……}
```

此方法在每个测试开始前都要执行，其中可以对实例变量等环境相关的内容进行设置。同样，每个测试结束后会执行：

```
protected void tearDown(){……}
```

因此，其比较适合做一些清理工作。因为 Java 自己具有垃圾回收的能力，能够将一些不被引用的对象自动删除，因此在这个清理过程中可主要做一些诸如关闭文件或数据库连接等工作。总结一下，测试方法 testX() 的执行首先伴随着 Setup() 的先执行，然后是 testX() 本身，最后是 tearDown() 的执行。

在框架提供的测试方法中也提供了对某些特征进行检验的特殊方式，这可以通过调用源自类 TestCase 的父类 Assertion 中提供的方法，其中较重要的是如下方法：

```
assertTrue(<Text>,<Boolean condition>);
```

这个方法对布尔条件进行检测，如果为 false，则认为发现了一个错误，测试过程停止，并将文本部分连同错误出现的具体位置等信息由 JUnit 一同输出。若在文本信息中同时给出期望状态和实际状态，则会使本方法的使用更加具体和实用。此方法还有一个简化版本 assertTrue(<Boolean condition>)，其中省略了文本部分。除了 assertTrue 方法外，还存在一些其他的检测方法，它们都可以看作是 assertTrue 的特殊形式，具体包括：

（1）assertEquals(Object expected, Object actual)：检测两个对象是否一致，将会分别调用两个对象的 equals(Object) 方法进行具体比较。

（2）assertEquals(int expected, int actual)：检测两个变量是否具有相同的值，同样具有简单类型 float、byte、char、short、long 和 boolean 的版本。

（3）assertEquals(double expected, double actual, double delta)：检测两个 double 类型值的差别是否在 delta 之内，同时也存在类型 float 的版本。

（4）assertSame(Object expected, Object actual)：检测两个对象是否完全一样（==）。

（5）assertNull(Object object)：检测某个对象是否为空。

（6）assertNotNull(Object object)：检测某个对象是否不为空。

要进一步说明的是方法 assertEquals() 的 delta 版本，因为对于浮点类型的精确比较是不合适的，该版本的断言提供了一种差值在给定范围内的比较方式，实用性则更强一些。

除了 assert 类型的方法外，还提供了方法 fail (<Text>)。它对某个不应到达的位置进行了标记，Text 会在错误发生时被输出。该方法可以用来验证某个异常的处理是否正确，如要测试方法 xy()，会抛出某个期望的异常，则可以在测试中这样编码：

```
public void testXyThrowsException(){
try{
    ob.xy();
    fail("ob did not throw any Exception" + ob);
} catch (XYException e){}
}
```

如果期望方法不会有异常抛出，可将测试中对于 fail 的调用置于异常处理中。

```
public void testXyThrowsNoException(){
try{
    ob.xy();
} catch (XYException e){
    fail ("ob threw Exception" + ob);
}
```

通过一个具体的例子综合一下前面提到的内容。这里没有使用在每个测试函数开始前进行初始化的 setup 函数。该例开发上由一个折扣类 Discount 负责存储当前折扣情况，其中含有一个 discount 的实例变量。另外，该类提供一个对某个客户"锁定"的能力，对锁定客户的折扣计算将会导致一个异常 DiscountException 的抛出并被终止。具体实现如下所示：

```
package chapter10_Discount;
public class DiscountException extends Exception {}
```

继续：

```
package chapter10_Discount;
public class Discount {
private double discount;
private boolean locked;
public Discount(double discount, boolean locked) {
    this.discount = discount;
    this.locked = locked;
}
public boolean isLocked() {
    return locked;
}
public void setLocked(boolean locked) {
    this.locked = locked;
```

```
}
public double getDiscount() {
    return discount;
}
public void setDiscount(double discount) {
    this.discount = discount;
}
double price(double originalprice) throws DiscountException {
    if(locked)
        throw new DiscountException();
    return originalprice*(1 - (discount/100));
}
}
```

测试类可以写成如下形式，若 set 和 get 方法大多是由代码生成工具自动产生的，则可以略去对它们的检查。测试中经常将一个大的测试过程分解为多个独立的测试用例顺序执行，这样的形式多是若干 assert 指令先后出现，如果第一个产生错误，后续的 assert 将不会被继续执行。但是，有时测试用例并不独立，即测试过程需要两个测试用例紧密配合执行，如下面例子中的情况。

```
package chapter10_Discount;
import junit.framework.TestCase;
public class DiscountTest extends TestCase{
private Discount good;
private Discount bad;
protected void setUp() throws Exception {
    super.setUp();
    good=new Discount(3.0,false);
    bad=new Discount(0.0,true);
}
public void testGetDiscount(){
    assertTrue(3.0==good.getDiscount());
    assertTrue(0.0==bad.getDiscount());
}
public void testSetDiscount(){
    good.setDiscount(17.0);
    assertTrue(17.0==good.getDiscount());
}
public void testIsLocked(){
    assertTrue(!good.isLocked());
    assertTrue(bad.isLocked());
}
public void testSetLocked(){
    good.setLocked(true);
    bad.setLocked(false);
    assertTrue(good.isLocked());
    assertTrue(!bad.isLocked());
}
public void testPriceSuccess(){
    try {
        double result=good.price(100.0);
        assertEquals(result,97.0,0.001);
    } catch (DiscountException e) {
        fail("false DiscountException");
    }
}
```

```
public void testPriceWithException(){
    try {
        bad.price(100.0);
        fail("failed DiscountException");
    } catch (DiscountException e) {
    }
}
public static void main(String[] args) {
    junit.swingui.TestRunner.run(DiscountTest.class);
}
}
```

JUnit 运行结果如图 10.1 所示。

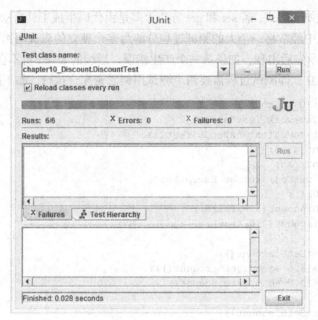

图 10.1　JUnit 运行结果

在很多大型的项目开发中，需要对测试用例进行收集和管理，并在合适的时刻重复执行所有的测试用例或者根据情况重复执行部分的测试用例，这叫做回归测试。JUnit 使用 TestSuite 的概念来支持对测试用例集合的管理。具体步骤为：首先创建类型为 TestSuite 的对象，然后通过该对象实现对指定测试用例的组织，如下面的代码段所示：

```
import junit.framework.Test;
import junit.framework.TestSuite;
public class AllTests {
public static Test suite(){
    TestSuite suite=new TestSuite( "Clientsystem" );
    //从测试类加入测试用例集合
    suite.addTestSuite(DiscountTest.class);
    suite.addTestSuite(ClientTest.class);
    //也可以从其他的 TestSuite 加入测试用例集合
    suite.addTest(OtherAllTests.suite());
    return suite;
}
```

```
public static void main(String[] args) {
    junit.swingui.TestRunner.run(AllTests.class);
}
}
```

2. 测试框架的作用

测试框架的主要作用是实现了对测试用例的管理，一方面将独立运行的测试进行统一组织，在其执行前后加入配置能力；另一方面能够按照要求选择合适的测试分组管理。这种做法在 JUnit 版本 4 中也同样支持。DiscountTest 的例子在版本 4 中的移植代码如下所示：

```
package chapter10_Discount;
import org.junit.After;
import org.junit.AfterClass;
import org.junit.Before;
import org.junit.BeforeClass;
import org.junit.Test;
import static org.junit.Assert.*;
public class DiscountTestJUnit4{
private Discount good;
private Discount bad;
@BeforeClass
public static void onetimeAtBeginning(){
    System.out.println("Open Database");
}
@AfterClass
public static void onetimeAtEnd(){
    System.out.println("Close Database");
}
@Before
public void start() throws Exception {
    //super.setUp(); 不再需要
    System.out.println("start called");
    good=new Discount(3.0,false);
    bad= new Discount(0.0,true);
}
@After
public void stop(){
    System.out.println("stop called");
}
@Test
public void getDiscount(){
    assertTrue(3.0==good.getDiscount());
    assertTrue(0.0==bad.getDiscount());
}
@Test
public void setDiscount(){
    good.setDiscount(17.0);
    assertTrue(17.0==good.getDiscount());
}
@Test
public void isLocked(){
    assertTrue(!good.isLocked());
    assertTrue(bad.isLocked());
```

```
    }
    @Test
    public void setLocked(){
        good.setLocked(true);
        bad.setLocked(false);
        assertTrue(good.isLocked());
        assertTrue(!bad.isLocked());
    }
    @Test
    public void priceSuccess(){
        try {
            double result=good.price(100.0);
            assertEquals(result,97.0,0.001);
            } catch (DiscountException e) {
            fail("false DiscountException");
        }
    }
    @Test(expected = DiscountException.class)
    public void PriceWithException() throws Exception{
        bad.prise(100.0);
    }
    }
```

以上代码与版本 3.8 的区别首先是测试类不需要再从其他类继承，使得开发更为灵活。另外，各测试方法不再要求以 "test" 开始，而是通过 Java 5 中的 Annotation 注解机制使用了@Test 标识。另外，配置方法中不再要求必须是 setup 或 teardown，可以是任意的名字，但使用@Before 和@After 标识。新增了一种特殊的方法，其提供了对所有测试进行一次性初始化和结束清理的工作，并使用@BeforeClass 和@AfterClass 标识。

JUnit 4 中测试方法的写法当然也可以与 JUnit 3 中保持一样，不需要更多的改变，只在其前面加上@Test 注解即可。对于期望异常的测试，可以在 Annotation 中将这个异常作为参数，如在上面的测试方法 priceWithException()中所示，重要的是要在测试方法的头部加入异常的抛出动作 throws。

JUnit 4 中还存在@Ignore 的 Annotation，可以置于@Test 前面，表示在接下来的测试中不去运行该测试方法。对于方法的命名，如 setup 和 tearDown，建议在 JUnit 4 中采用同样的方式，这样可以大大增加程序的可读性。

正如名字 "单元测试框架" 表示的含义，JUnit 比较适合开发人员对自己创建的单个类进行测试的工具。事实上，JUnit 存在一个强有力的竞争对手，即 TestNG 框架。两个框架的不同在于它们的核心设计。JUnit 一直是一个单元测试框架。也就是说，其构建目的是促进单个对象的测试，而且它确实能够极其有效地完成此类任务；而 TestNG 则是用来解决更高级别的测试问题，它具有 JUnit 中没有的一些特性，如依赖性测试、参数化测试以及多线程测试等特性。

10.4　系统的可测试性

测试的构建一般采用 "自底向上（Bottom Up）" 的方式，即从粒度较小的类方法开始测试，然后再对由这些简单方法构成的更复杂的方法进行测试，如此进行下去，直到粒度较大的与其他类没有依赖关系的简单类测试完毕，再由这些简单类出发，测试那些与其相依赖的类。也就是，新的测试总是在已经经过测试的类和方法的基础上进行构建，如要对一个依赖（使用）Discount 类的另外一个类创建测试，则无需在这个测试类中重新测试 Discount 的 price()方法。

上述（集成）测试过程可能会由于过高的开销或遇到类之间较复杂的依赖关系而无法继续进行下去，这时需要在一个较高的层次上指定一个相应的测试策略。也就是说，要确定一种对多个类同时进行测试的方式。关于测试用例的设计，会在以后的章节中进行讨论。

测试进行的过程中，尤其是在多人并行开发时经常会出现彼此依赖的情况。比如，某开发人员开发的类 A 需要依赖其他人的开发成果类 B，但这个类 B 还没有正式开发完毕。这时为了避免等待而影响开发进度，可以通过构建类 B 的一个简化形式的类 B'来模拟 B，类 B'称为是类 B 的桩或模拟（stub or mock），并且在构件 B'时需要在满足类 A 需要的基础上尽可能地对其简化实现。

在模拟程序中，最简单的一种实现就是提供一个默认值返回，比如，在一个返回 void 类型的过程中，可以是一个完全为空的实现。如果需要返回一个实际的对象，提供一个空值 null 的返回就足以使得相应的实现能够运行起来。如果返回类型为 int 或 boolean 等简单类型，则必须给出一个相应类型的标准值，如 0 或 false。

桩程序的具体实现依赖于类 A 的实际需要，通常最简化的桩实现不能完全满足类 A 的要求。比如，类 A 需要以下一个返回布尔类型的桩实现：

```
public boolean determine(int i){
return false;
}
```

这个桩实现只能为类 A 一直提供返回值为 false 的情况，即类 A 中只能测试到这一种情况。为此，可以对该桩采用以下稍复杂的实现方式，它可以较灵活地控制结果的返回值。

```
public boolean determine(int i){
return i==40;
}
```

程序中的具体数值可根据类 A 的实际需要调整，以避免不断重复的修改。下面的例子对此进行了示意性描述。

```
package chapter10_TransactionMock;
public class Transaction {
public static LogData logging;
……
public synchronized void debit(int id, Account account, int amount)
                                        throws TransactionException{
    if(account.isLiquid(amount)){
        account.debit(amount);
        logging.write(id + " processed");
    }
    else{
        logging.write(id +" insolvent");
        throw new TransactionException("insolvent");
    }
}
}

package chapter10_TransactionMock;
public class TransactionException extends Exception{
public TransactionException(String s){
    super(s);
}
}
```

这里对于日志类 LogData 也没有提供实现，该类中只需要一个没有返回值的方法，因此可以将其实现成为最简单的形式，如下面的代码所示：

```
package chapter10_TransactionMock;
public class LogData { // Mock for Transaction
public void write(String s){ }
}
```

Account 类中需要 debit()和 isLiquid()两个方法。方法 debit()使用简单的实现方式即可，对于方法 isLiquid()，则需要思考一下，因为类 Transaction 需要其能够返回真假两种情况，才能进行较充分的测试。因此，Account 类的桩实现可以写成如下形式：

```
package chapter10_TransactionMock;
public class Account { //Mock for Transaction
public boolean isLiquid(int amount){
    return amount<1000;
}
public void debit(int amount){ }
)
```

现在可以编写对于类 Transaction 的测试代码了，相应的测试类可编写为如下形式：

```
package chapter10_TransactionMock;
import junit.framework.TestCase;
public class TransactionTest extends TestCase {
/*@Test; Mock-Usage LogData , Account */
private Account account;
private Transaction transaction;
protected void setUp() throws Exception{
    Transaction.logging=new LogData();
    transaction=new Transaction();
    account=new Account();
}
protected void tearDown() throws Exception {
    // logging close
}
public void testSuccessTransaction (){
    try {
        transaction.debit(42,account,100);
    } catch (TransactionException e) {
        fail();
    }
}
public void testFailedTransaction(){
    try {
        transaction.debit(42,account,2000);
        fail();
    } catch (TransactionException e) {}
}
}
```

通过上面的例子和分析了解到，在进行类开发的时候，就要为其可测试性做好设计上的准备。第一个可测试性构建的原则就是带有很多规模较小方法的类的测试性要好于那些带有较少方法但每个方法的长度较长的类。方法的长度越长，对其所有方面的测试就越困难。第二个原则就是私有方法的可测试性是较差的，因为由于封装的原因，普通的 JUnit 类无法直接对它们进行访问。在 JUnit 版本 4 之后的 protected 方法的情况将有所好转，因为一个测试类可以从任意的类继承，如可从测试的目标类继承。由于 private 的这个特点，在设计相关的类方法时，应考虑尽量使用它们来完成特别简单的任务。另外，开发人员可能会升级相关方法的可见性，但需要注意并确保不会由于多态性导致一些新的不希望出现的副作用，如实际调用的方法并不是期望的方法。

从可测试性的角度看多态和继承，原则上给测试带来了挑战，因为子类可以对父类的方法或属性进行重定义，对于父类的测试，一般不能直接移植到子类上。

10.5　等价类测试

上一节主要介绍了测试的设计过程，从提高类的可测试性开始做起。测试用例是测试设计的主要工作，其通过对输入的描述、执行条件（待测对象状态）以及预期结果进行说明。测试设计的一般目标是使用尽可能少的测试用例去发现尽可能多的缺陷。

10.5.1　等价类方法

如何选取测试用例可以说是一种艺术，不同的测试人员会有不同的考虑。从单元层或者类中单一方法到活动图中可能的路径，其中等价类测试是一项强有力的测试用例设计方法。

等价类是离散数学中的一个概念，其基本思想是将一个集合按照一定的标准划分为若干个子集合，其中每个元素的归属依赖于指定功能下具体的行为。比如，按照全体自然数被 3 除的余数情况，可以对自然数划分为 3 个等价类，第一个是余数为 0 的自然数集合 $\{3,6,9,\cdots\}$，第二个是余数为 1 的自然数集合 $\{1,4,7,\cdots\}$，第三个是余数为 2 的集合 $\{2,5,8,\cdots\}$。这种等价类划分结果具有一个有趣的性质是将两个等价类中的元素各任意挑选一个出来进行相加，其结果总是分布在相同的等价类中，如 1+2 和 7+8，其结果 3 和 15 总是落于相同的等价类中。

现在将等价类的思想应用到对类中方法的输入或者提供的功能上，主要目的是从需求描述中尽可能准确地推导出程序处理的不同情况。以一个方法为例进行说明，假设该方法的输入为 0～100 的整数并产生某种可能的输出。首先需要对输入区间进行准确的说明，确定该区间是数学上的闭区间，还是开区间，这里假设为开区间(0,100)，即 x 的合理取值范围为 0<x<100。其他整数则为无效输入，应该根据需求说明中的描述进行例外处理，可以把所有无效的输入看作是一个无效等价类，对于数值类型的输入，可进一步将其分解为两个无效等价类的情况，一个是"$x<1$"的区间，另一个是"$x>99$"的区间。在得到初步的等价类划分后，还可以根据具体需求对等价类进行进一步的细化，并针对每个等价类区间选取其中的一个典型值作为测试用例，用以代表整个等价类。上例中由于存在一个有效等价类和 2 个无效等价类，产生的测试用例输入可以是-3、8 和 102。

等价类的构成对于非数值类型的集合稍微复杂一些，如对于枚举类型，假设合理的取值包括 red、yellow 和 blue，则可以简单地将这些取值分别对应一个等价类，如果不允许其他值作为输入数据，则不存在它的无效等价类，如 Enumeration 类型就是这样的情况。否则可以将所有的其他输入对应一个无效等价类，如包含任何符号的文本输入。

作为一个例子，考查一个类的构造方法，它用来创建某学生对象的数据，具有名字、出生年份和专业 3 个属性。名字属性要求不能为空，出生年份要求为 1900 年～2000 年，专业的取值只能是枚举类型，包括"国际贸易（TRADE）、计算机科学（CS）、数学（MATH）"中的一个元素，则对于输入数据，可产生如下的等价类：

E1）名字非空（有效）

E2）名字为空（无效）

E3）出生年份小于 1900（无效）

E4）出生年份大于等于 1900 并且小于等于 2000（有效）

E5）出生年份大于 2000（无效）

E6）专业为国际贸易（有效）

E7）专业为计算机科学（有效）

E8）专业为工科数学（有效）

这些等价类都要进行测试。由于该方法具有 3 个输入参数，在对该方法进行调用时，要同时指定这些参数，因此总的测试用例的数量与这些等价类的组合相关。一种组合方式是对于有效等价类，要尽可能采用少的测试用例进行覆盖，如对于 E1、E4 和 E6 这 3 个有效等价类，可使用一个测试用例同时覆盖。对于无效等价类，则要慎重一些，其覆盖的规则是每个无效等价类必须与其他有效等价类组合测试，以此保证能够触发该无效值对应的专门处理过程。这种由等价类产生测试用例的组合方法称为弱等价类方法。

按照以上原则，可以产生表 10.2 所描述的测试用例。那些使用括号括起来的等价类表示其已经被其他测试用例覆盖过了。

表 10.2　　　　　　　　　　　　　　　　　　等价类划分示例

测试用例	1	2	3	4	5	6
覆盖的 等价类	E1 E4 E6	(E1) (E4) E7	(E1) (E4) E8	E2	E3	E5
名字	"杨楠"	"田亮"	"王东"	""	"杨楠"	"杨楠"
出生年份	1987	1989	1985	1988	1892	2006
专业	TRADE	CS	MATH	TRADE	TRADE	TRADE
预期结果	ok	ok	ok	fail	fail	fail

10.5.2　等价类与边界

敏锐的读者在这里一定注意到了，对于等价类的边界，应该得到格外的关注，因为有经验的程序员懂得缺陷经常会在边界处发生。比如，出生年份为 1986 的输入一定会产生错误，而对于 2000 这个边界，程序员则有可能做出有效或无效输入的假设。为此，在等价类的基础上，还可以继续应用边界值分析的方法，其做法是：对于每个等价类，还要继续测试其所含的边界，使用测试用例覆盖每个边界点以及边界大（小）一点的情况。对于数值类型的等价类，其上下边界很容易确定，如 E3 的上边界 1899 和 E5 的下边界 2001，E4 的下边界 1900 和上边界 2000。

另外还需要注意计算机中对数值的表达方式，不同的数值类型，其能够表达的最小值和最大值的能力也不尽相同。如果在程序中存在对这些值的特殊处理，则在边界值分析时需要仔细分析它们的边界情况。例如，在浮点类型的数据处理中，则需要注意 0 值和最小的正负数之间总是存在一个间隔，因此，在这种情况下需要对这些非零的最小数值同样进行测试。

表 10.3 中给出了边界值分析的测试用例，字母 D 表示下边界，字母 U 表示上边界。边界值分析方法，使得所需的测试用例数量在边界处增加了 2 个。

表 10.3   加入边界值分析的示例

测试用例	1	2	3	4	5	6
覆盖的 等价类	E1 E4D E6	(E1) E4U E7	(E1) （E4） E8	E2	E3U	E5D
名字	"杨楠"	"田亮"	"王东"	""	"杨楠"	"杨楠"
出生年份	1900	2000	1985	1988	1899	2001
专业	TRADE	CS	MATH	TRADE	TRADE	TRADE
预期结果	ok	ok	ok	fail	fail	fail

接下来，每个设计的测试用例可以在一个独立的单元测试过程中进行实现，如用例 1 和用例 4 对应的程序实现如下：

```
public void test1(){
try{
    new Enrollment("杨楠", 1900, Major.TRADE);
} catch(EnrollmentException e){
    fail("False Exception");
}
}
public void test4(){
try{
    new Enrollment("", 1988, Major.CS);
    fail ("Failed Exception");
} catch(EnrollmentException e){
}
}
```

10.5.3　等价类组合

另外的组合方式是：将 3 个变量具有的等价类分别进行组合，就会产生 2×3×3=18 个测试用例，这将涵盖所有可能的输入情况，这种组合方式称为强等价类方法。这种测试用例的设计方法可以比较容易地实现，但前提条件是各个输入参数彼此独立并且随着等价类数目的增加产生的测试用例数量也会急剧增加，因此在实际测试中这种方法并不很常用。

如果输入变量彼此间存在相互依赖的关系，如年月日的 3 个整数，除了每个输入的合理区间外，彼此间相互依赖的关系也非常明显，如闰年、闰月的情况。那么，如何对这样的情况应用等价类的方法呢？一种方法是将输入的整体（3 个整数组合状态）作为等价类的作用集合，但这样会很容易导致非常复杂的输入结构，因此，一种合适的方法还是将输入参数单独进行等价类的分析，并在此基础上考虑它们之间的依赖关系。以下借助刚才的例子进行了扩展，主要关注变量之间的依赖关系。该方法的输出为 3 个变量中的最大值，一段错误的代码实现如下：

```
public class Maxi {
```

```
public static int max(int x, int y, int z){
    int max=0;
    if(x>z) max=x;
    if(y>x) max=y;
    if(z>y) max=z;
    return max;
}
}
```

如果使用简单的等价类，先不考虑变量之间的关系，则每个输入参数都可以任意取值，因此 3 个输入变量分别对应一个（ − ∞，+∞ ）的有效等价类，所以只需要一个测试用例即可覆盖所有的等价类，如{x=7, y=5, z=4}，而且这时程序的输出值 7 与预期的一样。但是如果考虑到这 3 个变量之间以及与输出结果的关系，进而可以得到 3 种不同的情况，即最大值分别在首位、中位或尾位的情况，相应的测试类可以写成如下代码：

```
import junit.framework.TestCase;
public class MaxiTest extends TestCase {
public void testFirstMax(){
    assertTrue( "Maximum at 1st position", 7==Maxi.max(7,5,4));
}
public void testSecondMax(){
    assertTrue( "Maximum at 2nd position", 7==Maxi.max(5,7,4));
}
public void testThirdMax(){
    assertTrue( "Maximum at 3rd position", 7==Maxi.max(4,5,7));
}
public static void main(String[] args) {
    junit.swingui.TestRunner.run(MaxiTest.class);
}
}
```

这些测试也都没有问题，能成功运行，可以继续在此基础上针对变量间的关系对等价类进行细化，分别按照位置的不同进行组合。而且，加入 3 个输入变量有相等的情况，把这些都考虑完全后，组合后的等价类如下：

x>y=z	y=z>x	y>x=z	x=z>y	z>y=x
y=x>z	z>y>x	z>x>y	y>z>x	y>x>z
x>z>y	x>y>z	x=y=z		

为每种情况设计其测试用例并执行后，其中的几个就会导致错误的出现，如下面的用例，产生了一个错误的输出结果 5。

```
public void testXZY(){
assertTrue("x>z>y", 7==Maxi.max(7,4,5));
}
```

这个简单的小例子说明了全面系统地设计出能够揭示所有问题的测试用例是一项复杂且耗时的工作。测试只是一种确认程序中在特定的形式下未存在缺陷的手段，但却不能用来作为程序正确性的保证，这种保证需要更严谨和形式化的方法。

10.5.4　面向对象中的等价类

最后，我们考虑将等价类的方法应用到面向对象的领域中。对象作为一个有机的整体，具有静态的属性和动态的方法，我们已经对类的方法（包括构造方法）应用了等价类方法进行测试，但类作为一个整体，在使用等价类方法进行测试时要将状态作为一种输入参数进行考虑，类的状态对于其行为也有重要的影响，因此首先要确定出类的状态集合，然后据此进行等价类的划分。

类的状态是由其静态属性确定的，即实例变量。实例变量的数量决定了类的状态数量及其等价类的复杂程度。为了简化类的状态和测试说明，下面的例子中只使用了一个实例变量。

在这个示例性的预定系统中，每个客户的信用等级通过一个专门的类 Credit 进行管理，该信用等级与客户的支付行为相关。信用等级通过以下的枚举类型表示：

```
package chapter10_OOTestCredit;
public enum Paystatus {
STANDARD, APPROVED, CRITICAL;
}
```

信用类 Credit 提供了一个方法，对超过一定金额的订单要求按照客户信用情况进行资金流动性的检查。对于信用为 APPROVED 的客户，直接返回确定的结果，而对于 CRITICAL 的客户，如果没有进一步的验证，则返回否定结果，其余的客户需要对 500 元以上的订单进行进一步的验证。对应的实现如下：

```
package chapter10_OOTestCredit;
public class Credit {
private Paystatus status;
public void setStatus(Paystatus status){
    this.status=status;
}
public boolean checkPurchaseTotal(int value){
    switch(status) {
        case APPROVED: {
            return true;
        }
        case STANDARD: {
            return value<500;
        }
    }
    return false;
}
}
```

如果使用单纯的等价类方法，则主要关注输入的参数，这里为 500，因此可以产生两个有效等价类区间，小于 500 或大于等于 500。但这样的划分并没有考虑到用户的信用等级对业务逻辑带来的影响，因此，在对该类进行测试时，要同时考虑到 3 个状态对应的 3 个有效等价类。

这样，我们得到两个独立变量的等价类划分，即订单的金额以及客户的等级，然后配合边界值分析方法，确定订单金额的两个等价类边界值分别为 499 和 500。如果采用简单的组合覆盖弱等价类方法，则可以产生 3 个测试用例，分别是对象状态的 3 个等价类分别配合 2 个订单金额的边界值。

另外，我们注意到这个例子中的两个输入参数的组合对结果的作用，尤其是对于普通客户等级配合 499 和 500 的业务含义，考虑到本例中等价类的数目相对较少，而且在实现中对于另外两个客户等级在 500 界线处的订单处理逻辑也存在出错的可能性，因此也可以采用完全组合的弱等价类方法进行全覆盖，这样就会产生 6 个测试用例，它们对应的代码实现如下所示。实现中为了能够方便地设置对象的状态，为该类补充了 set 方法。

```
package chapter_OOTestCredit;
import junit.framework.TestCase;
public class CreditTest extends TestCase {
private Credit credit;
protected void setUp() throws Exception {
     super.setUp();
     credit= new Credit();
}
public void testApproved1() {
     credit.setStatus(Paystatus.APPROVED);
     assertTrue(credit.checkPurchaseTotal(499));
}
public void testApproved2() {
     credit.setStatus(Paystatus.APPROVED);
     assertTrue(credit.checkPurchaseTotal(500));
}
public void testCritical1() {
     credit.setStatus(Paystatus.CRITICAL);
     assertTrue(!credit.checkPurchaseTotal(499));
}
public void testCritical2() {
     credit.setStatus(Paystatus.CRITICAL);
     assertTrue(!credit.checkPurchaseTotal(500));
}
public void testStandard1() {
     credit.setStatus(Paystatus.STANDARD);
     assertTrue(credit.checkPurchaseTotal(499));
}
public void testStandard2() {
     credit.setStatus(Paystatus.STANDARD);
     assertTrue(!credit.checkPurchaseTotal(500));
}
}
```

等价类分析的方法也可以应用在输出参数上，然后反向考虑哪些输入能够产生对应的结果，也称为输出等价类，其主要关注对于输出结果是由于哪些不同的输入所引起，如引发某个 Exception 的输入情况。

10.6　基于控制流的测试

等价类测试方法主要关注的是被测对象向外界提供的功能，所以又被称为是功能性测试，而且主要关注它只有一个输出值的情况。由于等价类中的测试用例设计并不依赖程序内部结构，因此又被称为是一种黑盒测试的方法。但是，对于开发人员来说，通常需要了解程序内部的结构，如选择某种特定的循环和分支结构来实现与业务逻辑之间对应的正确性，把基于这种思想的测试称为白盒测试。白盒测试的思想就是充分利用程序的结构信息设计测试用例，以实现对每个程序块（代码）的覆盖。而覆盖程度及其指标通常在等价类方法中是无法保证和度量的，即使等价类测试用例中已经蕴含了程序逻辑中的分支情况。

10.6.1　控制流测试方法

每个程序段都可以使用一个有向控制流图对该程序段可能的执行情况进行描述。流图中的节点表示代码指令，节点间通过有向直线进行连接，表示这些指令执行的先后顺序。If、Switch 和循环指令会导致在图中对应节点处产生分支。

图 10.2 中的左侧为某代码段，右侧为其对应的控制流图。这段程序对于所有输入的正偶数输出其平方值，而对于其他输入，则输出 0 值。控制流图在绘制的时候具有一定的自由度，如表示代码段结束的花括号可以作为一个单独的节点处理或者进行忽略，再比如，指令 3 中已经将 i=i－1 的作用蕴含在 i-- 的形式中，是否将其提取出来并作为单独的节点进行描述也会是一个问题。因此，为尽量统一地描述程序控制流图，如果指令对应的节点以 k1->k2->,…,->kn 顺序出现，以下情况将它们合并为一个节点进行处理。

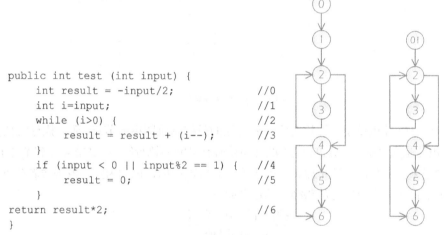

图 10.2　控制流图的示例

（1）此序列的执行每次都是从 k1 开始，除此之外没有边终止于 k2…kn；

（2）此序列的执行每次都是以 kn 结尾，除此之外没有边始于 k1…k(n-1)；

（3）满足 1 和 2 的最长节点序列。

在上面的示例中，按照以上原则，节点 0 和 1 是可以合并的，其余节点都因为无法满足原则中的条件而不能合并。比如，节点 2 和 3 不能合并，因为从 2 到 4 存在一条边，其不符合条件 2 的要求。现在对于是否需要为 i-- 设置单独的节点也清晰化了，因为如果为其单独设置节点，也会由于上述原则导致与前面的节点再次合并。所以，最后的控制流图经过化简后如图 10.2 的右侧所示。

10.6.2　覆盖指标

程序覆盖的方法是提供一组测试用例，尽可能使得覆盖率指标越大越好，或者更准确地说，覆盖率越接近 1 越好。覆盖率指标按照覆盖的标准具有 C0、C1、C2、C3 等级别。

C0 覆盖表示在程序控制流图中测试经过的节点数与所有节点数的比例。C0 覆盖指标又称为语句覆盖，具体的计算方式为：

$$\frac{\text{控制流图中测试经过的节点数}}{\text{所有节点数}}$$

图 10.3 中，当测试输入{-1}，其 C0 覆盖的指标为 5/6；输入{0}，C0 覆盖的指标为 2/3，而输入{1}，对应的 C0 覆盖指标为完全覆盖 1，用例{-1,2}的 C0 指标也一样为完全覆盖 1。为了简化对问题的说明，这里忽略了每个用例的预期输出。

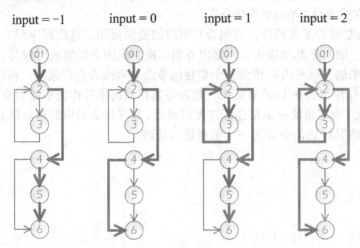

图 10.3　测试覆盖示例

C0 覆盖是一种很粗略的度量，因为它主要关注的是控制流图中的节点，而非执行路径。因此，测试用例{1}虽然是完全的 C0 覆盖，但并没有涵盖所有可能的执行路径，如节点 4 到节点 6 的边，就没有被包含进来。正是由于这个原因，引入了 C1 覆盖指标，也称为路径覆盖或者分支覆盖，其目标是尽可能覆盖流图中所有的路径，其定义如下：

$$\frac{\text{控制流图中的路径}}{\text{所有的路径}}$$

表 10.4 中给出了几组测试用例对应的 C1 覆盖指标。对于覆盖率指标，一般需要通过某种软件工具自动计算，尤其是对于逻辑较复杂的大型系统来说，通过手工进行覆盖率指标的度量是没有实际意义的，这需要对源代码进行大量的、耗费成本的标注，才有可能进行下去。实际开发中，C1 覆盖具有较大的意义在于它要求对所有的程序片段间的各种可能的连接至少执行一次，而且满足 C1 覆盖的要求一定会满足 C0 的覆盖要求。

表 10.4　　　　　　　　　　　　　　　　　　　C1 覆盖示例

测试用例	{-1}	{0}	{1}	{2}	{-1,0}	{0,1}	{1,2}	{-1,1}
C1 覆盖	4/7	3/7	6/7	5/7	5/7	7/7	7/7	6/7

但是，即使是 C1 覆盖，也无法保证理论上所有可能的程序逻辑都会测试到。比如，观察 if 语句 if (a||b)，若 b 取 false，a 一次取 true，一次取 false，就可以达到完全的 C1 覆盖，因为两个测试用例将会覆盖到 if 引出的两个分支。但是，两个测试用例都没有对 b 的取值重点关注，因为 b 没有取 true 的情况。这就引出了另外一种覆盖标准：要求每个原子谓词的真假两种取值都要取到，即 C2 覆盖。C2 覆盖不是根据程序的运行情况，而是根据出现的布尔条件进行测试用例的设

计。C2 覆盖与 C1 覆盖并没有直接的关系，其指标的定义如下：

$$\frac{\text{取值为真的原子谓词数} + \text{取值为假的原子谓词数}}{2 \times \text{所有原子谓词数}}$$

这里的原子谓词指的是在程序中不能继续再分的布尔表达式，如上例中条件(input<0 ‖ input%2==1)中含有两个原子谓词，再加上 i>0 的原子谓词，总共有 3 个原子谓词。

在一些高级编程语言中，如 Java、C#、C++、C 以及其他类似的语言中，存在一个特别的问题是它们在进行条件判断时多采用短路（short-circuit）评估的方式，其含义为如果 a 取值为 true，则可以不进行 b 的评估，因为此时无论 b 取值如何，整个条件的判定取值都为 true。这种对条件的评估方式，能够节省计算上的时间并且在逻辑上也是正确的，因为对整个条件的判断在进行第一步的评估后就可以得出结论了。但问题是可能 b 由于构造上的原因会导致其存在某些缺陷，并由于无法测试到它们，从而产生某些技术上的副作用。一个简单的例子是条件 if (x<4 ‖ x/0==2)，当 x 满足第一个原子谓词时，由于短路评估方式的作用，将不会继续评估第二个原子谓词，而直接产生为真的结论，运行过程也不会有任何错误提示。在 Java 中，可以通过在条件判断时使用| 来代替‖，使用&来代替&&阻止这种短路评估方式。

表 10.5 给出了不同的测试用例集合及其对应的 C2 覆盖情况，t 表示 true，f 表示 false，短横线表示由于短路评估方式而不需进行评估。这里需要再次强调的是 C2 覆盖与 C0 和 C1 覆盖没有任何特别的联系，这表示一个 C1 或 C0 的完全覆盖不能保证其 C2 的完全覆盖，反之也成立，即一个完全的 C2 覆盖也不能保证其 C0 或 C1 的完全覆盖。比如，对于条件 if (a | b)，{a=true, b=false}或者{a=false, b=true}两个用例能够满足其 C2 的完全覆盖，但两种情况下整个条件的取值都是 true。也就是说，该 if 语句的另外一个分支并没有覆盖到，从而不满足 C0 或 C1 的覆盖标准。

表 10.5　　　　　　　　　　　　　　C2 覆盖示例

测 试 用 例	{-1}	{0}	{1}	{2}	{-1,0}	{0,1}	{1,2}	{-1,1}	{-1,1,2}
i>0	f	f	f,t	f,t	f	f,t	f,t	f,t	f,t
input<0	t	f	f	f	t,f	f	f	t,f	t,f
input%2==1	-	f	t	f	f	f,t	t,f	t	t,f
C2 覆盖	2/6	3/6	4/6	4/6	4/6	5/6	5/6	5/6	6/6

同样，如果从 C0 和 C1 覆盖的要求出发，用例{a=true, b=false}以及{a=false, b=false}能够覆盖到所有的节点和边，满足了 C0 和 C1 的覆盖要求，但却不满足 C2 的覆盖要求。

最后，所有的覆盖要求通过在 C3 覆盖标准中得到了综合，它要求不仅所有的原子谓词，而且所有在条件中出现的原子谓词的组合都要覆盖到。比如，条件(a‖b)&&(c‖d)，需要覆盖 a、b、c、d、(a‖b)、(c‖d)、(a‖b)&&(c‖d)这 7 个不同的谓词取值。C3 覆盖指标的定义如下，即满足要求的最小条件组合覆盖：

$$\frac{\text{取值为真的谓词数} + \text{取值为假的谓词数}}{2 \times \text{所有谓词数}}$$

需要注意的是，条件的整体(a‖b)&&(c‖d)也要作为一个谓词参与计算。

表 10.6 给出了上例中 C3 覆盖的用例集合和对应的指标。从定义中可以得出结论，即满足 C3 的覆盖同时会满足 C2、C1 以及 C0 的覆盖标准。

表 10.6 　　　　　　　　　　　　　　C3 覆盖示例

测 试 用 例	{-1}	{0}	{1}	{2}	{-1,0}	{0,1}	{1,2}	{-1,1}	{-1,1,2}
i>0	f	f	f,t	f,t	f	f,t	f,t	f,t	f,t
input<0	t	f	f	f	t,f	f	f	t,f	t,f
input%2==1	-	f	t	f	f	f,t	t,f	t	t,f
input<0||input%2==1	t	f	t	f	t,f	f,t	t,f	t	t,f
C3 覆盖	3/8	4/8	5/8	5/8	6/8	7/8	7/8	6/8	8/8

　　几种覆盖指标之间的关系在图 10.4 中进行了描述。当然，覆盖的思想和具体的方法绝对不是仅有介绍的几种，在相关的文献中还有更多的覆盖方法。由于对于覆盖情况的度量较为复杂，目前只有少数的工具支持自动的 C3 覆盖指标的计算，而且当覆盖率要求一点点提升，如从 96%提高到 97%时，在测试用例设计上需要付出较高的成本。实际开发中多使用 C1 和 C2 覆盖，而且大部分也都是在一些关键软件系统的开发中应用，如金融、军工等领域。

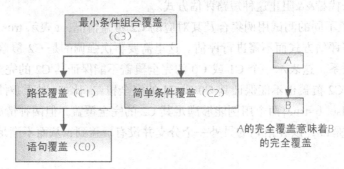

图 10.4　覆盖指标的关系

　　一般来说，基于控制结构的覆盖测试在实际的开发中并不是单独使用的，因为这种白盒方法并未提供一种发现和定位对需求错误理解而产生的缺陷，如需求的某个部分未能实现，即使是完全的覆盖，也无法保证程序功能的完整性。

　　为保证达到某覆盖指标的要求，存在一些相关的策略可以借鉴。一是可以把精力全部投入到完全覆盖测试的设计上，但这通常比较昂贵；另外还可以考虑先利用其他方法进行测试，如等价类方法，并计算其覆盖情况，如果未达到要求，再使用真正的覆盖测试方法进行补充。同时，还可以思考那些导致没有达到既定覆盖指标要求的并可能对未来质量保证和开发活动产生影响的一些原因进行分析：

　　（1）等价类构造的数量不足，太少的输入等价类可能会导致某些逻辑分支无法被测试到。

　　（2）存在问题的编程风格，如方法过长或者过多的选择分支，会使得方法逻辑趋于复杂，从而降低其可测试性。

　　（3）多余的开发内容，如开发者凭借自己的假设开发出的内容在运行时从来没有到达过。此处需要较慎重的分析，是否这些内容真的没有用处或者是考虑到未来的扩展需要继续在代码中保留。

　　覆盖测试的方法适用于所有能够通过流程图进行描述的内容，这意味着对于活动图或者状态图等业务，测试同样也可以通过覆盖方法进行。

10.7　测试分类和测试环境

前面重点讨论了针对功能的不同测试方法以及应用的场合。本节主要从系统应用的角度介绍测试的类型以及其他测试的相关内容。

正如在过程模型中讨论的，测试可按照图 10.5 所示的阶段进行划分，在每个开发的迭代周期

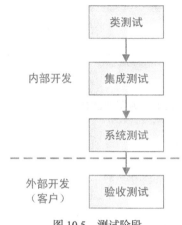

图 10.5　测试阶段

中，需要从上至下对所有测试阶段进行实施。在类测试（单元测试）阶段，主要是对每个单一的新开发的功能模块进行测试，并且多由开发者本人按照质量保证相关规范进行单元测试任务的执行，如要求对类中的每个方法都进行一次独立的测试，并且代码的覆盖率至少达到 95% 等。

第二个阶段为集成测试，在此阶段中是对经过单元测试的类逐步进行集成，构成最终的包或者系统的过程。此过程重点关注每个类与其他相关类的交互过程，经过集成测试的包会被进一步集成为完整的系统或构件，最后这些构件或系统还需要与其他预定义的接口进行通信的其他系统进行进一步测试，从而构成最终完整的应用系统，这是第三个阶段，即系统测试阶段的主要任务。上述的测试阶段一般都是由软件开发者为主导进行的，最后一个阶段是验收测试，一般由客户主导，主要是将系统测试中的工作在用户现场重复执行，并在此基础上加入一些客户自己的测试愿望，如采用完全真实的现场数据。

另外还可以针对测试方法关注被测对象细节程度的不同，分类为白盒测试、灰盒测试和黑盒测试，如图 10.6 所示。白盒测试关注的是被测对象的内部构成细节，如算法的结构和流程，所以多在类测试阶段采用。灰盒测试一般对应在集成测试阶段中使用，因为这个过程关注的是类、包等程序单元之间的关系，而不是类内部的细节。系统或验收测试阶段一般使用的是黑盒测试方法，这里系统内部的细节不再重要，重要的是系统的外部行为。

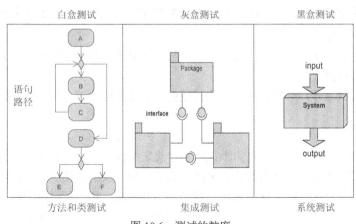

图 10.6　测试的粒度

测试阶段与采用的测试方法是相互配合、互为支持的关系。如果将所有的测试都在系统级的测试阶段进行，则由于系统级测试关注的是系统整体的功能和行为，当某个缺陷被发现时，需要大量的花销来定位缺陷，如确定出在哪个类由于什么原因导致了缺陷的发生。修正缺陷的成本曲线如图 10.7 所示。图 10.7 表明，一是缺陷修正成本与缺陷的类型有关，如需求的缺陷成本要比实现阶段高很多；二是缺陷越早被识别并处理，付出的成本也越低。

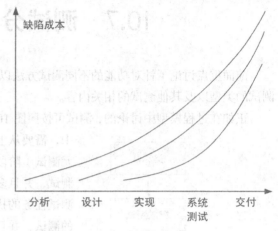

图 10.7　缺陷的成本

图 10.8 给出了不同开发阶段中的 UML 模型和测试阶段之间在总体上的对应关系，并且在开发早期就应该考虑到它们在后续测试中的可测试性以及对它们的测试方法。

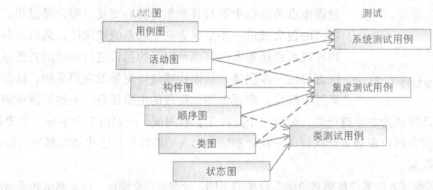

图 10.8　基于 UML 图的测试用例寻找

在实际的开发中，所有的测试用例都应该集中进行管理，需要为每个测试具体指定执行的条件以及预期的结果等。这在增量式的开发过程中非常必要，因为上一个迭代周期中的测试用例需要在本次的开发迭代测试中重新执行，以确保对原有功能没有引入新的缺陷，这是一种回归测试方式。测试用例的管理结构如图 10.9 所示，测试数据库在每次迭代中会加入新的测试用例，并且要求其中所有的测试都要成功通过。

测试迭代过程如图 10.10 所示，每次迭代的测试用例数量在逐渐增加，并且需要新旧测试用例共同执行完成本轮测试。

除了功能性测试之外，对软件系统的测试还包括非功能性测试，其中性能测试和界面测试是其常见的两种形式。

1. 性能测试

性能测试是检查系统是否满足在需求说明书中规定的性能，检验相关指标能否达标、是否能够保持。性能测试需要模拟实际用户负载来测试系统，包括反应速度、最大用户数、系统最优配置、软硬件性能、处理精度等。性能测试一般结合负载测试、压力测试等手段，在需要大访问量时尤其需要使用工具来进行。压力测试主要用来获取系统能正常运行的极限状态，一般做法是在人为设置的系统资源紧缺情况下，检查系统是否发生功能或者性能上的问题；负载测试是通过改变系统负载方式、增加负载等来发现系统中存在的性能问题，以检验系统的行为和特性。

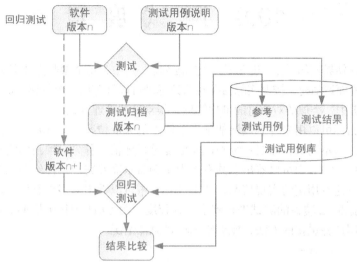

图 10.9 测试用例的管理结构

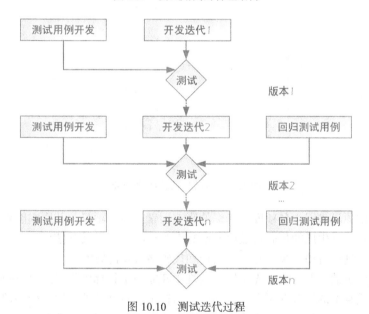

图 10.10 测试迭代过程

2. 界面测试

界面也是系统的构成部分，同样需要保证其开发和使用符合其规格说明的要求，因此也需要进行测试。界面的设计已经在第 9 章中进行了单独介绍。界面测试比较适合使用等价类的方法来建立对应的测试类。

界面测试首先面对的一个技术问题是标准的测试工具通常无法直接执行界面的测试用例。为此需要使用一种"捕捉和回放"（Capture-and-Replay）的工具，能够辅助记录界面使用时的详细动作，如输入的数据以及鼠标的拖动和点击等事件，包括输出结果的记录，如显示的文本或指示颜色等。部分工具还支持对输出屏幕的比较，如针对实际输出的屏幕，某部分截图与之前指定的截图做比对。

测试用例的生成需要使用该工具对被测界面通过一组标准操作进行录制，然后可以在每个新的用例发布后对用例脚本进行回放，从而实现测试自动化的执行。

10.8 测试度量

第9章为了评估界面的质量,建立了一个标准列表,其中为每个参照标准定义了一个取值范围,即权重。对交互界面评估时,按照实际情况对照该标准可以计算出一个具体的值,代表质量的一种度量。在企业管理中,类似的对质量的量化管理是很常见的管理方式。

量化的度量指标可以用来客观地评估项目总体上的完成情况。图 10.11 给出了一个测试用例的量化描述图示,从不同的方面对系统测试完成度进行评估。首先,项目的需求任务量主要使用用例来表达。从图 10.11 中可以看出总共有多少用例需求需要完成,已经完成多少,大概进行的程度如何。接着是这些用例的实现情况,从图 10.11 中可以看出对多少软件包进行了编码以及对它们使用 C1 覆盖和 C2 覆盖的测试进行到了什么程度。图 10.11 中每个柱形上方的横线表示项目具体的目标。使用这种量化的方法,能够给出项目总体情况。

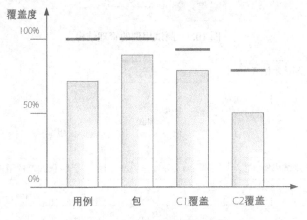

图 10.11　测试用例的覆盖度量

另外需要考虑项目进行中各项度量指标的影响因素。不同项目,其影响因素也不同,其中较重要的一个因素是工具生成的代码行数以及函数库和框架的类型及其使用和扩展方式。这些因素的影响应该由工具进行自动计算,并去除空行和代码格式化的影响。

对产品质量度量的一般方法是先使用某种规则建立一个指标体系,然后再对其质量进行评估。这种方法应用到代码上的优势在于大多数的度量指标可以自动计算,但这样的评估系统最重要的是指标体系本身的建立和优化。如果建立的指标体系偏重有误或者有遗漏,这样的缺陷评估系统会对开发人员造成误导,从而导致对项目开发的影响。一个例子是简单度量注释行数和代码行数的比例关系,这可能会导致程序代码的精简和程序可读性的下降,如通过加入过多无用的注释,就可以直接提高该指标值。

尽管如此,度量是确定软件质量的一种有价值的辅助手段。本节将要介绍几种不同的度量方法,之前提到的项目规模相关指标可以作为几个简单基础质量指标,包括通过注释行数与代码行数的比例反映注释强度的指标,还有利用统计方法计算代码行数与方法数的比值能够确定出方法的平均长度等指标。与过程化的编程语言相反,对于类中方法的长度要求应该简短,方法的功能应能够在方法名中蕴含。因此,诸如最小、最大值以及标准差等统计值都可以作为一些重要指标的信息来源。方法长度的统计可以在类或包的级别上进行。例如,一个简单的且能够进行自动化检查的规则可以定义为"方法的长度应为 12~20 行"。当然,一些特殊的例外情况不受此限制,如在图形界面中的方法长度可超过此限制。

还存在一些其他的指标，它们作用于不同的程序粒度，并且具有相应的解释能力和参考价值，但也不需要过分强调它们的作用。比如：

（1）保持变量和方法名适当的长度在某种程度上可提高程序的可读性。

（2）方法中的参数个数反映了方法的复杂程度。

（3）类中实例变量的数目决定了该类信息的丰富程度。

（4）继承深度提供了对继承使用是否恰当的参考，如过多的继承对应深度的增加，并使得重用变得困难。

所有的度量指标可以赋予一个软边界和硬边界。指标的度量在必要的情况下可以超出软边界的要求，但硬边界在任何情况下都不允许超出。度量边界的确定与具体的项目相关，项目开发过程中由于很多影响因素的不同，也会造成各种度量指标的差异，如对于图形类库的使用或基于框架的开发所产生的继承深度，就会比普通的开发大很多。

除了介绍的这些比较通用的统计指标外，还有一些针对类方法的结构复杂度的度量指标，同样能够作为质量的参考以及自动化的计算。

方法的复杂程度以及带来的可读性影响可以通过 McCabe 指标进行度量，也称为 McCabe 环形复杂度。它主要以方法的控制流程图结构为基础进行计算，具体的计算方法为：

边数−节点数＋2。

图 10.12 中给出了几种基础的控制结构和对应的 McCabe 值。可以看出，控制结构中越多的分支或者循环，会导致 McCabe 复杂度的增加，这也是程序可读性的一个反映指标。公式中的"+2"的主要作用是对 McCabe 值的归一化，以保证其最小值为 1。

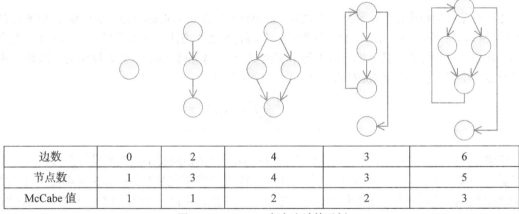

边数	0	2	4	3	6
节点数	1	3	4	3	5
McCabe 值	1	1	2	2	3

图 10.12　McCabe 复杂度计算示例

为降低方法的 McCabe 复杂度，开发者通常需要在开发过程中采用如下几种方式对方法的结构进行改进：

● 优化方法中算法的结构，使其尽可能简单。

● 对方法中 if 嵌套的结构进行分解，将外层的 if 语句包含的程序部分移到另外一个局部方法中，这种方法在重构的介绍中已经进行了说明，而且部分工具也提供相应的支持。

● 利用多态性使得对于分支的选择不再受开发者代码逻辑的控制，而是根据程序运行时的实际情况进行选择。

考虑到复合条件的情况，McCabe 方法的计算实际上反映了方法中下列语句产生的分支结构：if 语句、条件组合（&&和||）、for 语句和 while 语句。

复杂度的计算过程可简化为如下算法：

- 每个代码段初始复杂度为 1。
- 遇到每个原子条件加 1。
- 每个 switch 中的 case 段加 1。

如果计算出的复杂度值大于 10，就应考虑将该方法按照上面所述的简化方法进行分割，而面向对象的程序设计中 McCabe 值一般限制在 5 以下。程序结构越复杂，越难于测试和理解。复杂的逻辑条件同样会使方法的可理解性降低。

```
// V(G) = 1
// +2 conditions, V(G) = 3:
if ((i > 13) || (i < 15)) {
System.out.println("Hello, there!");
// +3 conditions, V(G) = 6:
while ((i > 0) || ((i > 100) && (i < 999))) {
...}
}
// +1 condition, V(G) = 7
i = (i==10) ? 0:1;
switch(a) {
case 1: // +1, V(G)=8
    break;
case 2: // +1, V(G)=9
case 3: // +1, V(G)=10
    break;
default:
    throw new RuntimeException("a = " + a);
}
```

面向对象的领域中还存在另外一种度量 LCOM*（Lack of Cohesion in Methods），用来对类的内聚性进行归一化的度量。LCOM*的计算需要分析每个类中方法与实例变量之间的关系，然后通过归一化公式进行计算。具体地，对于每个实例变量，需要统计该类中对其使用的方法数，并由此计算该类中所有实例变量被访问的平均值，如下式所示：

$$\text{LCOM*} = \frac{\left(\dfrac{1}{a}\sum_{j=1}^{a}\mu(A_j)\right) - m}{1 - m}$$

式中，m 为方法数；a 为所含的实例变量数；$\mu(A_j)$ 为访问每个实例变量的方法数。从上式可以看出，LCOM*的取值应该介于 0 到 1 之间。如果每个实例变量在任何方法中都使用过，这时的 LCOM*为 0，然后随着每个变量在各个方法中使用程度的下降，对应的 LCOM*值会缓慢增加，直到一种极端情况，即每个变量只在一个不同的方法中被使用，此时 LCOM*为 1。所以，从以上分析可知，当 LCOM*为 0 时，该类的内聚性最佳，否则内聚性较差，需要考虑对其中的功能进行分解，如图 10.13 所示。当然，如果该类只有一个唯一的实例变量，则不需要考虑它的 LCOM*。

```
package chapter10_LCOMExample;
public class LCOMExample {
private int a;
private int b;
private int c;
public void do1(int x){
    a=a+x;
}
public void do2(int x){
    a=a+x;
```

```
      b=b-x;
   }
   public void do3(int x){
       a=a+x;
       b=b-x;
       c=c+x;
   }
   }
```

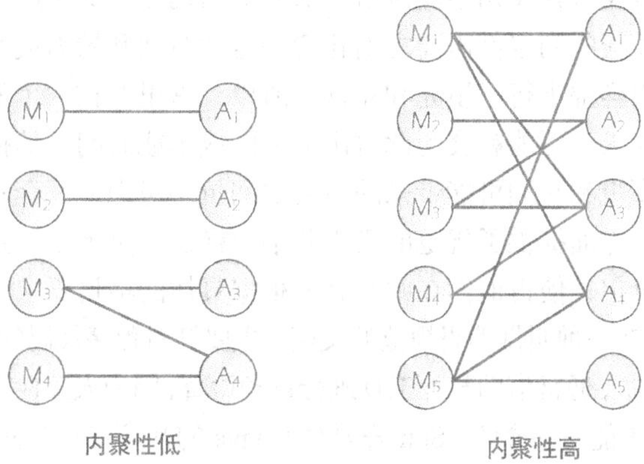

内聚性低　　　　　　　　　　　　内聚性高

图 10.13　类的内聚性示意

上面的程序段对应的 $\text{LCOM*} = \dfrac{\dfrac{1}{3}(3+2+1)-3}{1-3} = 0.5$。由于 get 和 set 方法一般只对一个变量进行

访问，为降低它们对 LCOM* 的影响，计算时可不考虑类中的 set 和 get 方法。另外，度量的计算最好是借助工具自动计算，工具应具有配置功能，可以对指标的软边界和硬边界进行指定，并且可以通过某些标记，如注释或 annotation 等方式，允许某些指标的超越，避免在回归测试中对以前已经解决的问题产生新的提示。

10.9　建设性质量保证

目前为止介绍的一些质量保证方法，尤其是软件测试方法，是在软件开发后作用于被测软件，从而发现缺陷的存在，它们通常被称为分析式的质量保证方法（Analytical QA）。除此之外，借助于度量，还可以进行其他的方法来进行质量保证。一般来说，度量是针对已开发的产品进行的，但在开发前可以设置某些度量指标的期望值，如在开发前对环形复杂度做了期望，约定最大不超过 6，那么所有的开发者就需要在程序设计中注意使用较少的分支或者将较复杂的流程分解为简单的方法。

将这些在实际产品能够执行之前的质量活动称为建设性的质量保证活动（Constructive QA）。这些活动可能针对的是具体的产品，如需求分析文档或者程序代码，也可能是整个开发过程，包括：

- 原则（Principles），技术（technique），方法（methods）和工具（tools）。
- 生命周期模型（Life-cycle models）。
- 文档（Documentation）。
- 需求（Requriements）：系统化的（systematic）和正式的（formal）表示。
- 开发环境（Development Environments）。
- 配置管理（Configuration Management）。

- 人件（Peopleware）。

例如，通过对过程模型的选择，能够确定出每个工作环节与具体产品之间的关系，然后经过组织级的剪裁定制并制度化，最终形成过程指南。过程指南可以看作是项目的第一个建设性质量保证措施。软件过程的作用在第 2 章中进行了说明。

其他的建设性质量保证活动都是围绕具体产品进行的，它们有着不同的形成方式和规范，如用例文档模板的规范可以要求在文档中应该给出对应的活动图，对于用例的命名方式，同样也可以进行约定。每个文档模板的制定都需要之前花费一定的时间和精力成本，然后要确保文档的使用者对模板要求的所有内容都进行了填充和完善。所以，这里存在一个矛盾，因为如果模板过于强调正式和严格的质量要求，可能就会为此付出大量的成本或时间上的拖延，导致客户不满意。因此需要在面面俱到的模板和它们可能带来的阻碍之间折中考虑。一套示例性的项目文档在这里具有很好的帮助作用，一方面提供了规范的模板和书写样例，融入了一定的技术经验；另一方面减轻了开发人员的工作负担，使得他们在此基础上根据具体的项目要求做必要的调整即可。

在程序设计中，还存在一种叫做编码规范的文档，主要针对程序代码的风格做出规定。为了能够验证程序是否符合代码模板，通常借助某种工具进行自动检查，因为人工检查的效率太低且容易出错。类似的工具有很多，这里不能一一介绍。Sun 公司对于 Java 的开发有一个编程规定是关于复杂布尔条件的格式化，如下面这段代码可读性较差，因为实际的执行指令没有与条件形成视觉上的分离：

```
if ((condition1 && condition2) || (condition3 && condition4)
|| !(condition1 && condition3))
doSomething();
```

可以将布尔条件再次缩进，以解决上面的问题，而且将布尔运算的连接操作置于每行的开始，因为这样可以更容易地预览整体逻辑条件的概况。

```
if ((condition1 && condition2)
    || (condition3 && condition4)
    || !(condition1 && condition3))
doSomething();
```

如果说对程序文本的格式化要求相对比较容易，那么对程序风格指南的形成和应用就比较困难了。比如，"要尽量使用设计模式"的要求只是陈述了一种要求，对其进行具体验证是较困难的，而且对那些不适用模式的例外情况，也要具体情况具体分析。

10.10 人 工 测 试

很多功能性的需求都可以通过自动化测试进行验证。同样，对于度量，也具有相应的工具支持自动进行。但是，有些产品却无法通过工具进行检测，如对于书写的错别字或语法等，要求能够通过某些工具自动检查和纠错，但文档中与专业相关的含义和内容、可读性以及与模板的相符程度等的检查一般需要借助人力来完成。

本节主要针对人工测试进行说明。人工测试具有很多类型，可根据项目的实际需要进行选择。下面主要针对常见的测试方法进行说明，首先介绍一类最正式的人工测试方法——审查（Inspection）；然后介绍非正式的、相对简短的测试活动，即评审（Review）和走查（Walkthrough）。

图 10.14 使用一个活动图对正式审查过程进行了描述。审查活动的重点在于整个过程对时间的计划，因为正式的分析过程需要耗费人员大量的时间和精力。

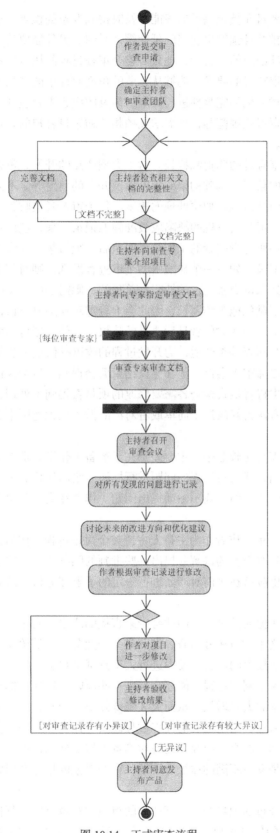

图 10.14　正式审查流程

另外，当文档的作者对文档定稿后应该能够及时得到专家的检查，这就需要在项目计划里制订对文档进行评审的安排并且预留出适当的延期缓冲时间。另外需要建立项目评审专家组，其中通常有一位来自质量保证部门的主持者，他只对整个审查过程的执行负责，对评审对象一般不持任何主观上的见解。对审查者的要求是能够从专业的角度对评审的产品项进行评估。主持者要做的第一步是组织审查者对文档的完整性进行评审，涉及的内容主要包括文档本身，还有产品项在创建时需要参考的其他资料或规范等，如需求文档相关的来自客户的各种文字材料、使用的各种指南以及文档的模板等。

主持者应了解每个审查者的职责和特长。对于大型产品的开发，审查者需要从不同的角度对产品进行关注，如客户的角度、基础构架的角度以及开发的角度等。不同的审查者在各自擅长的领域中更富有敏锐度，而且也能够加快处理的速度。每个审查者接收到需要评审的文档并开始独立进行检查，这个过程中每个新发现的缺陷应被准确地记录下来，包括其来源、种类等。

主持者在收到和整理所有审查者的工作结果回执后，须召集一次审查会议。在会议上将所有发现的缺陷统一讨论和记录，如果一个缺陷由多个审查者发现，则对其描述需要综合几个审查者的意见重新进行整理；如果审查者发现的缺陷是单独的，则需要由大家一起进一步确认是否真的是一个缺陷。审查会议应避免拖沓和冗长，因此会上着重对缺陷进行讨论，而不要过多地讨论它们的解决方案，但可以给出一些对作者日后改进的建议。另外，还可以就本次审查工作做一下总结，如审查的形式以及时间等是否合适，为开发过程的改进提供进一步的参考意见。

产品开发者通常不参加审查会议，他在会议结束后会得到一份会议记录，然后据此对产品进行修改和优化。最后由主持者负责检查各需要修改的项是否得到了处理，并做出是否允许该产品发布的决定。如果主持者认为修改过于简单或者对产品做了较大范围本质性的更改，则需要进行一次新的审查会议。

评审（Review）与审查比较起来，主要差别在于准备工作没有那么正式，同样需要所有评审专家对产品进行通篇审阅，然后将发现的问题进行标注并给出评价意见。作者出席评审会议，可以针对专家的疑问进行回答，但一般不主动提出问题。作者在会后获得会议中所有评审专家的评审意见和他们的评论。

走查（Walkthrough）中，作者作为主持人主持整个讨论过程，作为会议的主导介绍自己的工作产品。其他的参与者听取作者的讲解并提出一些批判的问题或改进的建议。为使大家的讨论更有针对性，每个参与者也应该在之前对产品进行一定的了解和分析，这对产品质量的提高也会起到积极的作用。

人工测试要求至少 3 位人员参与，因此会带来直接的成本，对于较为严格的评审过程，成本至少增加 20%。但对于文本的分析和检查，尤其是关于业务含义等语义内容，只有通过人工评审才能进行，因此，在规模较大的项目开发中进行人工测试是很必要的。

除了增加的成本，人工测试过程可能还会带来一些风险。比如，如果太多的人参与进来，就可能造成协调、沟通成本的大幅增加，从而大大降低效率，因此，在各种评审过程中只挑选那些有技术资格的人参加。另外，由于人工的评审过程涉及对作者工作相对直接和针锋相对的评价，可能会产生一些无法预期的冲突，因此要避免对作者工作之外的评价，并且将评审工作看作是对工作改进的机会，而不是发泄不满的途径。所以，审查对象的指导者或管理者不应作为评审团队中的成员。

对于一些在空间上分布的项目开发，其评审的组织方式也可以有其他的选择。比如，可借助Web 方式提供一个共享的信息平台，通过 Wiki 等管理工具对评审的文档进行管理，为这些文档指定某种状态以及评审终止的时间等。评审专家可以打破地域的限制，更加方面地对产品进行评价，主持者也能够更方便地对信息进行收集。

习　　题

1. 以下流程图描述了某子程序的处理流程，现要求用白盒测试法对子程序进行测试，回答问题：

（1）满足 C2 覆盖的测试数据集，是否一定能满足 C1 覆盖？举例说明。

（2）给出满足 C3 覆盖的最小测试用例组。

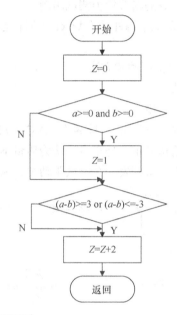

2. 阅读以下伪码，回答下列问题：

```
Input n;  //输入数组大小
Input List;  //从小到大输入 n 元有序数组
Input Item;  //输入待查找项
Start = 0;
Finish = n-1;
Flag = -1;
while (Finish - Start > 1 && Flag == -1)
{
    i = (Start + Finish)/2;
    if(List(i) == Item) Flag = 1;
    else if(List(i) < Item) Start = i + 1;
    else Finish = i - 1;
}
if (Flag == -1)
{
    if(List(Start) == Item) Flag = 1;
    else if(List(Finish) == Item) Flag = 1;
    else Flag = 0;
}
```

```
Output(Flag);
```

（1）绘制该伪码对应的程序流程图。

（2）绘制该伪码对应的程序流图。

（3）计算其环形复杂度。

（4）使用 C2 覆盖标准设计该程序的测试用例。

3．某函数完成教师课时津贴标准的计算。其输入参数有两个：教师职称及是否为外聘教师；输出为该教师的津贴标准。具体为：

本校专职教师每课时津贴费：教授 50 元，副教授 40 元，讲师 30 元，助教 20 元；外聘兼职教师每课时津贴费：教授 50 元，副教授 50 元，讲师 30 元，助教 30 元。

使用等价类分析方法给出该函数的弱等价类测试用例。

4．下图是某杂志社稿件处理系统中稿件类（Article）的状态图，根据下图用覆盖的思想完成问题。

（1）给出类 Article 的定义，包括属性和方法。

（2）列出所有需要测试的类状态。

（3）列出所有需要测试状态的转换。

（4）从初始态开始（各属性置为空值），一篇名为"A Good Paper"的稿件投稿，由于符合杂志领域范围，所以通过初审，然后送外审，外审专家认为质量不错，但需要继续修改，论文修改后达到要求，论文被录用。为以上场景开发一个测试驱动类，编写出伪码。

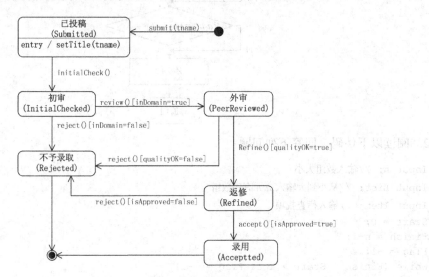

第11章
软件开发环境

前面的章节主要从工程化的角度阐述了系统化的软件开发方法，这些方法大多基于实践中的经验以及具有逐步求精的特点。许多采用这些面向对象方法并成功完成项目开发的团队在实践中也逐渐意识到对于大型项目的开发，除了技术上的 "Know-How" 是项目成功的基础，还存在另外一些能够左右项目成败的因素，它们对于软件产品质量也有着深远的影响。本章将对这些相关的因素进行阐述，并深入说明。

首先，软件开发人员在一起进行团队开发，无论是从技术，还是管理的角度都要做好相应的准备，应该事先进行明确的分工并确认各自的权限，如对程序文件的编辑权限等，并且需要某种机制来保证每个人都工作在最新的版本下。另外，每个开发者要有自己独立的开发环境，并需要详细说明各自工作的软件成果如何进行测试及其在目标系统中集成。这些是关于软件的版本管理和生成管理的内容，将在本章中进行讨论。

其次，从管理角度来理解项目开发涉及的主要问题就是项目计划。项目计划包含的主要内容包括工作量估算等，这部分将通过一个单独的小节来说明，其他项目管理方法也将在其后进行讨论。

然后，本章将涉及软件质量的管理以及相关的方法介绍。第 3 章的需求分析中已经强调了业务过程的重要性，需求分析代表了未来软件的使用方式。开发过程是软件开发的重要部分，必须通过质量保证环节持续地进行调整和优化。

最后，本章还讨论到项目管理中的人员组织和管理，这也是项目成功的重要因素之一，具体包括项目成员以及在社交层面上的团队合作，并通过一些示例说明项目成员如何通过一些交流的原则进行更好的沟通和合作。

11.1　版　本　管　理

版本管理主要包括两个方面的工作：一方面要规范化不同开发人员之间的合作方式，必须能够保证一个人的工作不会被其他人意外覆盖；另一方面是要确保每个人工作的对象是当前需要的版本，而且能够为后续开发提供基础。

图 11.1 描述了一个开发者在软件开发过程中通过测试或接受修改及变更请求逐步对自己的工作内容进行优化的过程，是一种逐步累进式的开发方法。但对于有经验的开发者来说并不需要一定这样，开发过程中可能随时都有一些新的想法和实现，但随后又被抛弃掉，这就需要有一种机制能够便于回到先前工作的某个开发状态。

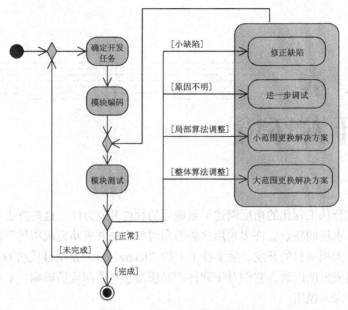

图 11.1　累进式的开发过程

　　图 11.2 描述了一个项目构成中每个开发包的演化历史，也反映了整个项目开发的版本过程。整个系统由 3 个主要的功能包构成，每个包的开发历史由 V1~Vn 表示。在演化历史中，可能存在一些中间过渡的版本，它们并没有被采用到迭代的发布版本中，如包 2 中的版本 3。也可能存在一些由外部施加的变更请求，如包 3 中版本 5 到版本 6 的变化。整个过程重要的是开发者能够清晰地知晓哪些版本包含有哪些功能实现，以及如何准确地获取到该版本，而且每个开发者在与别人的工作在一起联编时还需要知道他们的工作版本和状态。这些开发过程的辅助工作都是由版本管理系统进行支持的，目前市面上也有很多类似的工具可供选择，第 12 章将就两种流行的版本管理工具——SVN 和 Git 进行介绍。SVN 和 Git 在实际项目中大量应用。

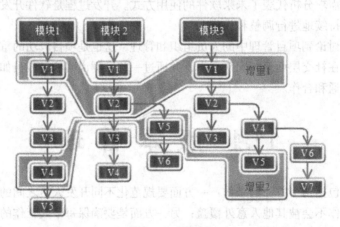

图 11.2　版本树

　　版本管理系统的核心工作是对项目软件或者项目文档的管理，我们把存储所有项目内容的数据库称为版本仓库（repository）。版本仓库可以理解为一个存储着所有开发历史的数据库，与通常意义的数据库不同，它一般是在现有文件系统上的高效实现。

版本仓库的主要任务是为开发者提供整个项目从初始版本到当前版本的所有历史内容，并提供新版本项的创建。为此，版本管理系统在内部组织上采用了一套独立于操作系统的管理方式，一般存在一个管理员用户，其主要负责管理版本仓库的创建、文档组织结构的初始化、管理备份以及做版本技术方面的支持。所有的开发者作为版本管理系统的用户进行注册并被赋予一定权限，此权限与操作系统权限相互独立，如只允许项目组中的人员编辑或创建文件。

所有纳入版本仓库进行管理的各种软件资产统称为软件配置项，包括各种文档、数据以及代码等。这些配置项在其生命周期的特定时间点上通过正式评审而进入正式受控的一种状态，称为基线（baseline）。作为配置管理的基础，基线可理解为软件配置项的一个稳定版本。基线为后续开发活动提供了信息的稳定性和一致性。

图 11.3 中描述了开发者使用版本管理系统的一个典型工作过程，纳入版本管理的不仅可以是代码，还可以是各种文本文档，如需求规格说明、各种数据等。开发人员并不是直接在服务器端版本库中的最新版本上工作，他们需要将最新版本拷贝到其本地工作空间，这样服务器上的最新版本就会被一直留存。这个通过版本管理系统的拷贝动作被称为检出（checkout），检出后会在用户本地工作空间创建一份与服务器版本一模一样的拷贝，然后开发人员就可以在这份拷贝上持续工作，同时版本系统也可获知这个开发人员工作的当前版本。如果开发人员结束本次工作，需要将其工作成果反向拷贝回版本系统中，把这个动作称为检入（checkin）或提交（commit）。检入操作会在仓库中延续对应的版本树结构并且使其版本号在原来的基础上做一次升级。在检入的同时，系统还会要求开发人员给出简短的对本次修改缘由的描述。

版本管理系统的主要功能除了能够对最新的发行软件进行版本的管理，还可以提供给开发人员对所有历史版本的浏览和检出操作。正如图 11.2 中描述的版本树，不同的版本会对应不同的用户，对于开发周期较长的项目，就需要将整个版本树都纳入到版本管理系统中。

版本项的检入和检出是版本管理系统提供的两个基本操作。如果多个开发人员同时修改同一个项目的同一个文件，则经常会产生冲突现象，这在图 11.4 中进行了描述。首先开发者 Eric 检出了文件 D 的版本 n 并进行编辑，然后 Kate 也检出了同一版本的文件，在做了简单的编辑后检入了文件，然后 Eric 结束编辑并执行检入操作，这个过程如果版本系统不加任何警告和控制，刚才 Kate 所做的工作很有可能会被覆盖和丢失。解决这种冲突问题有两种方法，不同的版本系统可能使用不同的方法，但通常不会两者方法都同时支持。

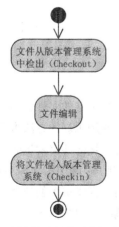

图 11.3　版本管理的典型使用流程图

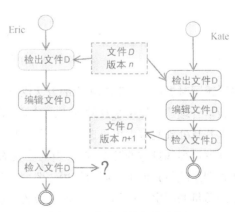

图 11.4　版本系统中的冲突

第一种方法被称为是悲观的方法，在这种方法下，Kate 无法检出该文件。其一般原理是：第一个检出文件的人将会拥有对该文件的排它锁，当 Kate 试图执行检出已经被 Eric 检出并正在编辑的文件时，将会收到检出失败的提示。称其为悲观是因为每次检出我们都假设能够导致一个潜在的冲突并做好加锁的预防措施。这种方法的好处在于能够保证一个文件只由一个人同时进行编辑并且不会导致任何冲突发生，但其存在的问题有时也是很严重的，并且无法接受。比如，当 Eric 处理该文件时花费了较长的时间，一种极端的情况是 Eric 检出文件后忘记检入，然后去旅行了一个月，Kate 即使是想做一个与 Eric 工作无关的小修改，也不得不等待如此长的时间。

第二种是采用乐观的方法，Eric 和 Kate 可同时对文件进行编辑。当 Eric 检入该文件时，系统会自动进行检查，然后提示 Eric 存在冲突无法成功检入的情况，因为他的当前版本为 n，而版本仓库中该文件的版本为 n+1。在这种情况下，Eric 需要自己来解决这个冲突，具体可选择的做法包括：

（1）Eric 将所做的修改丢弃，避免检入操作，然后再次检出 Kate 提交的新版本，并在此基础上继续工作。

（2）如果 Eric 非常肯定他所做的所有修改包括了 Kate 的工作，然后他显式地命令版本管理系统将其工作强行检入，并将版本更新至 n+2。

（3）由版本管理系统进行识别 Eric 和 Kate 分别的修改发生在文件的哪些位置，然后允许自动将二者的结果进行合并。但即使可以自动合并，也需要由 Eric 来确认合并后的最终结果的正确性。

（4）最普通的一种方法是 Eric 必须手工将两个结果集成起来，这个过程通常需要借助一种自动进行文件内容比对的辅助工具软件，通常称其为 diff 工具。Diff 工具也属于版本管理工具之一，它的一般工作是逐行进行文本内容比较，分辨出哪些行被删除、修改或新增。图 11.5 给出了一个 Diff 工具 WinMerge。Eric 通过该工具的支持能够方便地进行变化的合并并解决冲突，然后通过版本管理工具检入版本 n+2。

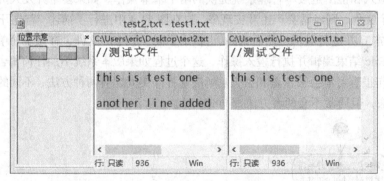

图 11.5　Diff 工具 WinMerge

如果系统同时提供了悲观和乐观的方法供选择，那么对于一些关键的文件，如系统设置的配置文件的版本管理建议使用悲观的方法，对于普通的程序开发，使用乐观的方法进行版本控制就能满足要求并且处理起来也更迅速。无论采用哪一种方法，当有大量的冲突发生时，应该检查采用的软件开发过程和具体的开发方法，并考虑是否能够更加合理地进行组织，以减少冲突的发生。

版本管理系统与其他工具联合使用一般会发挥出更大的价值，提供更多的选择，以使开发保持在一个高质量的层次。比如，检入时与设置的测试工具 Junit 联用，只有 Junit 测试后没有错误发生时，才允许检入执行。

11.2　生　成　管　理

生成（Build）管理系统的主要任务是描述最终软件产品的结构和生成过程。对于小型的开发项目，生成系统的作用是调用编译器，然后根据编程语言的不同，使用不同的链接器生成可执行文件并运行。即使是小型的项目，这些基本步骤的成功执行也与某些具体的条件相关，如编译器的可发现、在编译目录中创建文件的权限等。另外，可能还存在一些其他约束条件，如与指定目录的类库和构件的联编等。对于大型的项目，在生成的过程中还要确保只有那些被修改的部分，才有必要进行重新编译和链接。除了编译这项主要的工作外，围绕文件的处理还有其他重要的任务，如目标软件在生成后应指定在系统中安装的具体位置等。

上述这些操作可以借助命令行等工具进行手工执行，如 shell 或 Dos 等。为减轻工作负担，首先考虑可以将 Build 信息写入一个 shell 脚本或批处理文件中自动执行，这种方式使用起来比较简单、顺畅，但当开发较为大型的系统时，往往需要一个可维护的开发环境，这时需要引入专门的 build 管理工具，如 C 或 C++中常用的 Make 工具和 Java 中的 Ant 工具。这里主要通过 Ant 工具针对以上内容在基本概念的层面上通过例子进行具体说明。

在生成管理的应用领域，Ant 和 Make 工具的两个主要作用是：

（1）提供边界条件的管理，如系统配置以及其他相关变量。

（2）命令链的执行管理，其描述了从某些对象出发构建新对象的过程及其结果位置等。

第二个作用中典型的活动是将 Java 源文件在编译器的作用下生成 class 结果文件，并输出到某个特定的目录中。命令链描述了一个目标以及实现此目标需要具备的前提条件，在 ant 中同样具有命令链的概念和相同的描述方式。另外，由于每个目标可以由更小的子目标构成，因此整个命令链构成了一种树状的层次结构。下面的例子展示出了这样的结构：

```xml
<?xml version="1.0"?>
<project name="AntExample" default="default">
<description>
    Demo with ant
</description>
<property name="srcdir" location="src/chapter11_AntExample/test"/>
<property name="builddir" location="build"/>
<property name="destdir" location="dest"/>

<target name="default" depends="clean,compile,pack,execute" description="do all">
    <echo message="in default"/>
</target>
<target name="clean" description="clean up">
    <delete dir="${builddir}"/>
    <delete dir="${destdir}"/>
    <echo message="in clean"/>
</target>
<target name="start" description="initialization">
    <tstamp/>
    <mkdir dir="${builddir}"/>
    <mkdir dir="${destdir}"/>
    <echo message="in start"/>
```

```
        </target>
        <target name="compile" depends="start" description="compile">
            <javac srcdir="${srcdi r}" destdir="${builddir}" classpath=".″ Debug="on">
            </javac>
            <echo message="in compile"/>
        </target>
        <target name="pack" depends="compile" description="package">
            <jar destfile="${destdir}/packed${DSTAMP}.jar" basedir="${builddir}">
                <manifest>
                    <attribute name="Main-Class" value="AntExample.test.XStarter"/>
                </manifest>
            </jar>
            <echo message="in pack"/>
        </target>
        <target name="execute" depends="pack" description="execution">
            <exec dir="${destdir}" executable="cmd.exe" os="Windows XP" spawn="true">
                <arg line="/C java -jar packed${DSTAMP}.jar"/>
            </exec>
            <echo message="in execute"/>
        </target>
    </project>
```

这个脚本以 XML 格式描述了一个 Build 文件的构成，并能够由 Ant 直接进行解释和处理。脚本的第二行指定了一个默认目标"default"，表示当在参数中未指定具体目标时，默认对此目标进行生成。文件中的 property 元素表示对某个变量的定义和赋值，应该总是给出其名字和对应的值对。这里较特殊的是路径变量的值使用 location 属性进行指定，而不是 value 属性。对变量 var 值的引用使用${var}的形式，路径分隔符在 Windows 中使用的是"/"，而在 UNIX 中使用的是"\"，在 Ant 的生成文件中则两者都可以使用，这提升了可移植性，为跨平台的使用提供了便利。

脚本文件的重要组成部分是目标元素"target"，其中总是存在一个 depends 属性，描述了一个依赖项的列表。Ant 在处理过程中会分析既定目标所依赖的内容，然后逐步实现这些目标。当然，在其中不允许循环依赖的情况。

每个目标的实际执行是由所谓的 Ant 任务部分完成的。它们包含在 target 元素中，是一些可以附加参数的预定义命令并经过 XML 的封装，在每个目标的描述中顺序地被执行。

脚本中给出了几个 Ant 任务的示例，其中一个尤其简单的任务示例是<echo message="Text"/>，在任务进行时，这个命令会在控制台上打印出消息的文本内容。子目标"clean"和"start"的作用是提供了对指定文件和目录的清理和创建。同样，Ant 也支持对具体值的检查和对文件或目录存在与否以及可否编辑等的验证操作，这些内容并没有在示例脚本中提供。子目标 "compile"和"pack"则以样例的形式给出了对 Java 文件编译并且输出结果到指定目录的过程，然后使用 Java 通用工具 jar 对结果打包，最后生成能够执行的 jar 包。"pack"中使用了一个变量 DSTAMP，它在目标"start"中通过命令<tstamp/>被初始化，该变量的值记录了每次运行该脚本的开始时间，利用这个时间可以作为一个唯一值为不同的文件产生它们的名字，如 packed20130210.jar。子目标"execute"的作用是可以通过它直接调用操作系统的命令，如运行打包后的程序。

针对 Java 的开发，Ant 已经定义了很多类似的 Ant 任务，而且在一些现有的开发工具中 Ant 允许将其功能嵌入其中，从而构成一种对 Ant "无缝"的使用方式。相对来说，通过程序来构建自己的 Ant 任务也是较容易的，因为 Ant 提供了一个 Java 框架方便人们对其进行扩展，如对额外任务的描述和执行。如果需要构建自己的软件开发环境，这是非常有用的，缩小了工具间通信上的鸿沟，从而做到细粒度的工具集成，如自动将某个程序的输出结果复制到下一个工具要求的输入数据的位置，这也被称为粘合软件，在构成细粒度的软件开发环境起到重要的作用。

　　生成管理和版本管理的介绍说明了它们在项目开发以及构建软件开发环境中的重要性。理论上应该将更多的开发环节都使用工具进行自动化支持，它们的主要目的除了为环节本身提供效率，更应为其他环节提供便利。开发环境的构建和使用都需要相应的经验，并且需要额外的投入，对于这些投入的评估，也是一个较复杂的命题，目前在软件工程领域也是讨论的热点之一。

11.3　其他配置管理活动

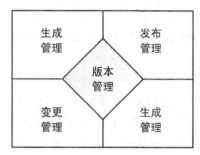

图 11.6　配置管理

　　图 11.6 概括性地描述了软件配置管理包含的主要内容。其中的核心部分是前面已经介绍的版本管理，由于提供了对所有产品项的统一版本管理功能，因此如果缺少它，其他内容将很难有效进行。Build 管理的作用如前所述，能够提供产品之间依赖的路线，并按此路径对产品的生成进行实现。

　　发布管理（Release）的主要作用是协调在合适的时间对合适的用户交付合适产品的保证，无论是对现有产品的扩展，还是对缺陷的修正，都需要在版本管理系统的支持下保证交付的期限，尤其在分布式的开发环境中。发布管理的具体作用包括以下几个方面：

　　（1）软件资源、软件开发过程以及开发人员的分散化，导致软件发布管理的复杂化。比如，在全球化协作的环境下开发，开发人员分布在全球各个不同的位置，每天都有不同的人对软件进行更新和修改，如果没有统一的发布管理，任何一个环节出现问题，都会导致复杂度急剧上升，日积月累，项目的交付日期就会没有保障，因此必须要有一个统一的环节对相关方面进行统一管理和控制。

　　（2）软件开发不是一蹴而就的过程。软件发布后，客户会对软件提出修改或者升级意见，并且为了抢占市场和抓住有利时机，很多软件不可能将所有需求全部实现再发布，而是先发布包含某些功能的版本，然后根据市场的反馈和相关决策进行后续开发。这样，为了保证产品的长期成功，需要统一的过程来管理这些发布和变更。

　　（3）发布管理是对项目管理的一个有效补充。软件的持续变更和集成需要占有资源来保证软件开发流程的支持。发布管理比起项目管理是在较细致的技术层面关注各种资源的协调，以保证开发过程顺利进行。

　　另外一个部分是变更管理，即 Management of Change (MoC)。软件生存周期内全部的软件配置是软件产品的真正代表，必须使其保持精确。软件过程中某一阶段的变更，均要引起软件配置的变更，这种变更必须严格加以控制和管理，保持修改信息，并把精确、清晰的信息传递到软件过程的下一步骤。软件变更管理包括建立控制点和建立报告与审查制度。变更管理还包括对用户的确认及使其随时掌握变更的进度以及细节，如责任人等内容。

　　图 11.6 给出的这些辅助过程如果具有工具支持，将会得到更有效的实施。如果没有现成的工具可用，则可考虑其他可选的方法或采用类似 Ant 等软件发挥其粘合作用。

11.4 项目计划及跟踪

除了开发的方法、技术以及开发环境，项目管理是项目成功与否的又一重要因素。与技术实现的关注点不同，项目管理主要关注组织和管理层面的内容。项目管理覆盖了较大的知识范围，其内容可以通过一本书来介绍。本节主要选取项目管理中与技术开发人员比较密切的一部分内容进行介绍。主要目的是使得相关人员懂得项目管理在整个软件开发中的原理和必要性。

11.4.1 项目计划与工作分解

软件项目往往源于某个想法，这个想法逐渐由客户或者企业成熟化并付诸实施，考虑到各种限制或条件的影响是项目成功的前提。而后可能需要根据已有的项目文档与客户商讨开发的价格，根据市场以及公司的财务状况，软件开发商要能够评估出是否可以达到盈利的标准以及足够的时间和资源来支持项目开发，决定是否在开发初始就引入缺陷管理等。

项目经理在项目中处于一个核心的领导地位，他负责项目在整体上的计划、进度控制等工作，其中要随时解决项目开发过程的各种问题以及应对外部客户和公司内部开发相关的事项。当然，这不是项目经理需要具有的全部能力，他需要具备综合的能力和素质，如周全的斡旋能力和快速的决策能力；而且，为了能够与开发团队沟通，项目经理应当具有相当的技术理解和专业素质；他应该对业务具有较深入的理解，最好能够达到领域专家的水平；当然，人无完人，在一些较大型的软件系统开发中，项目经理的任务通常分解为以管理为主和以技术为主两大部分，分别再由不同的人来完成。

在项目计划的开始，第一步是要决定哪些任务需要完成。这个工作可以通过一种叫做工作分解结构（Work-Breakdown-Structure，WBS）的机制进行展开，其中将任务按照层次的结构由上到下逐步进行分解，图 11.7 给出了一个 WBS 的例子。在分解过程中值得注意的是子任务间的工作内容应尽量做到无重叠或较少的重叠。图 11.7 所示的例子中还存在一些跨任务的工作，如质量保证、项目管理以及针对用例的技术工作。还可以有其他的分解方式，如根据目标软件的构成进行分解也是在项目中常用的方式。

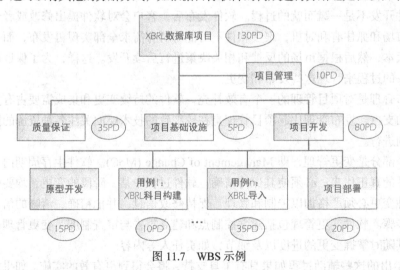

图 11.7 WBS 示例

在图 11.7 中的 WBS 结构中，每项工作任务同时也给出了对应的工作量，使用单位"人天（PD）"进行表示，全部的工作量是所有指定工作时间的合计。当然，这里的每一项只是在项目初始对工作量的估算，与实际情况越相符越好。对工作量的评估方法将在以下章节中单独说明。下面的描述假定已经得到了工作量的一个合理评估，每个工作包存在两个评估值——期望的工作量和为潜在问题预留的缓冲量。

11.4.2　任务安排与工程网络图

在接下来的步骤中会首先形成一个初略的项目计划，并在项目周期中该计划被持续地调整和优化。为了更好地完善计划，除了需要合理的估算每个工作包的工作量外，还需要能识别出它们彼此之间的依赖关系，具体说，就是理清工作任务的优先级和顺序性。

工作任务之间的依赖关系可以通过图形的方式展现，如图 11.8 所示的一个工程网络图，其中没有给出最小和最大工作量，而是关注了每个工作包持续的时间状况。通过持续时间进行分析的好处是能够了解和掌握工作被分解到工作包后的并行程度，即将工作分派给多个人员同时完成，而不需要投入过多的精力花费在对他们工作的组织和协调上。同时，这个工程网络图可以作为进一步计划的基础，因为能够依据存在的依赖关系给出多种不同的计划方案。本例可以给出的一个分析结果是项目最少可能的持续时间为 3+2+3+5=13，这只是项目持续时间的理论值，并且不能再缩减了。在实际的计划中，持续的时间可能为 7+5+4+7=23，这里加入了一些风险的预留量。能够确定最小持续时间的路径又被称为是关键路径，每个处于关键路径上的工作包如果遇到计划外的延期，则意味着整个项目的拖延。因此，复杂项目计划中很重要的一个工作就是在关键路径上尽可能少地安排工作包，这样也能够在计划中为工作包产生更多的时间缓冲，如在图 11.8 中对于工作包 P2 的调度可以更加灵活一些，只要保证它能够在 P1 完成后 P5 开始前完成即可。

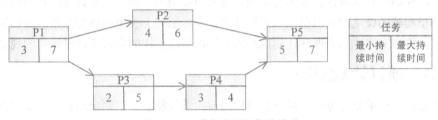

图 11.8　工作任务间的依赖关系

另外，项目计划的实现直接依赖于现有的员工，如某些员工只是在某些固定的时间可用，则计划也需要遵从这些先决条件进行调整。总之，每个项目的计划以及所有项目员工的总体分配方案是彼此依赖的复杂系统，不仅要使得员工的工作负担尽量均衡，也要使得项目尽可能快地进展下去，这对项目的计划提出了更高的要求。

通过网络计划的方法，能够将业务依赖关系在项目运行计划中进行描述。总体上任务间的依赖关系可以总结为图 11.9 给出的几种形式。图 11.9（a）描述的是一种常见的情况，一个工作包依赖另一个工作包的结果；图 11.9（b）的含义是两个工作包应该同时开始；图 11.9（c）中要求两个工作包应该同时结束，以达到下一个工作包开始的要求。图 11.9（d）的情况只是为了完备起见，针对某个目标日期往前推行的计划安排，表示某工作包必须在其他工作包之前发生，这种方式一般较少用到。

（a）　　　　　　（b）　　　　　　（c）　　　　　　（d）

图 11.9　任务间依赖关系的类别

11.4.3 项目组织与甘特图

为了能够进行人员的安排，还要确定每个工作包对应的角色是什么。对于大型项目而言，很少有这样的情况，即负责系统分析和设计的人员会参与到日后的实现。对于人员的分配，应完善一份关于现有员工技术和能力的评估报告，也应具有一份描述当前岗位能力和要求的说明，即岗位职责说明。

同样，现有员工的素质和能力反过来又会影响项目计划的调整，如需要进行必要的培训和指导。图 11.10 总结了项目计划的影响因素，表明项目计划的制定是在各种因素的作用下渐进迭代地进行。项目计划不是生搬硬套、一成不变的，必须能够根据项目计划阶段中不同的条件和实际项目进行中的情况对计划进行适时的、动态的调整。

项目计划经常使用一种称为甘特图（Gantt Chart）的图形来对计划进行清晰的描述，包括哪些工作包存在哪些依赖，谁工作在哪些工作包上有哪些具体的工作内容，工作包已经完成的比例等。图11.11 为甘特图的一个例子，其中除了工作包外，也使用了一种实心菱形的符号标识出里程碑的位置，表示在此位置可以对现有的进度进行评审，并可根

图 11.10　项目计划的影响因素

据需要对计划进行较大调整，甚至终止项目。这里有两种里程碑：一种为内部里程碑，主要是在开发单位内部进行的进度评审；另一种是外部里程碑，客户在此了解当前项目的进展并对产品进行部分验收。外部里程碑通常会在项目早期达成共识并纳入合同，并在计划中作为约束条件进行考虑。内部里程碑的设定则可以稍微灵活地计划，并可根据上一里程碑的结果对后面里程碑的计划适时调整。很多支持计划管理和计划跟踪的工具也是以这样的方式支持里程碑的规划。

11.4.4 项目计划跟踪

项目经理的一个重要任务是随时掌握项目当前的进行状态，识别出潜在的风险或者延期的征兆并快速进行应对。为此，以下两方面的关键信息需要重点考虑：

ID	任务名称	开始时间	完成	持续时间	2014年										2015年		
					03月	04月	05月	06月	07月	08月	09月	10月	11月	12月	01月	02月	03月
1	需求确认	2014/3/17	2014/3/31	11天													
2	文献查阅、实地调研	2014/4/1	2014/7/30	87天													
3	数据库设计与数据整理	2014/4/15	2014/6/16	45天													
4	模块划分与概要设计	2014/6/17	2014/7/18	24天													
5	**各模块详细设计与开发**	**2014/7/21**	**2014/11/10**	**81天**													
6	性能评估	2014/7/21	2014/8/19	22天													
7	运行期实时风险评估	2014/8/22	2014/9/19	21天													
8	大坝三维模型	2014/9/22	2014/10/22	23天													
9	大坝时间序列模拟	2014/10/23	2014/11/10	13天													
10	系统集成与测试	2014/11/11	2014/12/19	29天													

图 11.11　甘特图的一个例子

● 已用的工作时间（或者消耗的资源），通常使用"人小时"度量，一般由专门的工作人员来记录和统计。

● 任务完成的进度，通常使用百分数表示，需要相关的开发人员根据情况进行估算。

进行完成度的估算时，可以以一个线性增长的标准为参考，因为根据经验，任务完成的趋势是从开始到完成 80%左右的速度是比较快的，然后会对很多小错误进行修正，而使得进度增长趋于停滞。

项目经理通常将这些值与实际计划的偏离情况进行比对分析，如图 11.12 给出了一个类似的坐标系统，记录了每一个工作包的进度跟踪情况。我们的目标是使得每个工作包对应的曲线与图 11.12 中的虚线尽量接近。尽管曲线的位置处于虚线以上的上三角位置代表较高的开发效率和经济效益，但也要对这样的偏离引起注意，如处于右上象限表示工作包在较少的消耗下能够快速结束，项目经理就要及时安排那些空闲的资源并利用那些出现的优化机会。

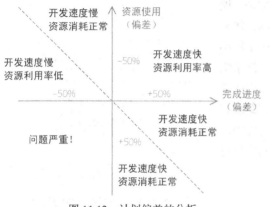

图 11.12　计划偏差的分析

项目进行中的所有决定都需要在项目日志中进行记录，而且应由项目经理在项目结束后给出一个最终的项目报告并进行评价。在多个方面的结果和数据的支持下，如与客户交流的质量和效率方面、项目组人员的技术水平、开发工具的使用效率以及使用的软件过程的表现等，都可以在综合考虑风险的前提下得出结论并纳入报告中。对项目历史的记录和完善，对一个学习型和持续改进型企业是重要的里程碑和宝贵的资源。

11.5　工作量估算

在传统的项目中，项目成本的估算对项目的成功起到非常重要的作用。基于成本的计算，能够明确项目的总体报价并最终将该报价写入合同作为一项法律的依据。在技术发展的今天，借助增量的迭代开发思想以及针对变更的计划和管理等，软件工程的思想和手段得到了长足的发展，但成本估算仍然是一项重要的工作，尤其在项目计划和价格制订中起到决定的作用。

本部分主要针对几种不同的估算方法进行介绍。需要说明的是，准确且系统地评估出项目的实际成本几乎是不可能的，将业务领域、使用的工具、参与开发的人员等各种因素统筹考虑并集中到一个最终的公式中是难以做到的。本节的主要作用是使得每个相关的人员能够理解项目成本估算的方法并建立起估算过程的概念，使得估算趋于准确。

11.5.1　评估软件规模

传统的估算方法是一种基于分解的方法，项目可以按照 WBS 的方式分解为子项目。然后由一个或多个专家基于他们的经验对各子项目的工作量分别进行评估，这个过程中的主要评估方式采用"类比"的方法，即参照以往相似项目的实际工作量导出一个估算的结果。如果多个专家产生出不同的独立评估，则可以通过一个评估会议对这些结果进行综合，进而产生一个最终的结果。

如果某个专家的结果与其他结果有较大的偏差，则该专家应该解释在该任务中是否真实存在着某些导致成本增加的潜在原因。这些讨论通常会揭示一些隐藏在任务中并且容易被忽视的因素，从而对项目产生新的理解。

成本估算与风险管理是密切相关的，往往在做第一次估算时就会考虑和揭示出与项目开发相关的某些风险并记录它们。风险会带来成本的增加，因此一个系统化的方法来评估由于风险带来的成本也是必要的。在实践中一般采用的方法是先给出成本的一个估计值，然后根据风险的大小在这个基本值的基础上预留出风险缓冲范围，如通常的开发会预留 30%~50%的风险成本。

另外，一种系统化的评估方法是功能点分析。它是一项可以进行认证的评估技术，评估过程如图 11.13 所示，接下来使用具体的例子进行解释。这里假定要实现的是一个较小的员工管理系统，主要实现对员工外出旅行的管理。该系统的用户为一个具有 12 位员工的某公司,实现上决定采用的是 Java 语言，由于数据量并不是很大，所以数据存储方案没有采用数据库的方式，而是将数据直接存储在 XML 文件中，同时也使得对数据的进一步应用更为简单。交互界面中只包括了期望的基础功能，主要的功能需求如下：

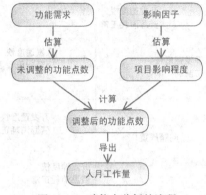

图 11.13　功能点分析的流程

（1）员工的添加。

（2）员工资料的更新。

（3）员工的删除。

（4）行程安排（录入）。

（5）行程单据的录入。

（6）行程审批。

（7）行程费用计算。

（8）行程费用报销。

更详细的功能描述在此处被省略了，因为成本估算往往都是从较少的信息开始的。当然，系统需求分析的过程进行得越细致，估算的结果就会越准确。在功能点的分析中，需要准确地理解当前所有的用户功能，并尽可能地将每个功能归到以下 5 种任务类型中：

（1）内部逻辑文件（ILF，内部数据）：在待开发系统内部处理的数据，如开发的类本身。

（2）外部结构文件（EIF，引用数据）：从开发系统的外部引入并进行处理的数据。

（3）外部输入（EI，输入）：从开发系统外部的输入，并由此对数据展开处理，如数据以某种格式约定（输入掩码）从系统外部的输入。

（4）外部输出（EO，输出）：在待开发系统中实现业务计算结果外部的输出，如数据以某种形式的输出格式（输出掩码）或对其他系统的错误消息输出。

（5）外部查询（EQ，查询）：从外部系统发出的对数据信息的查询，对数据的查询格式、报告以及分析，不包括其他需要的附加计算。

然后，在功能点类别指定的基础上，对功能的复杂度进行考虑，简单地可以分为容易、中等和复杂 3 个级别，如输入类别对应 3 个级别的可选值可以分别为"3-4-6"。在功能点相关的文献中存在不同的评估方法，它们对于复杂程度的度量也有不同的表达。

接下来的工作是基于对各个功能点的估算结果利用一个模板计算出未调整（无权重）的功能点分值。每个功能点按照功能类别和难易程度指定对应的值，这些值再与其出现的频率进行乘积。

表 11.1 给出了一个示例性的评估计算，在"员工的删除"行的值 7 表示其含有对数据的一个简单操作，其中左上位置还有一个"1*6"，表示这是较复杂的输入功能，并且可以将其对应的功能点值进行多倍的指定。对于功能需求，应尽量进行理解和提炼，以便准确地确定出功能点所属的类别。

表 11.1　　　　　　　　　　未调整的功能点数计算

任务需求	输入 3-4-6	查询 3-4-6	输出 4-5-7	内部数据 7-10-15	外部文件 5-7-10	Σ
员工的添加	1*6			15	5	26
员工资料的更新	4	3	5	7		19
员工的删除				7		7
行程安排录入	4		4	7		15
单据录入	6		4	7		17
审批		3				7
费用计算		4	4		5	13
费用报销			4		5	9
合计						113

无权重的功能点力求对用户所有的功能需求进行评价，在大多数的评估方法中往往还需要考虑到一些影响因素，即该项目的一些约束或边界条件的影响。将这些因素首先进行整理和归类，作为每个功能点的权值影响纳入计算，其取值范围可定义为 0~5。例如，对于适应性的影响因素，0 值表示只进行一次简单开发，5 表示长期的开发和维护，后期可能还要在此基础上进行扩展。估算出的每个影响因子按照权重计算公式进行综合，然后作用于先前估算出的无权重功能点值，进而产生最终的有权重的功能点值。调整后的功能点数计算见表 11.2。

表 11.2　　　　　　　　　　调整后的功能点数计算

	未调整功能点数（UFP）	113	备　　注
影响因子	与其他系统的交互（0~5）	0	无交互
	分布式数据的处理（0~5）	3	客户/服务器
	事务的高处理率（0~5）	1	较低的连续处理要求
	处理逻辑		
	计算复杂性（0~10）	2	简单计算
	控制复杂性（0~5）	2	中等要求
	出错处理（0~10）	3	数据一致性检查
	业务逻辑（0~5）	2	标准要求
	可重用性（0~5）	1	较低要求
	可移植性（0~5）	1	较低要求
	可维护性（0~5）	5	较高要求
综合影响合计（DI）		20	
影响因子（TCF）= DI/100 + 0.7		0.9	
调整后功能点数（FP）= 未调整功能点数（UFP）* TCF		101.7	

11.5.2 评估开发成本

最后，需要将带有权重的功能点评估分值转换为对工作量的评估，这个转换过程在一些文献中都有介绍，其中一种方法是通过一条经验曲线进行对应，如图 11.14 所示。这条对应曲线是针对具体公司的转换曲线，不同的公司甚至不同的部门，此曲线的趋势可能都不一样，需要事先根据本单位的具体情况进行确定。

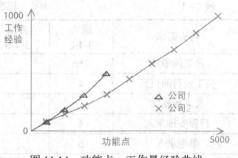

图 11.14　功能点—工作量经验曲线

以上的估算方法的主要问题是在估算的过程中存在诸多较模糊的主观判断，这些内容可能会对最终结果具有较大的影响，但如果能通过日后的一些比对和反馈训练，可以使得评估的表现获得改善。另外，评估过程可以由相同的人多次进行，整体上的评估结果也要更好一些。还有可以尝试对已经结束项目进行训练性的评估，并根据评估结果与实际结果进行比对，在数据中找出内部的平衡性，并指导对未来项目的评估过程。

利用功能点技术对成本进行估算的另外一种方法是使用模型 CoCoMo（Constructive Cost Model），它是由 Berry Boehm 针对不同领域的实际项目进行估算和相关数据的持续跟踪整理的结果。这些结果直到 2000 年都是免费的，但如果要根据具体数据进行调整，则需要另外收费。这里介绍的模型是 CoCoMo Ⅱ 模型，该模型包括了 3 个子模型，分别是 Application Composition Model、Early Design Model 和 Post Architecture Model。表 11.3 总结了这几种模型的主要作用。

表 11.3　　　　　　　　　　　　　　CoCoMo Ⅱ 的子模型

子　模　型	作　　用
Application Composition Model	针对使用集成 CASE 工具进行快速应用开发的项目工作量评估及计划调度
Early Design Model and Post Architecture Model	针对基础软件设施、重要应用以及嵌入软件项目开发的工作量评估及计划调度

CoCoMo 模型的基本方法是用来估算目标程序使用某种编程语言的代码行数，也可以使用未加权重的功能点技术将功能点转换成对应的代码行。CoCoMo 模型是模型的集合，根据项目的级别或种类选取其中不同的模型使用，这里主要针对项目开始的早期设计模型进行介绍。CoCoMo 模型最大的用处在于提供工作量估算的公式（PM, Person Months），并以此作为项目计划调度和优化的基础，公式的基本形式为：

$$PM = A * Size^E * \prod_{i=1}^{n} EM_i$$

式中，Size 是指不含注释的程序长度，又称为 KDSI（Kilo-Thousands of Delivered Source Instructions），因此其基本的单位是千代码行。

公式中表示每个影响因子的变量 EM_i，它们以乘积的形式线性地融入公式中，对估算的成本具有线性作用。表 11.4 针对早期设计模型，使用了 7（$n=7$）种可能的影响因子对模型特征以及它们的取值进行了指定。我们能够注意到在功能点方法中，对未加权重的功能点值施加项目因素的影响最大有 30%的修改空间，但在 CoCoMo 模型中，各种因素则有更大的影响，如表 11.4 中的特征"人员能力"。公式中的 A 是一个常数，其取值依赖于不同的业务领域，对结果也是线性的作用，如对于 Web 应用和军事应用，其取值可介于 2.5 和 4 之间。

表 11.4　　　　　　　　　　　　　　　　线性影响因子

影　响　因　子	特低	很低	低	正常	高	很高	特高
可靠性及复杂性	0.73	0.81	0.98	1	1.30	1.74	2.38
可重用性			0.95	1	1.07	1.15	1.24
目标平台特殊性			0.87	1	1.29	1.81	2.61
人员能力	2.12	1.62	1.26	1	0.83	0.63	0.50
人员经验	1.59	1.33	1.12	1	0.87	0.71	0.62
开发环境	1.43	1.30	1.10	1	0.87	0.73	0.62
开发周期		1.43	1.14	1	1	1	

公式中的参数 E 以指数形式影响整个项目的成本，因此比其他参数的影响能力要更大一些。E 的取值可以参考表 11.5 中给定的公式和参数，其中的正则化因子 $B=0.91$。

表 11.5　　　　　　　　　　　　　　　　指数参数 E 的取值

$$E = B + 0.01 \times \sum_{j=1}^{5} SF_j$$

影　响　因　子	很低	低	正常	高	很高	特高
有过类似的开发先例	6.20	4.96	3.72	2.48	1.24	0
开发的灵活程度	5.07	4.05	3.04	2.03	1.01	0
架构/风险方案	7.07	5.65	4.24	2.83	1.41	0
团队凝聚力	5.48	4.38	3.29	2.19	1.10	0
软件开发过程成熟度	7.80	7.80	4.68	3.12	1.56	0

在确定 E 值的公式中同样也存在几个待估计的因子，其取值可参考表 11.5 的内容。总体上，CoCoMo 模型综合了对项目有较大影响的一系列边界条件。同时，该模型还提供了根据实际情况对影响因子进行调整的机会。另外，CoCoMo 模型实际的表现与评估者本身的经验也有直接的关系。

从以上的分析中可以看出：功能点分析和 CoCoMo 方法进行成本估算的关键是评估者的经验，因此提出的一个问题是可否由开发人员主导进行评估，而不仅是参与评估过程。基于这样的观点，可以考虑以下简化的分析方法，并可以在开发内部和客户一起进行成本的评估。评估的开发者应该做过新项目的需求分析工作，并且有过完整的与新项目相似类型和条件约束的项目开发经验。

表 11.6　　　　　　　　　　　　　　　　简化的分析评估影响因素

因　　素		描　　述
A 通过重用进行构建的可能性	1	没有通过重用进行构建的可能性，所有内容都需要重新开发
	1.3	具有一定的通过重用构建的可能性，但需要识别出重用的内容和位置，并进行适应性的调整
	1.6	具有较高的通过重用构建的可能性，需要较少的调整，已有的文档对可重用的部分具有详细的说明和扩展方法
	1.9	大部分可通过重用进行构建，设计上也符合要求不需太多的调整
	3	全部可基于现有的成果进行构建，开发的主要工作是测试

因　素		描　述
B 任务规模（没有注释的代码行数）	1.8	对任务的规模进行估计，这里要求任何任务的规模不能超过最小任务规模的 8 倍，每个任务的给定值是相对值。如果完全可通过重用构建，则 B=0
C 接口数目	1	不依赖或较少依赖其他任务
	2	中等依赖其他任务
	3	重度依赖其他子任务
D 在项目中的关键程度	1	低度，当有问题发生，不会导致整个项目的失败
	1.5	中度，当有问题发生，功能性和客户满意度将会受到影响，但系统仍可用
	2	高度，当有问题发生，将导致整个项目的失败

新项目在初始的需求分析中被分解为若干任务，它们可以使用用例进行表示。然后每个任务根据表 11.6 给定的 4 类影响因子 A、B、C 和 D 分别在规定的取值范围内进行估算。4 个因子的取值对于最终的工作量有直接的影响，并且彼此被认为是独立的。因素 B 和 D 在某些情况下可能会存在混淆，因为非常关键的程序部分往往具有比较复杂的运算逻辑；当然，情况也可能是相反的，即逻辑计算非常简单，但是关键程度非常高。这里假定各因素间的关系是独立的，这有助于理解通过公式 A×B×C×D 计算总体工作量的合理性。

评估过程中，首先针对那些相对中等规模任务的 B 值，至少要有 3 位评估人员参与，所有评估人员能够理解这些任务并能够就它们的 B 值等于 4（中间值）的情况达成共识。然后以此为基础，每个评估人员独立对所有余下的任务进一步评估，并在最后召集一次评估会议，就大家所有的评估值进行讨论，发现的问题和风险应进行及时记录。当然，这里关心的只是工作量在任务间的相对关系，还没有得出工作量的具体值。

在接下来的步骤中，对已经结束的项目进行同样的独立评估并最终进行同样的评估会议。由于结束项目的成本是已知的，因此可以通过如下方法评估新项目的成本：

（1）对每个新的任务 New_i 计算其 A×B×C×D 的乘积。

（2）将各个任务的 New_i 值相加，计算新项目的工作量分数：AP_new=New_1+…+New_n。

（3）对每个旧的任务 Old_i，计算其 A×B×C×D 的乘积。

（4）将各个任务的 Old_i 值相加，计算旧项目的工作量分数：AP_old=Old_1+…+Old_m。

（5）假定 Au_old 为以人·天为单位的旧项目的工作量，则计算工作量比例值：Value_AP=Au_old/AP_old。

（6）使用比例值 Value_AP 计算新项目的成本估算值为 AP_new*Value_AP，其中每个单一任务的工作量为 New_i×Value_AP。

表 11.7　　　　　　　　　　　　　　一个简化的评估示例

1. 共同估算一个新的子任务

子任务	A	B	C	D	ABCD
New1	1.9	5	2	2	38

2. 分别对新子任务进行估值

子任务	A	B	C	D	ABCD
New1	1.9	5	2	2	38
New2	3	4	2	1.5	32
New3	3	6	1	1.5	27
New4	3	2	3	2	36
New5	1.6	5	2	1	16

3. 分别对旧子任务进行估值，工作量 PD 为已知

子任务	PD	A	B	C	D	ABCD
Old1	188	3	5	2	2	60
Old2	62	1.9	5	2	1	19
Old3	149	3	6	1.5	2	54
Old4	54	3	2	3	1	18
Total	453					151

4. 计算工作量比例值=453/151=3
5. 按比例确定新项目各子任务的工作量

子任务	A	B	C	D	BCD	Effort
New1	1.9	5	2	2	8	114
New2	3	4	2	1.5	2	96
New3	3	6	1	1.5	7	81
New4	3	2	3	2	6	108
New5	1.6	5	2	1	6	48

上述过程每个单独的评估步骤总结在表 11.7 中，所有的评估者对最终的结果会做合理性的检查，并根据情况做必要的调整，而且可以基于新旧项目的约束条件对它们进行比较。借助于功能点分析或者 CoCoMo 模型的评估特征，可分析出新旧项目在条件约束上是否具有相似性，因为这些都能够在评估因子的取值上体现出来。

对以上的评估过程进行分析可知，每个因素的取值范围对于计算的过程是不相关的，如果调整所有的取值范围都是 1～10，计算过程还是会以相同的方式进行。实际采用的取值区间对应该因素的重要程度，这个重要程度应与开发者的期望一致。

目前的方法都是用来评估项目整体或者其任务（功能）的成本。如果对一些管理方面的跨活动的成本感兴趣，如项目管理或者质量保证等单独活动的成本，则需要在总成本的基础上根据每个部分所占的比例进行估算。一般来说，随着项目规模的增加，实际的开发工作量所占的比例逐渐下降，其中的管理成本、文档化的成本以及质量保证的成本却在增加，它们各部分大概的比例关系在图 11.15 中进行了概括。

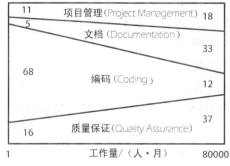

图 11.15　项目开发中的各部分成本

最后需要说明的是评估结果需要在项目进行中进行随时的比对和必要的调整，因此需要进行重复的评估过程，CoCoMo 模型为此提供了精炼模型，用以对结果进行改进。对项目的估算成本以及实际成本在项目结束后都应写入项目文档中，为后续的分析提供历史数据支持。

11.6 质量管理

本部分的主要目的是从不同的角度介绍对软件项目成功开发的相关管理内容，为开发团队建立能够适应的并且有效的软件开发过程。软件过程的定义和重要性已经在需求分析部分做了说明，并且提到要将软件融入现有的业务流程中需要对这些业务进行深入分析，如果软件本身不能与业务相符，将会导致用户不能接受，即项目的失败。在诸多的过程模型中，对人员的合理组织，以提供有效的团队合作也是重要的目标之一。因此，不仅仅涉及技术开发，成功的项目对质量保证和项目管理都有严格的要求。

11.6.1 质量与过程改进

很多与开发相关的领域越来越重视过程的概念，这已经是一个不争的事实。但为什么从 20 世纪 90 年代中期开始，软件过程的概念和思想越来越受到人们的重视，如何来确定和组织高质量的软件开发过程？

质量的历史经历了产品发展历史的若干个阶段，其基本目标就是提供用户满意的产品。质量的观点历史上始于产品向用户的最终交付，最终交付意味着客户对产品的检验并接收的过程，又称为质量控制（Quality Control）。到了 20 世纪初，人们逐渐不满足于简单的质量控制活动，因为质量控制总是发生在产品成型之后，是一个事后的被动过程。通过对产品的最终控制，可以进行残次品数据的收集并进行分析，找出解决的措施进而减少不合格品的数量，这是一个主动应对的过程。对不合格品的清点是第一个，也是最常用的一种对过程的质量度量。另外的重要质量措施是引入了生产控制，以便能够早期发现缺陷产品，并识别出产品生产过程中存在的问题。这种方法多用在统计质量保证措施的改进和自动化。

另外一个很自然的问题就是要弄清楚为什么某个生产过程的缺陷产品数量能够少于其他过程，从对过程的持续改进的角度讲，这也是一个质量管理的起点。这种质量的观点要求不仅仅要重视产品本身的质量，更应该注重产品生产过程的质量，因为在好的过程下会以极高的概率产生出高质量的产品。产品的生产过程不是一蹴而就的，而是需要不断经过改进而提高的，发现现有过程的问题并制订措施完善是过程改进不变的宗旨。图 11.16 给出了互为作用和补充的 4 个项目因素，它们的作用是联动的，如并不能简单地提高开发速度，而不增加预算或者加入新人或者使用更好的工具或者降低质量（忽略控制）或者去除某些功能。但我们可以找到某种更好的开发过程，保证期间问题较少，因而可以实现快速的开发，并产生质量高的产品。

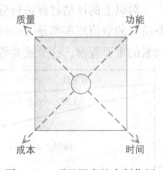

图 11.16 项目因素的牵制作用

承认并坚持过程改进带来的潜在积极作用，是质量管理的核心任务。要擅于站在巨人的肩膀上，在别人的工作基础上进行过程的利用和改进。前面的章节已经就一些开发方法和它们的应用环境进行了说明，但由于项目领域的多样性以及边界约束的复杂性，一个一成不变的通用开发过程是不存在的。好的开发过程的产生依赖很多具体的方面，如业务领域、公司长期目标等。另外，客户群体的业务领域和需求经常会发生改变，应能够通过过程实现快速响应和应对变化。这些都是质量管理的范畴，总之，过程的裁剪定制和灵活性是质量管理的目标和准则。

11.6.2　能力成熟度与过程模型

对于软件开发公司来说，以上的过程设计需求在能力或熟度模型（CMM，Capability Maturity Model）中进行了概括。CMM 具有很多的变种，最后统一起来形成 CMMI(Capability Maturity Model Integrated)。CMM 的初衷是为美国国防部（DoD）提供对软件开发承包商的资质进行评估，以增加国防项目成功的几率。此项目后来由卡内基梅隆大学的软件工程研究所负责研发，并形成了一套系统的评估标准，这也为软件公司提供了认证的标准和路线。模型中将过程的能力和成熟情况按照等级或成熟度进行了划分，如图 11.17 所示，括号中

图 11.17　CMMI 的质量级别

的标注为 CMM 曾使用的名字。

- 级别 1 初始级：Initial

开发的初级阶段，没有引入任何系统化的过程控制。开发过程存在很大的随意性，开发结果存在较大的不确定性，并且难以理解和回顾，开发过程经常返工，工作量翻倍是常态。被动地等待问题的出现以及救火式的处理，项目成败极大地依赖员工的技能和承诺。

- 级别 2 已管理级：Managed

这个阶段的项目可以再现，总结出了项目开发的特点和管理经验，项目管理起到了重要作用。引入了关键的子过程：需求管理（REQM）、项目计划（PP）、项目跟踪和控制（PMC）、过程和产品质量保证（PPQA）、配置管理（CM）、供应商协议管理（SAM）和度量与分析（MA）。但仍然是被动的问题应对方式。

- 级别 3 已定义级：Defined

所有已有的过程都进行了统一的文档化，它们能够被组织范围所理解和利用，并为其他项目提供一个统一的框架。组织范围对过程的分析综合和协调是管理的核心，为此需要下面的子过程的支持：需求定义（RD）、验证（Val）、确认（Ver）、技术方案（TS）、风险管理（RSKM）、组织级过程聚焦（OPF）、组织级过程定义（OPD）、组织级培训（OT）、集成项目管理（IPM）、决策分析和决定（DAR）。这是一个主动的问题应对方式。

- 级别 4 已量化管理级：Quantitatively Managed

为了能够识别出哪些过程改动会带来什么样的质量变化，需要对过程和产品质量进行量化的度量。每个过程的表现需要能够度量，并具有基于量化结果进行自我分析的能力，通过组织级过程性能（OPP）和量化项目管理（QPM）两个子过程进行支持。

- 级别 5 优化级：Optimizing

在此阶段，组织能够在基于前面的基础阶段之上确定更合理的优化目标和及时识别并做出必

要的过程调整。包含的子过程包括组织级革新与实施（OID）、原因分析与解决（CAR）。

开发的能力与成熟度阶段性的改善过程和路线通过图 11.18 进行了可视化的描述。经过阶段 1 的杂乱无章的项目组织，在阶段 2 中的软件开发中融入了软件工程的思想，在软件过程的指导下进行开发，并在阶段 3 中对过程的各个环节的工作进行细化，然后在阶段 4 中对各个指标进行客观的量化，如评估出项目持续时间，最后在阶段 5 中根据新出现的问题或约束条件进行分析，并对过程进行持续改进。

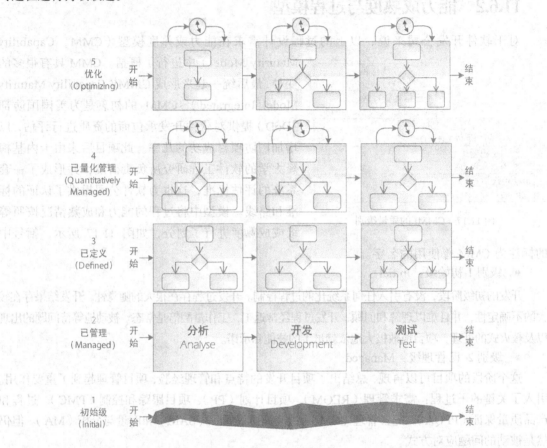

图 11.18　CMMI 过程改进

CMMI 三级及以上中的子过程又称为过程域（Process Area）。每个过程域具有一系列的目标，包括特定目标（Specific Goals）和通用目标（General Goals），并给出了它们对应的特定实践（Specific Practice）和通用实践（General Practice）。这里主要关注的是特定目标，它们是指那些受制于企业的某些具体行为的过程片段，也是对企业进行过程改进的重点内容。图 11.19 给出了一个通过 CMMI 进行调整的简单描述，左侧是一个企业产品计划的原始步骤，其中的活动没有经过特别的优化。CMMI 提供了对所有任务的风险和人员需求的描述，图中的右侧针对企业模型的改进进行了具体化，其中的一个活动经过了较具体的改进。

实践表明，企业成熟度向高一级别的发展需要有足够的时间积累，一般至少两年。软件过程不能纸上谈兵或者由上到下命令式地推进，必须得到所有员工的认可并作为必不可少的手段融入其日常工作中。潜移默化地影响员工的做事方式，统一思想，行动一致，这就是企业文化及其作用。

图 11.17 给出的实际上为 CMMI 阶段模型，每个阶段定义了若干个过程域，完成了过程域规

定的要求，则可以过渡到下一个阶段，这类似在大学四年里，每年安排一定的课程和学分要求，当通过了所有的考核，可以升级到下一个年级。因此，CMMI 阶段模型旨在提高综合能力和成熟度。CMMI 还提供了一种连续模型供使用。连续模型强调的是对某些能力的重视和不断优化，而不是明显阶段的划分和引领，注重的不是综合能力和全面成熟度的提升。

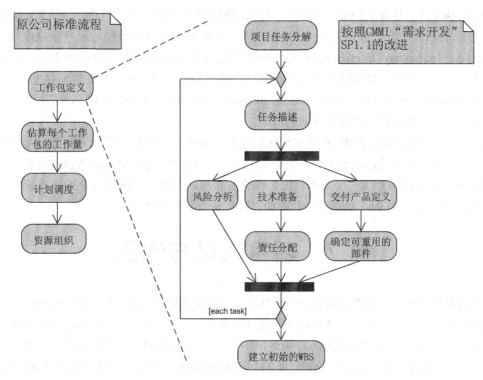

图 11.19　使用 CMMI 进行过程改进

　　CMMI 框架作用的是整个企业，因此我们需要知道引入 CMMI 后会对每位员工带来多大的影响？CMMI 的主要开发者 Humphrey 认为，CMMI 为每位员工也定义了阶段性的能力和成熟度，即个体软件过程（Personal Software Proces，PSP），如图 11.20 所示。每个开发者在初

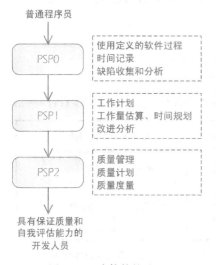

图 11.20　个体软件过程

始阶段 PSP0 能够理解软件过程的思想，并且完成相应的开发工作。为了能够向 PSP1 升级，员工需要总结总体工作时间，对出现的缺陷进行度量。在这一阶段，员工要具有对自己的工作进行评估的能力，如能够使用功能点方法计算需要的时间，对过程细节的理解在这个阶段也是有帮助的，但并不是必须的，因为对相似任务的工作量评估一般都会采用类比的方法。有了对自己工作量的评估结果，开发人员可以计划本人的工作安排（个人过程的改进），并且通过实际开发时间和缺陷的度量，确定对个人过程的改进是否带来了工作结果的改进。最后阶段的 PSP2 中，开发人员要求能够树立自己的质量目标并通过自我评审评估工作效率。总之，PSP 的目标是培养开发人员能够在尽可能准确设置的时间段中完成

高质量的工作。另外，应该鼓励员工能够把创造性的内容融入到具体的任务中，这对于不断重复的软件过程是欠缺的。

作为个体的员工与整个企业之间还存在一个组织上的单位层次，即团队。团队软件过程（TSP）的目的与 CMMI、PSP 类似，其具体内容这里不再赘述。

当过程满足了一些预定的要求和约束，可以按照某些标准对过程进行认证。很多业务领域有着不同形式的认证标准，如常见的 ISO9000 质量体系能够在很多不同的业务领域使用。ITIL（Information Technology Infrastructure Library）信息技术基础架构库主要适用于 IT 服务管理（ITSM）。ITIL 为企业的 IT 服务管理实践提供了一个客观、严谨、可量化的标准和规范。SPICE（Software Process Improvement and Capability dEtermination）是一种类似于 CMMI 的机制，也提供了对软件开发公司的过程质量进行评估的框架。

最后，对于成功的质量管理，仅仅将优化的过程和准则记录下来并不足以在实践中发挥作用，过程首先要以制度的形式体现出来，并为员工所接受，只有当大家意识到过程改进涉及每个人的切身利益并且大家都乐意为之努力和付出，在全员参与的基础上才能实现全面质量管理（Total Quality Management，TQM）的思想，这时的过程是一个企业的财富。

11.7 项目人员与沟通

项目成功的另外一个重要因素就是社交环境，这也是纯技术人员不擅长的一个内容。正如在敏捷软件过程模型中强调的，个体和互动胜过过程和工具，因此很难想象没有互动的团队开发是个什么样子。开发人员通过项目构成了一个小的社会单元，成员在一起高效地工作，促成最终项目的成功，并享受在一起工作的愉快和舒畅。社交技能的培养在教育或培训中也越来越受到重视，因为有效的沟通能够激发每位员工的潜能。

11.7.1 项目中的人员

尽管过程的思想在成功项目的开发中起到重要的作用，但在过程的层面上也不是能够解决所有问题。图 11.21 给出了项目的整体视图，并将项目及其成功的因素划分为过程层面、能力、社交层面、企业环境 4 个部分。

- 过程层面：包括企业中所有的过程定义及其描述。
- 能力：包括所有工作人员能够掌握和应用的所有技术和构件。
- 社交层面：包括员工间所有的交互情况、交互特点以及交互质量。
- 企业环境：包括所有组织级的能够影响项目成败的制度和措施，包括分配的项目计算机到足够的办公用品。

项目的整体视图指出一个领域的问题是不会在另外的领域中被解决的。如果两个同事间不能相互忍受并不断争吵，则只能通过过程来尽可能界定他们的职责，而对于两个爱争吵的人在故意找茬冲突的情况，冲突的解决或缓和只能在社交层面上进行。该整体视图也表明不能通过过程模型使用清晰过定义来弥补能力的缺失，因为只有先具有能力（Know How），才会使过程变得可用。

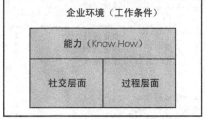

图 11.21 项目的整体视图

一个项目刚开始时往往集合了很多互不相识或者只有一面之缘的人员，他们以前可能从没有共事过。这样的小组要有一个从相互熟悉到信任的过程，它的成长也需要时间，项目经理也需要适应这个过程。

- 组建（forming）：项目成员之间相互熟悉，彼此了解。团队对工作专注不够，效率低下。
- 风暴（storming）：团队花费大量的时间相互融合，包括职责的确定和工作的分配。团队不稳定，效率低下。
- 规范（norming）：团队形成规范，每个人开始关注怎样工作能最好地达到目标。团队工作效率得到提升。
- 行动（performing）：项目处于集中工作的稳定状态，每个成员知道自己的职责并了解与其他成员如何配合。团队工作的效率极高。

在社交中扮演的角色与人的类型是密切关联的。对于人员的角色确定，需要有特别的考虑。一种建设性的方法是将项目的人员类型按照特点划分为 9 类，每类都含有积极和消极的一面。不同类型的人员可适用于不同的项目，并且对于项目而言，得益于若干不同人员类型的组合使用。对于每种人员类型的特点，并不是说每个人员只能安排一种角色与之对应，而是要发现哪些角色对某种人员的类型更偏重，哪些次之。这 9 类人员可描述如下：

- 专家（Specialist）：专注于新技术的研发并对自己的能力感到骄傲；不太关注其他人。
- 润饰者，完工者（Completer, Finisher）：注重细节，做事情不会半途而废，工作积极主动；做事总是亲力亲为，通才但不擅长外交。
- 实现者（Implementer）：务实者，系统处理复杂任务的能力，忠实，性格内向，直率；不自发，缺乏创新。
- 团队者（Teamworker）：平衡，外向，不拔尖，善于倾听，与大家在团队中自由地通信，能够迅速适应新的形势；回避针锋相对，有点优柔寡断。
- 监督评估者（Monitor Evaluator）：平衡，对当前形势的严肃清晰地看待，高智商，高创造力，快速发现错误；有些悲观，其敏锐的批判能力降低了对新事物的接收能力。
- 领导者（Shaper）（开发任务）：积极进取，愿意领导和协调团队，找出问题的解决方法，外向，有责任心；愿意冲动，急躁，有时过于追求速度。
- 协调者（Co-ordinator）（项目社交）：稳定，以我为中心，外向，纪律性强，团队的领导者，为外部的目的和目标努力，善于沟通，项目角色安排合适；缺少创新，在项目推进中过于安静。
- 资源投资者（Resource Investigator）：休闲，沟通型，容易感兴趣，善于从外部吸取灵感，善于外交，善于经商，丰富的社会关系；热情越大，降温越快，无长劲，依赖外部的机遇（动机）。
- 植物（Plant）：原创的想法、动机和建议，以我为中心，高智商，聚焦主要工作；内向，有干扰和攻击性，注重宏观，较难接受外界的批判者质疑。

每位读者在其中一定能够找到一个或多个自己适合的类型，计算机方面的科学家可能更喜欢专家和植物的角色。对不同角色类别的了解有助于认识到项目开发会需要很多不同类型的人员，他们在业务、社交、管理等能力上能够互补，能够发挥出 1+1>2 的作用，他们的团队合作能够引领项目走向成功。

11.7.2 人员沟通

在不同类型持不同见解的人员之间建立沟通的渠道和氛围可通过四方沟通模型。四方沟通模型又称为通信方（Communication Square）或四耳朵模型（Four-Ears），是由 Friedemann

Schulz von Thun 提出的一种沟通模型。模型认为，每条消息都由 4 个方面构成，但每个方面强调的重点有所不同。这 4 个方面分别为事实（fact）、自我揭示（self-revealing）、关系（relationship）和需求（appeal），模型如图 11.22 所示。例如，项目经理对某个开发者说"你应对这个类进行注释"，以这个消息为例按照模型的 4 个方面进行介绍，其中无论说话的表情，还是重音的位置，都是话语含义的重要部分。

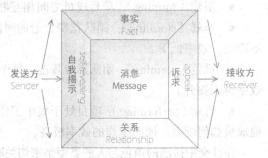

图 11.22　四方沟通模型

一般来说，话语的信息主要来自其组成部分，通过消息的事实和关系两个方面表达。这个例子中的事实传达了"负责开发这个类的人还没有对它进行注释"的事实。

自我揭示表示的含义是"我揭示自己什么"，消息中包含了发送方有意识的和无意识的自我倾向，与强调的重点或手势有很大的关系。上例中，项目经理可能要表明一下他的一个疑虑，就是他不确定是否这个项目的要求得到了满足。对于接收方，在自我揭示这个层面上可能会对原消息有不同的理解，如那个开发者可能认为项目经理现在对项目目前的情况不是非常满意。因此，接收方接收消息后总是在寻求隐含在消息事实后的内容是什么。

消息中还蕴含着发送方和接收方的关系信息，即对话的双方对待彼此的态度，应如何相处。比如，项目经理可能在想那个开发人员还是有潜力的，如果他对他的工作再严格一点的话会有好结果的。而那个开发者可能在关系层面上想到项目经理认为自己不具备解决最简单问题的能力。这通常是交流中最具敏感的层面，如果对话双方彼此误解，就会在此层面上升级。

最后一个层面就是诉求层，表达"我想从你那里获得什么"。上例中，项目经理想要的效果是那个开发人员应系统化地工作。同时，接收方也存在另外一种解释，如项目经理希望他应首先做好最基础的任务。

另外，无论是从项目的角度，还是从企业管理的角度，危机管理也是一项重要的沟通层面的内容。危机管理的一部分工作就是要能够识别出恶性的循环沟通。这种循环会通过强硬的言语逐渐加深参与者之间的负面印象。图 11.23 给出了一个此过程的描述，至于这个循环是如何开始的并不重要。员工首先感觉到来自公司领导的巨大压力，但是他们害怕失去工作，在大量的工作和其他问题下，他们不能选择诉苦，而是一直努力工作。

领导者往往认为他们的决定通过积极的言语捍卫了他们的领导力。当偶尔有抱怨和挑剔产生，他们将作为例外进行处理。这将导致他们领导的方式没有改变，员工依然承受压力。这样的恶性循环会一直持续，并在最后某个时刻暴发并终止，如某个大型项目的失败或者员工辞职。

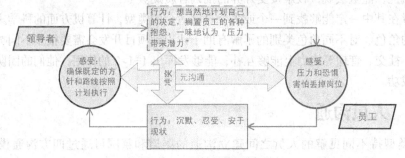

图 11.23　恶性的沟通循环

对这种循环模型的了解能够指导我们应多从通信的"元层次"（即感受）而不是"行动层"进行改善，多关怀员工的实际感受强于生硬的命令。尤其是在上述描述的场景下，可通过员工代表（工会）给予员工更多的鼓励，以此形成一个建设性的、开放的对话环境，并形成一个好的印象和感情，这样在元层次上的交流得以顺利进行。

这里给出的方法旨在对人际交往中的方式进行概述，使得开发人员彼此在沟通上不仅依赖个体的角色和类型，而且在同事相处上也可以做到更艺术的处理，这些都是项目成功必不可少的条件。

习　题

1. 工程网络图的另外一种更详细的表示方法是每个工作包的计划信息包括 6 个部分，如下表所示。

工作包/（单位：小时）		
持续时间	最早开始时间	最早结束时间
机动时间	最晚开始时间	最晚结束时间

给定以下工程网络图，补充计算每个工作包的计划安排，并指出其关键路径。

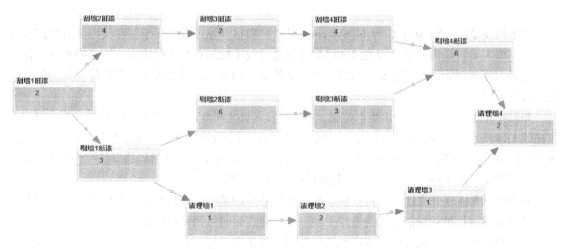

2. 在题 1 的基础上，为 2 人的团队使用甘特图制订计划安排，要求指定每项任务的责任人，并标出可能的里程碑位置。

第12章
版本控制系统

前面的章节针对软件开发环境中的配置管理进行了概念性的介绍，包括版本管理、生成管理和发布管理等主要活动。软件配置管理虽然不是软件过程中的主要开发活动，但它是软件过程必不可少的辅助性工作，是软件开发团队的"大管家"，为开发人员管理着所有的软件资产。本章将从实际操作出发，着重介绍目前版本控制系统的主要产品和它们的特点，并以当前流行的版本控制工具为例，介绍它们在实际开发过程中的应用方法。

12.1　简　介

版本控制系统（Version Control System）是软件项目开发过程中用于储存代码所有修订版本的软件。事实上，任何与项目相关的文档都可以通过版本控制系统进行管理。版本控制软件提供完备的版本管理功能，用于存储、追踪目录（文件夹）和文件的修改历史，是软件开发的基础设施和必要工具。

如果在开发团队中没有使用版本控制，多个开发人员共同负责同一个软件文档的开发，很容易出现图 11.4 所示的情况。没有进行版本控制或者版本控制本身缺乏正确的流程管理，在软件开发过程中将会引入很多问题，如软件代码的一致性、软件内容的冗余、软件过程的事务性、软件开发过程中的并发性、软件源代码的安全性以及软件的整合等问题。

版本控制是实现开发团队并行开发、提高开发效率的基础，其目的在于对软件开发过程中的文件或目录的演化过程提供有效的追踪手段，保证在需要时可回到旧版本，避免文件的丢失、修改的丢失和相互覆盖，通过对版本库的访问控制，避免未经授权的访问和修改，达到有效保护软件资产和知识产权的目的。

版本控制在空间上可以保证完成集中的统一管理，解决一致性和冗余问题。在开发工作中，开发人员在提交软件代码时一般采用客户端/服务器方式，尽管开发人员可以在自己的本地留有备份，但最终唯一有效的只有服务器端的程序代码。在时间上全程跟踪记录开发过程中的每个更改细节和不同时期的不同版本，这在一定程度上可以解决冗余、事务性处理及并发性问题。项目管理人员可以通过版本控制对团队中的不同人员实施操作权限的控制，对软件的不同部分可以定义不同的访问权限，这在一定程度可以解决软件安全性问题。另外，通过对版本控制工具的使用可以减轻开发人员的负担，节省时间，同时降低人为错误的可能性。

12.2　常用版本控制软件介绍

本节主要围绕几种流行的版本控制工具,简单介绍它们的原理、工作方式和使用方法,如 SVN 和 Git 等。

12.2.1　Visual Source Safe 和 Team Foundation Server

Visual Source Safe 简称 VSS,是 Microsoft 公司开发的早期产品,作为 Microsoft Visual Studio 的一名成员,它的主要任务是负责项目文件的管理,几乎可以适用任何软件项目。VSS 有如下特点:

(1)简单易学,且成本较低。VSS 的安装、配置和操作都非常简单,开发团队几乎不需要额外培训,就能够较容易地使用。VSS 的配置管理功能也比较基本,提供了共享(share)、分支(branch)和合并(merge)的功能,保证团队开发的需要。

(2)不支持异地开发。VSS 只能在 Windows 平台上运行,不能运行在其他操作系统上。

(3)安全性不高。VSS 只能在共享文件夹上设置不可读、可读、可读写和可完全控制 4 级权限。

(4)并发控制方式为锁机制,这将导致对检出工作文档的独占,也就意味着在该文件再次检入前,其他人员无法对该文档进行编辑和更新,降低了并行开发的程度。

Team Foundation Server(TFS)是微软 2010 年新推出的为项目提供源代码管理、数据收集、报告和过程支持的系统,无论在架构、功能、安全,还是可操作性上,都是全新的设计,支持千人级别的团队开发。在代码控制上,同时提供了独占和共享的方式,极大提高了开发的效率。另外,不同于 VSS,TFS 是基于数据库的配置管理工具。

12.2.2　Concurrent Version System

Concurrent Version System 简称 CVS,是源于 UNIX 的开源版本控制工具,其源代码和安装文件都可以免费下载。

CVS 除具备 VSS 的基本功能外,还具有如下特点:

(1)客户机/服务器的存取方法使得开发者可以从网络任何位置存取最新的代码。

(2)平等的版本检出模式避免了因为加锁模式而引起的并行性低下问题。

(3)客户端工具可以在绝大多数的平台上使用。

另外,CVS 是开放源码软件,无需支付购买费用,也会导致其技术支持的缺乏。如果使用过程中发现问题,通常只能通过网络资料自行解决。

12.2.3　Subversion

Subversion 简称 SVN,和 CVS 一样是一个跨平台、开源的版本控制软件,支持大多数常见的操作系统。Subversion 可以管理随时间改变的数据,与 CVS 一样将这些数据放置在一个中央的版本库中。这个档案库很像一个普通的文件服务器,不过,它会记住每一次文件的变动,方便把档案恢复到旧版本,或是浏览文件的变动历史。Subversion 是一个通用的系统,可用来管理任何类型的文件,其中包括了程序源码。

SVN 可以看作是 CVS 的重写版和改进版，在大量的开发环境中得到了广泛的应用，其具体的使用方法将在后续章节中详细说明。

12.2.4　StarTeam

StarTeam 是 Borland 公司的版本管理工具，在易用性、功能和安全性等方面都很不错。StarTeam 的用户界面同 VSS 类似，它的所有的操作都可通过图形用户界面来完成，同时，对于习惯使用命令方式的用户，StarTeam 也提供命令集进行支持。

除了 VSS 和 CVS 所具有的功能外，StarTeam 还具有如下特点：

（1）支持对数据库的变更管理。

（2）提供流程定制工具，用户可根据自己的需求灵活地定制流程。

（3）与 VSS 和 CVS 不同，VSS 和 CVS 是基于文件系统的配置管理工具，而 StarTeam 和 TFS 一样是基于数据库的，并可根据需要选取多种数据库系统。

（4）具有独立的安全管理机制，提供了更灵活的访问控制和丰富的数据视图。

12.2.5　ClearCase

ClearCase 是 Rational 公司的产品，也是目前使用较多的配置管理工具之一。ClearCase 的安装和维护更加复杂。ClearCase 系统管理员需要更加专业的技能。ClearCase 提供命令行和图形界面的操作方式，但从它的图形界面并不能实现命令行的所有功能。

（1）提供对多种平台的支持，如 Windows 和 UNIX。

（2）通过多点复制支持多个服务器和多个点的可扩展性，并擅长设置复杂的开发过程。

（3）没有专用的安全性管理机制，依赖于操作系统。

12.2.6　Git

Git 是一个开源的分布式版本控制系统，可以有效和高速地用于较小和较大规模的项目版本管理。Git 是 Linus Torvalds 为了帮助管理 Linux 内核开发而开发的一个开放源码的版本控制软件。

Git 是一个快速、可扩展的分布式版本控制系统，具有极丰富的命令集，对内部系统提供了高级操作和完全访问。与传统的版本控制系统相比，Git 把每次提交的文件的全部内容快照（snapshot）记录下来，而不是使用"增量文件"的方式。

理论上，Git 可以保存任何文档，但是最擅长保存文本文档。对于非文本文档，Git 只是简单地为其进行备份，并实施版本管理。

12.3　SVN 的使用方法

12.3.1　SVN 的特点

在介绍 Subversion 使用方法前，需要了解 SVN 的一些内部特点，这有助于理解后面的实际操作。

（1）SVN 的版本号是全局性的、针对整个版本库的。对目录或文件执行复制，不需要对单个文件依次执行复制命令，建立一个指向相应的全局版本号的指针即可。

（2）SVN 引入了目录的版本控制。SVN 将目录作为一类特殊的文件来处理，能够准确记录操作前后的历史联系。同样，像对文件的不同历史版本进行比较一样，Subversion 支持对目录的不同历史版本的比较，清晰展现目录的变化历史。

（3）SVN 采用原子性提交。当提交成功完成时，一个唯一的、新的全局版本编号产生，而提交时用户提供的日志信息与该新的版本编号关联，只进行一次存储。只有当全部文件修改都成功入库，该提交才变得有效，对其他用户才可见。

（4）SVN 采用差异化的二进制文件处理机制。SVN 采用统一的二进制差异算法（Binary Differencing Algorithm），每次提交后版本库中只存储相对于先前版本的差异，从而节省大量的存储空间。

（5）SVN 采用双向的差异化网络传输机制。无论是文本文件，还是二进制文件，SVN 都进行双向的差异化传输，这意味着更高效率的数据传输，还可伴随压缩/解压缩的处理。

（6）SVN 创建分支和基线更加高效。在分支或基线的创建过程中，SVN 通过在版本库中创建到全局版本号的指针，不再需要针对众多的单个文件依次执行操作，也不额外占用版本库空间。

下面通过 Subversion 版本控制系统的一个免费开源客户端 TortoiseSVN 辅助进行介绍，主要针对 SVN 的一些基本和常用操作进行说明。一般的 SVN 系统的结构是一种两区结构，如图 12.1 所示，而且我们假定这种结构的 SVN 环境已经在用户的机器上搭建好了。

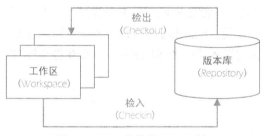

图 12.1　两区结构的 SVN 环境

两区即工作区和版本库，这种结构也是其他版本控制软件常用的结构。在这种结构模型下，工作区直接和版本库中的数据做交换：从版本库中检出（Checkout）内容到工作区以及从工作区检入（Checkin）内容到版本库。

首先为项目在版本库上选择放置的位置，并在此创建一个空目录（范例中命名为 Svn_repo，SVN 并不会限制 repository 的目录名称）。创建好之后，右键选择 TortoiseSVN-> Create repository here。

12.3.2　创建 Checkout 目录

所谓的 Checkout 目录，就是平时存放工作档案的地方，即工作区目录，日常的工作通常都是在这个目录下完成对整个工程文件的编辑和修改等，然后利用检入操作并提交到版本库中。下面假定工作的目录为 working，则首先创建一个空的目录并命名为 working。在 TortoiseSVN 中右键点击版本库文件夹，并选择 SVN Checkout。

图 12.2 中，在 URL of repository 中需要填写的是版本库的位置，可以是一个网络路径，这里假设是本地的一个版本库，该位置在界面中默认给出，如果在本地创建了多个版本库，

图 12.2　SVN 检出界面

此时还需要重新填写该部分。Checkout directory 需要填写 working 目录的位置。Checkout Depth 可以选择检出的深度，一般选择递归检出，即检出全部文件。确认无误后，单击 OK 按钮完成检出操作，并在工作区中创建了版本库的一个副本。SVN 检出过程如图 12.3 所示。

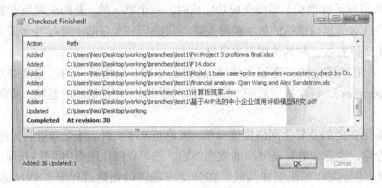

图 12.3　SVN 检出过程

12.3.3　Commit 操作

创建好 Checkout 目录后，就可以在该目录下添加和编辑工作文件了。首先，进入 Checkout 目录，可以看到这里有 branches、tag、trunk3 个子目录。一般情况下，trunk 下放置的是主要工程文件，branches 和 tags 放置的是分支文件。具体区分来说，branches 可以放置各个时期的分支工程，而 tags 一般放置一个特别的版本，作为整个项目的里程碑或者标记来保存。现在将文件放置在 trunk 下，如图 12.4 所示。

图 12.4　在工作区 trunk 下添加文件

然后右键单击 trunk，选择 TortoiseSVN->Add，并在图 12.5 中选择要增加的文件名称。

单击 OK 按钮之后，可以看到通知栏提示添加了哪些文件。此时要注意的是，这个 Add 的动作并未真正地将文件放到版本库中，仅仅是告知 SVN 准备要在版本库中放入这些文件。此时，如果管理员查看这些文件，会看到一个白色红底的惊叹号在文件图标的下方。如果希望继续同步到版本库中，需要使用 Commit 命令，点击 trunk 单击鼠标右键->选择 SVN Commit，得到图 12.6。

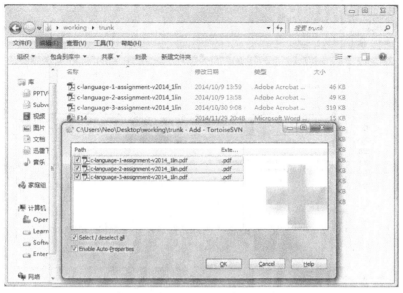

图 12.5 选择文件添加到 SVN 中

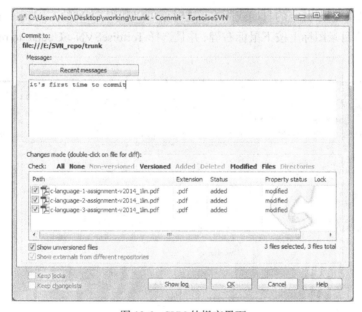

图 12.6 SVN 的提交界面

图 12.6 所示窗口上半部分需要填写本次 Commit 的信息，包括目的、内容等，以便于日后查找。下半部分选择 Commit 的文件，单击 Ok 按钮完成，此时才是真正地将指定的档案同步到了版本库中。

12.3.4 Update 操作

由于版本控制系统多半由很多人共同使用。所以，同样的文件可能还有其他人一同编辑。为了确保工作目录中的文件与版本库中的是同步的，一般编辑前都要进行一个更新（Update）操作，具体做法是单击 working 目录右键->选择 SVN Update，SVN 的同步更新如图 12.7 所示。

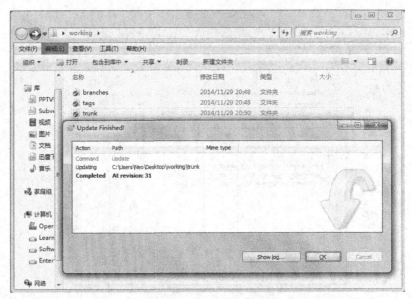

图 12.7　SVN 的同步更新

　　有时我们需要回溯至特定的日期或版本，这时就可以利用 SVN 的 Update to revision 功能。在想要更新的文件或目录图标上按下鼠标右键，并且选择 TortoiseSVN->Update to revision，如图 12.8 所示。

图 12.8　SVN 特定版本回溯更新

　　可以通过单击 Revision 找到合适的版本号，如果忘记了具体的版本号，可以单击 Show log 按钮查看版本记录信息。

12.3.5　分支和合并

　　很多时候会需要有另外一个复制的目录来进行新的工作，等到确定这个分支的修改已经完毕了，再合并到原来的主要开发版本上。这时就需要用到 branch 和 merge 操作。

在 working 目录下已经创建好了 branches 目录，可以在里面统一放置分支文件。右键单击 trunk，选择 TortoiseSVN->Branch/tag 创建分支，如图 12.9 所示。

在图 12.9 中先确认 "From WC / URL" 中的目录是需要复制的来源目录。接着，在 "To Path" 中输入要复制过去的路径。通常我们会将所有的 branch 集中在一个目录下面，以上面的例子来说，在 branches 下创建了 test1 目录。

这时在 branches 下还没有新的分支文件，需要对 branches 目录进行 Update 操作。当在分支文件修改后需要合并到主干文件，则需要用 merge 操作，右键单击 trunk，选择 TortoiseSVN->Merge。

图 12.10 中的 From 与 To 是指从 Branches 中的哪个版本到哪个版本 merge 回原来的 trunk 目录中。因此，From 跟 To 的 URL 字段应当都是指定原来 branches 的目录下的内容。然后就是指定要 merge 的 Revision 范围。合并的方式一般选择默认模式下的递归合并方式，单击 Merge 完成合并操作。

图 12.9　SVN 中分支的创建

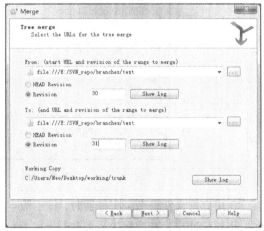

图 12.10　SVN 的合并操作

12.3.6　冲突处理

假设 A、B 两个用户都在版本号为 22 的配置项上工作，在各自的本地更新了 test.txt 这个文件，A 用户在修改完成后提交 test.txt 到服务器，这时提交成功并且 SVN 将 test.txt 文件的版本号更新为 23 了；与此同时，B 用户还在版本号为 22 的 test.txt 文件上继续编辑，修改完成后提交到服务器时，由于不是在当前最新的 23 版本上的修改，所以冲突将会出现，并导致提交失败。

冲突可以细分为以下两种情况：B 用户修改同一文件的同一位置和 A、B 用户修改的同一文件的不同位置，下面分别进行详细介绍。

1. B 用户修改同一文件的同一位置

首先创建两个本地目录 working1 和 working2，在 working1 目录下创建 test.txt 文件，并做 Commit 操作提交到版本库中，再对 working2 目录做 Update 操作。此时版本号为 32，wording1 和 working2 都保持了最新的版本内容。

（1）对 working1 下的 test.txt 文件做编辑，如图 12.11 所示。

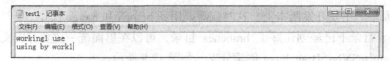

图 12.11　工作区 1 文件编辑

（2）对 working1 目录做 Update 操作，可以看到顺利地完成提交工作，这时的版本号为 33。

（3）再对 working2 目录下的 test.txt 文件进行如图 12.12 所示的编辑，在编辑前并不进行 Update 操作，所以编辑时，working2 所处的版本号为 32。对 test.txt 文件编辑的位置和 working1 目录下编辑的位置相同。

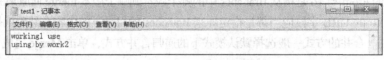

图 12.12　工作区 2 文件编辑

（4）对 working2 目录做 Commit 操作，如图 12.13 所示。

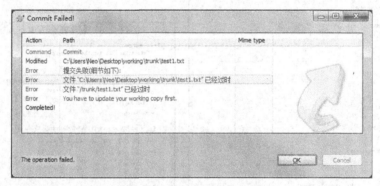

图 12.13　工作区 2 提交失败

B 用户将文件提交至服务器时，提示版本过期。解决的方法是：首先应该从版本库更新版本，然后再解决冲突，冲突解决后要执行 svn resolved（解决），最后检入到版本库。在冲突解决之后使用的 svn resolved 是来告诉 SVN 冲突已经解决，这样才能提交更新。

（5）但 SVN 此时的冲突解决并没有从根本上完成，图 12.14 所示冲突位置被标示出来。此处使用的是一种图形化的冲突描述方式，其实，SVN 已经在冲突文件的相应部分做好了标记，标记的方式类似本章习题 2 的冲突描述，请读者自行查看。

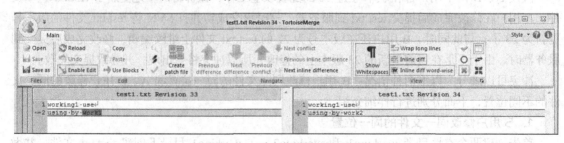

图 12.14　冲突位置的 Diff 显示

此时，用户可以有如下选择：

（1）放弃自己的更新，使用 svn revert（回滚），然后提交。在这种方式下不需要使用 svn

resolved（解决）。

（2）放弃自己的更新，使用别人的更新。使用最新获取的版本覆盖目标文件，执行 resolved filename 并提交（选择文件→右键→解决）。

（3）手动解决：冲突发生时，通过和其他用户沟通后，手动更新目标文件。然后执行 resolved filename 来解除冲突，最后提交。

（4）保留冲突内容，显示多个用户的冲突记录。

2．A、B 用户修改的同一文件的不同位置

对于这种情况，也就是当 A 和 B 用户修改同一文件的不同位置时，SVN 会自动识别修改的位置，并自动进行最合理的合并处理。

12.4　Git 的使用方法

Git 是用于 Linux 内核开发的版本控制工具，与常用的版本控制工具 CVS、Subversion 等不同，它采用了分布式版本库的方式。分布式版本控制系统最大的特点在于不需要集中式的版本库，每个人都工作在通过克隆建立的本地版本库中。也就是说，每个人都拥有一个完整的版本库，查看提交日志、提交、创建里程碑和分支、合并、回退等所有操作都直接在本地完成，而不需要网络连接。每个人都是本地版本库的主人，不再有谁能提交谁不能提交的限制，这样使得源代码的发布和交流非常方便，不再需要服务器端软件支持。当然，Git 也可以按照 SVN 一样构建一个集中式的版本库。

12.4.1　Git 的特点

在内容存储方面，GIT 把内容按照元数据方式存储，而 SVN 是按文件存储。Git 的目录是处于本地机器上的一个克隆版的版本库，它拥有中心版本库上所有的内容，如标签、分支、版本等信息，而 SVN、CVS 等是将文件的元信息隐藏在项目的某个管理文件夹里。

在分支方面，Git 和 SVN 也有不同之处。分支在 SVN 中就是版本库中的另外一个目录。如果想知道是否合并了一个分支，则需要手工查询。而 Git 的分支则不同，可以从同一个工作目录下快速地在几个分支间切换，很容易发现未被合并的分支，并能简单而快捷地合并这些文件。

在版本控制体系中有这样两种体系结构：一种是两区结构；一种是三区结构。两区结构图在 SVN 章节部分已经做了介绍。除了 Git 外的大多数版本控制工具使用的都是两区结构，而 Git 使用的是三区结构。下面简单介绍一下 Git 采用的这种三区结构。

三区结构即工作区、暂存区和版本库，与二区结构不同的是中间增加了一个缓存区，如图 12.15 所示。由于 Git 是一个分布式的版本控制工具，因此版本库又可以继续细化分为本地版本库和远端服务器或异地版本仓库。

此时工作区直接和暂存区交换数据，而暂存区和版本库交换数据。也就是说，用户在工作区完成文件修改，通过 Add 将数据提交到暂存区，暂存区再通过 Commit 正式提交数据到版本库中。当用户在此修改文件时，则重复这个过程。

之前介绍 Git 时提到它是一个分布式的版本控制工具，具体体现在 Git 拥有本地版本库和远端服务器（或异地版本仓库），在用户 Commit 提交到本地版本库后，还可以通过 push 命令进一步提交到服务器（或异地版本仓库）上。同样，更新文件数据时，则需要从服务器（或异地版本仓库）上拉取数据到本地版本库，再检出到本地工作区。

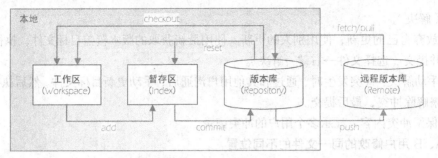

图 12.15　Git 三区结构

12.4.2　准备工作

Git 在使用前需要搭建一个服务器,这个服务器可以自己在 Linux 系统上搭建,也可以使用一些提供 Git 服务的现成服务器,如可以在 github① 上先注册一个用户并新建配置库,本地客户端可以使用 msysgit 或 cgywin 环境。相应的安装过程这里不再进行赘述,下面通过搭建的 Git 环境进行介绍,需要注意的是,Git 服务器需要 ssh 支持远程连接。

准备工作包括两部分,分别是在服务器端建立版本库和在客户端的配置工作。在服务器端假定版本库的存放位置为系统用户 piao 的 home 目录,项目名为 test,则可以通过以下命令创建一个空的版本库,并用于开发团队的集中控制,如图 12.16 所示。

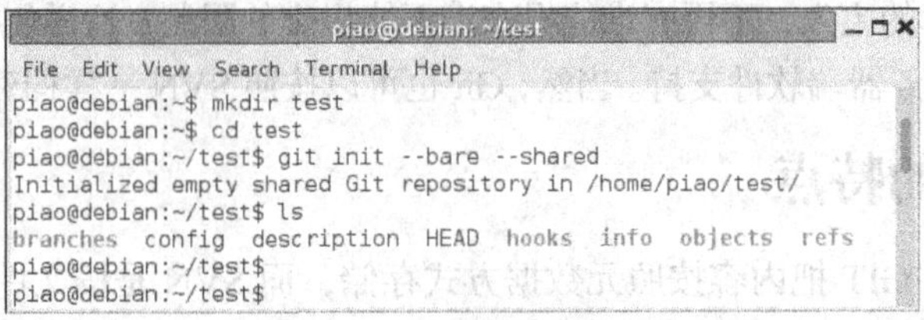

```
piao@debian: ~/test                                    _ □ ✕
File  Edit  View  Search  Terminal  Help
piao@debian:~$ mkdir test
piao@debian:~$ cd test
piao@debian:~/test$ git init --bare --shared
Initialized empty shared Git repository in /home/piao/test/
piao@debian:~/test$ ls
branches  config  description  HEAD  hooks  info  objects  refs
piao@debian:~/test$
piao@debian:~/test$
```

图 12.16　服务器端版本库的创建

将本地的工作文件上传到服务器前,需要在客户端窗口设置 Git 的全局参数 username 和 email,github 每次提交时都会记录它们。

```
$ git config --global user.name "Eric"
$ git config --global user.email "eric_piao@163.com"
```

12.4.3　基本操作

在客户端首先要做的事情是从服务器上克隆版本库到本地,如图 12.17 所示。这可以通过 git 的 clone 命令完成,具体做法是:

图 12.17　复制版本库至本地

---

① www.github.com

在本地克隆的项目目录中会存在一个.git 文件夹，这就是本地的版本库所在。除此文件夹的其他内容为本地工作区。因此，可以在项目目录中直接添加文件，完成文件编辑后，可以输入以下命令将文件纳入 Git 的管理，并提交到本地版本库。

```
$ git add a.txt
$ git commit -m "commit message"
[master（根提交）9a1582d] commit message
 1 file changed, 1 insertion(+)
 create mode 100644 a.txt
```

如果只使用 commit，则此时会弹出 vi 编辑器，要求输入提交说明，完成后保存关闭。输出结果中的 9a1582d 为 Git 生成的一个唯一标识文件的 SHA 索引值，我们也可以直接通过该值或该值的前几位（只要没有重复）对文件进行引用。文件模式为 100644，表明这是一个普通文件，其他可用的模式有：100755 表示可执行文件，120000 表示符号链接等。

接下来将本地版本库中的数据上传到远程服务器供团队开发共享：

```
$ git push origin master
piao@192.168.5.5's password:
对象计数中：3，完成.
写入对象中：100% (3/3), 221 bytes | 0 bytes/s, 完成.
Total 3 (delta 0), reused 0 (delta 0)
To piao@192.168.5.5:/home/piao/test
 * [new branch]      master -> master
```

命令中的 origin 指代的是最开始克隆的远程服务器地址，即 piao@192.168.5.5:/home/piao/test，master 指代的是版本库中的默认主分支。

Push 将本地数据推送到远程服务器上，对应的 pull 命令则是从远程服务器上将数据拉取到本地。这样每次对文件修改后，都可以将修改不间断地提交到本地版本库，即使没有网络存在，而后可以通过 push 操作再将数据上传到服务器上，反之也是一样。

日常操作中可以随时通过命令 git status 查看当前工作区中文件的状态，使用 git log 查询文件的版本历史记录，如：

```
$ git log 9a15
commit 9a1582dcded4aea13d26d37f38a0f03e078d28ce
Author: Eric <eric_piao@163.com>
Date:   Mon Dec 15 09:57:33 2014 +0800
    commit message
```

其中的 9a15 为文件 a.txt 的 SHA 索引值前 4 位，也可以直接使用该文件名。Commit 字段后面的一长串数字记录着这次提交动作的索引值。

Git 还提供了一种回退取消的命令 reset，其主要作用是允许用户撤销所做的更改（在没有 push 到远程服务器前），即使已经做了 commit。该命令主要有 3 种使用方式。

1.　$ git reset --hard <commit>

重设暂存区和工作区，自从<commit>以来，在工作区中的任何改变都被丢弃，并把 HEAD 指向<commit>。HEAD 为在本地版本库中的指针，其指向当前工作区中的分支的版本状态。<commit>可以是一个具体的 commit 索引，也可以是一个指针，如经常使用的 "HEAD^n" 的形式。其中 n 是指从当前版本开始向前第几个版本，n=1 表示上一个版本，n=2 表示上上个版本，以此类推。一般也可使用 HEAD^表示上一个版本，HEAD ^^表示上上个版本。

2. $ git reset --mixed <commit>

仅重置暂存区，不重置工作区。这个模式是默认模式，即如果不显式使用模式参数时，默认使用 mixed 模式。这个模式的效果是工作区中文件的修改都会被保留，不会丢弃，不会被标记成"准备提交（Changes to be committed）"，但会提示未被更新。

3. $ git reset --soft <commit>

暂存区和工作区中的内容不作任何改变，仅仅把 HEAD 指向<commit>。这个模式的效果是，执行完毕后，自从<commit>以来的所有改变都会显示在 git status 的"准备提交"中。其实该命令只是将版本库中的 HEAD 指针移动到<commit>处，并丢掉所有后续提交，使得工作区和暂存区的内容变成未提交状态。

12.4.4 分支管理

分支是代码管理的利器，如果没有有效的分支管理，代码管理就适应不了复杂的开发过程和项目的需要。在实际的项目实践中，单一分支的单线开发模式远远不够，这里我们引入 Git 的分支管理。首先是创建分支：

```
$ git checkout -b branch1
Switched to a new branch 'branch1'
```

该命令完成的工作是创建分支，然后切换到 branch1 分支，-b 参数表示创建并切换。可以通过 branch 命令来查看当前分支：

```
$ git branch
 * branch1
   branch2
   master
```

其中，*号标记当前分支，master 为初始默认分支。当有多个分支时，可以用 checkout 指令在分支之间切换：

```
$ git checkout master
```

在某一个分支完成文件修改任务之后，可以将其包含的一些修改内容合并到主干分支 master 中，这可以在当前分支为 master 的情况下通过以下命令完成：

```
$ git merge branch1
更新 9a1582d..bbd9538
Fast-forward
 a.txt | 1 +
 1 file changed, 1 insertion(+)
```

该命令就将分支 branch1 合并到主干 master 上。合并完成后，就可以删除 branch1 分支了，这可以通过以下命令来完成：

```
$ git branch -d branch1
 已删除分支 branch1（曾为 bbd9538）。
```

12.4.5 标签管理

发布一个版本时，通常先在版本库中打上一个标签，这样就唯一确定了打标签时刻的版本。将来无论什么时候，取某个标签的版本，就是把那个打标签的时刻的历史版本取出来。所以，标签也是版本库的一个快照。

首先找到需要记录标签信息的分支，然后通过 tag 命令增加标签。如果没有输入标签号，则会显示该分支的所有标签。

```
$ git tag v1.0
$ git tag
v1.1
v1.2
v1.3
```

可以通过 git show 命令查看某一个标签下的版本内容：

```
$ git show v1.2
commit bbd953818dcf00fa8073347c611d2097272a3028
Author: Eric <eric_piao@163.com>
Date:    Mon Dec 15 11:15:15 2014 +0800
    commit message
diff --git a/a.txt b/a.txt
index 214c797..af88058 100644
…以下略…
```

此外，还可以创建带有说明的标签，用-a 指定标签名，-m 指定说明文字：

```
$ git tag -a v1.0 -m "this is first tag"
```

如果标签打错了，可以删除：

```
$ git tag -d v1.2
    已删除 tag '1.2'（曾为 bbd9538）
```

到目前为止，所有的标签操作都储存在本地，不会自动推送到远程，所有打错的标签可以在本地删除。如果要推送标签到服务器，需要使用 push origin 命令：

```
$ git push origin v1.2
piao@192.168.5.5's password:
对象计数中: 3, 完成.
写入对象中: 100% (3/3), 256 bytes | 0 bytes/s, 完成.
Total 3 (delta 0), reused 0 (delta 0)
To piao@192.168.5.5:/home/piao/test
 * [new tag]          v1.2 -> v1.2
```

也可以一次性推送全部标签：

```
$ git push origin -tags
```

已经推送到远程的标签要删除，则需要首先删除本地，再从远程服务器删除：

```
$ git tag -d v1.2
$ git push origin :refs/tags/v1.2
piao@192.168.5.5's password:
To piao@192.168.5.5:/home/piao/test
 - [deleted]          v1.2
```

Git 的使用方法还有很多，这里只是针对它的基本操作做了重点说明和演示，更多的内容推荐参考《Pro Git》①一书。

本章首先对主要的版本控制工具进行了介绍，并说明了它们各自的特点，然后以 SVN 和 Git 两个有代表性的版本工具为例，详细介绍了它们的使用方法。版本控制工具是软件配置管理活动

---

① http://git.oschina.net/progit/

必不可少的辅助支持工具。版本控制工具各自有其优点和缺点，应根据具体项目的开发特点和要求选取适合的工具，这样才能达到事半功倍的效果。

习　题

1. 设计并练习通过 SVN 解决第二种冲突状况，即自动合并对一个文件的不同位置的修改结果。

2. Git 系统也会产生冲突情况，如在将本地版本库中的内容向远程服务器推送时：

```
$ git push origin master
To piao@192.168.5.5:/home/piao/test
 ! [rejected]        master -> master (fetch first)
error: 无法推送一些引用到 'piao@192.168.5.5:/home/piao/test'
提示：更新被拒绝，因为远程版本库包含您本地尚不存在的提交。这通常是因为另外……
提示：一个版本库已向该引用进行了推送。再次推送前，您可能需要先整合远程变更……
提示：（如 'git pull ...'）。
提示：详见 'git push -help' 中的 'Note about fast-forwards' 小节。
```

按照说明进行远程数据的拉取操作：

```
$ git pull origin master
remote: Counting objects: 5, done.
remote: Compressing objects: 100% (2/2), done.
remote: Total 3 (delta 0), reused 0 (delta 0)
展开对象中：100% (3/3)，完成。
来自 192.168.5.5:/home/piao/test
 * branch          master    -> FETCH_HEAD
   bbd9538..d6fea3c master    -> origin/master
自动合并 a.txt
冲突（内容）：合并冲突于 a.txt
自动合并失败，修正冲突然后提交修正的结果。
```

打开文件 a.txt 查看冲突部分：

```
this is line one.
<<<<<<< HEAD
this is line two modified by user Zhangsan.
=======
this is line two changed by Leesi
>>>>>>> d6fea3cbe5684eed50de3672b62ced6ad236c453
```

可以看到 Git 已经在冲突部分做好了标记，这时需要人工对标记部分进行处理，之后再次提交和推送即可。请按照以上流程练习 Git 的冲突操作并尝试解决冲突。

3. 在 Git 环境中某项目文件 student.java 在本地版本库的提交历史为 a->b->c，其中 b 为一个简单修改，无需为其在版本库中保留单一的提交记录并最终推送（push）到远程版本库中。思考如何操作可以在本地版本库中将该文件的提交历史修改为 a->c，使得 b 的修改不再以一次单独的提交体现出来。

参考文献

［1］邹欣. 构建之法——现代软件工程[M]. 北京：人民邮电出版社，2014.

［2］Johanna Rothman. 项目管理修炼之道[M]. 郑柯，译. 北京：人民邮电出版社，2014.

［3］Ian Sommerville. 软件工程[M]9 版. 程成，译. 北京：机械工业出版社，2011.

［4］Roger S Pressman. 软件工程：实践者的研究方法[M]. 郑人杰，译. 北京：机械工业出版社，2011.

［5］Robert C Martin. 敏捷软件开发：原则、模式与实践[M]. 邓辉，译. 北京：清华大学出版社，2003.

［6］Kathy Schwalbe. IT 项目管理. 杨坤，等译. 北京：机械工业出版社，2011.

［7］Bob Hughes，Mike Cotterell. 软件项目管理[M]. 廖彬山，等译. 北京：机械工业出版社，2010.

［8］Larry L Constantine. 面向使用的软件设计[M]. 刘正捷，译. 北京：机械工业出版社，2011.

［9］郑建德. 软件系统架构与开发环境[M]. 北京：机械工业出版社，2013.

［10］Andrew Pham，Phuong-Van Pham. Scrum 实战——敏捷软件项目管理与开发[M]. 崔康，译. 北京：清华大学出版社，2013.

［11］Project Management Institute 项目管理协会. 项目管理知识体系指南[M]. 许江林，译. 北京：电子工业出版社，2013.

［12］房西苑，周蓉塑. 项目管理融会贯通[M]. 北京：机械工业出版社，2010.

［13］Michele Sliger，Stacia Broderick. 软件项目管理与敏捷方法[M]. 李晓丽，等译. 北京：机械工业出版社，2010.

［14］Scott W Ambler. 数据库重构[M]. 王海鹏，译. 北京：机械工业出版社，2011.

［15］Stephen R Schach. 软件工程面向对象和传统的方法[M]. 邓迎春，等译. 北京：机械工业出版社，2007.

［16］Kent Beck，Cynthia Andres. 解析极限编程——拥抱变化[M]. 雷剑文，等译. 北京：机械工业出版社，2011.

［17］Clemens Szyperski，Dominik Gruntz，Stephan Murer. Component Software:Beyond Object Oriented Programming[M]影印版. 北京：电子工业出版社，2003.

［18］张家浩. 软件架构设计实践教程[M]. 北京：清华大学出版社，2014.

［19］张友生. 软件体系结构原理、方法与实践[M]. 北京：清华大学出版社，2014.

［20］冯桂焕. 人机交互：软件工程视角[M]. 北京：机械工业出版社，2012.

［21］Martin Fowler. 分析模式:可复用的对象模型[M]. 樊东平，等译. 北京:机械工业出版社,2004.

［22］Erich Gamma，Richard Helm，Ralph Johnson，John Vlissides. 设计模式：可复用面向对象软件的基础[M]. 李英军，等译. 北京：机械工业出版社. 2004.

［23］Stephen R Schach. 软件工程：面向对象和传统的方法[M]. 邓迎春，等译. 北京：机械工业出版社，2012.

［24］丛书编委会. 软件工程与项目案例教程[M]. 北京：机械工业出版社，2011.

［25］薛均晓，李占波. UML 系统分析与设计[M]. 北京：机械工业出版社，2014.

［26］Richard Hightower，Nicholas Lesiecki. Java 极限编程[M]. 唐一丁，等译. 北京：机械工业出版社，2004.

［27］Pfleeger SL，Atlee JM. Software Engineering: Theory and Practice[M]影印版. 北京：高等教育出版社，2009.

［28］Kent Beck. 测试驱动开发：实战与模式解析[M]. 白云鹏，译. 北京：机械工业出版社，2013.

［29］Capers Jones. 软件工程最佳实践[M]. 吴舜贤，等译. 北京：机械工业出版社，2014.

［30］Ivar Jacobson，Grady Booch，James Rumbaugh. 统一软件开发过程[M]. 周伯生，等译. 北

京：机械工业出版社，2002.

［31］Dean Leffingwell，Don Widrig. 软件需求管理：统一方法[M]. 蒋慧，等译. 北京：机械工业出版社，2002.

［32］David M Dikel. 张恂译. 软件架构：组织原则与模式[M]. 北京：机械工业出版社，2002.

［33］James Carey，Brent Carlson. 框架过程模式[M]. 林星，等译. 北京：人民邮电出版社，2003.

［34］Grady Booch. 面向对象分析与设计[M]. 冯博琴，等译. 北京：机械工业出版社，2003.

［35］Laurie Williams, Robert Kessler. 结对编程技术[M]. 杨涛，等译. 北京：机械工业出版社，2004.

［36］Mary Poppendieck，Tom Poppendieck. 精益软件开发管理之道[M]. 王海鹏，译. 北京：机械工业出版社，2011.

［37］Bradley Irby. Reengineering .NET: Injecting Quality，Testability，and Architecture into Existing Systems[M]影印版 .北京：机械工业出版社，2014.

［38］周爱民. 大道至简：软件工程实践者的思想[M]. 北京：电子工业出版社，2012.

［39］李炳森. 软件质量管理[M]. 北京：清华大学出版社，2013.

［40］Grady Booch, James Rumbaugh, Ivar Jacobson. UML 用户指南[M]. 邵维忠，等译. 北京：人民邮电出版社，2013.

［41］邱郁惠. 系统分析师 UML 项目实战[M]. 北京：人民邮电出版社，2013.

［42］Michael Blaha, James Rumbaugh. Object-Oriented Modeling and Design with UML[M]影印版. 北京：人民邮电出版社，2006.

［43］赖信仁.UML 团队开发流程与管理[M]. 北京：清华大学出版社，2012.

［44］谭云杰. 大象——Thinking in UML[M]. 北京：中国水利水电出版社，2012.

［45］张传波. 火球：UML 大战需求分析[M]. 北京：中国水利水电出版社，2012.

［46］Jim Arlow, Ila Neustadt. UML 2.0 和统一过程[M]. 方贵宾，等译. 北京：机械工业出版社，2006.

［47］邱郁惠. 系统分析师 UML 项目实战[M]. 北京：人民邮电出版社，2013.

［48］陈涵生. 基于 UML 的面向对象建模技术[M]. 北京：科学出版社，2006.

［49］刁成嘉. UML 系统建模与分析设计[M]. 北京：机械工业出版社，2007.

［50］Craig Larman. UML 和模式应用：面向对象分析与设计导论[M]. 姚淑珍，等译. 北京：机械工业出版社，2002.

［51］Chris Raistrick, Paul Francis. MDA 与可执行 UML[M]. 赵建华，等译. 北京：机械工业出版社，2006.

［52］Boehm BW，Abts C et al. Software Const Estimation with Cocomo II. Prentice Hall PTR，Upper Saddle River，New Jersey，USA，2000.

［53］Beck K. Extreme Programming. Addison-Wesley，Muenchen，2000.

［54］Clarke EM，Emerson EA et al. Automatic Verification of Finite-State Concurrent Systems Using Temporal Logic Specifications. ACM Transactions on Programming Language and Systems，1986，8(2):244-263.

［55］P Chen. The Entity-Relationship Model – Towards a Unified View of Data. ACM Transactions on Database Systems，Volume 1，No. 1，1976，9-36.

［56］CMMI Product Team. CMMI for Development，Improving processes for better products，Version 1.2，CMU/SEI-2006-TR-008，Carnegie Mellon University，2006.

［57］E Hatcher，S Loughran. Java Development with Ant. Manning，Greenwich，2003.

［58］WS Humphrey. Introduction to the Personal Software Process. Addison-Wesley. USA，1997.

［59］WS Humphrey. Introduction to the Team Software Process. Addison-Wesley. USA，2000.

［60］C Jones. Applied Software Measurement. McGraw-Hill，USA，1991.

［61］J Warner，A Kleppe: The Obect Constraint Language. Addison-Wesley，USA，2002.

［62］J Warner，A Kleppe，W Base. MDA Explained. Addison-Wesley，USA，2004.

［63］C Rupp，SOPHIST GROUP. Requirements Engineering and Management. Hanser，Muenchen Wien，2002.